Maple을 이용한

수 치 해 석

권영철 · 강만기 · 박종서 · 박진한 지음

KyoWooSa 教友社

머 리 말

수치해석학(Numerical Analysis)은 수치 해를 구체적으로 구하는 방법을 다루는 해석학의 한 분야이고, 컴퓨터의 발달에 의해 현대사회의 복잡하고 어려운 문제들을 빠르고 정확하게 해결할 수 있도록 계산 과정을 공부하는 학문이다. 따라서 그 응용범위는 광범위하여 현대 응용수학의 총아라 할 수 있다.

주어진 문제의 개념을 이해한다고 하여 모든 문제를 풀 수 있는 것이 아니고, 또는 고도의 수학적인 이론을 요구하지는 않지만 여러 단계를 거쳐야만 하는 계산은 답을 구한 후에도 그 정확성에 자신이 없는 경우가 있다. 이를 위한 일반적인 프로그래밍 언어사용은 익숙해지기 위해 많은 시간이 필요로 한다. 그래서 수치해석학의 필요성은 실감하면서도 프로그램작성의 어려움 때문에 수치해석학을 기피하는경향이 있다.

이 책에서는 수치해석학 문제를 보다 간단히 프로그램 할 수 있는 Maple을 이용한다. Maple은 수학적인 계산을 수식적으로도 수치적으로도 실행할 수 있는 고급언어이다. 현재 Maple은 버전 11까지 나와 있어나 이 책의 예제는 버전 V이상에서 다 사용가능 하도록 구성하였다.

여러 가지 부족한 점이 많지만, 이 책이 수치해석학을 이해하는데 조금이나마 도움이 되기를 바라며 끝으로 이 책이 출판되도록 도와준 손미정 박사와 강점란 박사께 감사를 드립니다.

저 자

차 례

제 1 장

기본 개념

수치해석학(Numerical Analysis)은 어떤 수치에 가감승제의 4칙연산을 유한 번 시행하여 요구되는 **정도**(precision)의 해를 연구하는 분야이고, 컴퓨터를 이용하여 문제를 푸는 것을 전제로 한다. 예를 들어,

(1) $e^{0.1}$을 소수점이하 유효자릿수 4자리까지 계산한다.

(2) $\int_0^1 e^{x^2}\,dx$의 값을 유효자릿수 2자리까지 구한다.

(3) $\dfrac{dy}{dx} - xy + 2 = 0,\ y(0) = 2$일 때, $y(0.1)$의 값을 구한다.

등을 수치해석학의 문제로써 다룬다. 이들 문제는 해석학적으로 풀 수 있는 문제와 그렇지 않는 것도 있다. 특히 산술 연산은 수치해석학의 중요한 분야로 실제로 계산할 때 사용되며, 대부분이 컴퓨터를 사용하여 이루어진다. 또한 수치해석의 해법에서는 대수학이나 해석학에서와 같이 정확한 값을 구하는 경우도 있지만 컴퓨터를 이용하여 주어진 문제의 근사값을 구하는 것을 전제로 하므로, 항상 **오차**(error)를 염두에 두어야 한다.

알고리즘(algorithm)이란 주어진 문제를 풀기 위한 일정의 지시를 의미한다. 알고리즘은 필요한 수학적 조작의 횟수가 유한 또는 무한으로 나뉘어진다. 수학적 조작의 횟수가 유한인 해법을 **직접법**이라 하고, 많은 대수적인 문제들은 직접법으로 풀린다. 또한 무한 번의 수학적 조작을 필요로 하는 알고리즘에는 같은 수학적 조작을 반복하는 **반복법**도 많이 사용된다. 무

한 번의 수학적 조작을 필요로 하는 알고리즘에서도 유한 번의 조작을 하여, 얻어진 값을 **해의 근사값**으로 사용한다. 또한 n번의 수학적 연산의 결과를 x_n이라 할 때, n을 충분히 크게하면 구하려는 해에 수렴한다는 것을 증명하여야 한다.

컴퓨터를 이용하여 수치계산을 하기 위해서는, 먼저 주어진 문제에 적합한 알고리즘을 컴퓨터 언어로 표현하고, 컴퓨터에 **프로그램**이라는 지시서를 부여하여야 한다. 프로그램을 작성하는 것을 프로그래밍이라 한다.

다음은 Maple에서 n개의 자연수의 합을 계산하는 프로그램의 예제이다. 상세한 것은 1장 3절 8과 1장 3절 9를 참조한다.

```
> SUM := proc(n)
        local i, total;
        total := 0;
        for i from 1 to n do
           total := total +i;
        od;
        print(‘1부터 n까지의 합;‘  total);
  end:
> SUM(100);
```

1부터 n까지의 합; 5050

즉, 다음과 같은 의미이다.

```
> Sum(n, n=1..100) = sum(n, n=1..100);
```

$$\sum_{n=1}^{100} n = 5050$$

위의 경우는 프로시져(procedure)에 의한 것이다. 그러나 Maple에서는 프로시져에 의하지 않고 간단하게 결과를 확인할 수도 있다.

```
> Sum:=0;
> n:=100;
> for i from 1 to n do;
```

```
> Sum:=Sum+i;
> od:
> print('1부터 n까지의 합;' Sum);
>                       1부터 100까지의 합; 5050
```

위의 두 프로그램은 형태는 다르나 같은 내용을 담고 있다. 첫 번째의 경우는 함수형태로 만들어서 항상 불러와서 쓸수 있는 장점이 있고 두 번째의 경우는 단순히 어떤 결과만을 확인하고자 하는 경우 알고리즘에 따라 간단히 만들어 쓸수 있는 장점이 있다. 본문에서는 두가지 경우를 같이 사용할 것이다.

수치해석학을 공부하는데는 미분·적분학에서 자주 사용하는 기본적인 용어와 중요한 정리들이 필요하고, 해석학이나 선형대수학에서 쓰이는 방법과 결과를 많이 사용한다.

다음 절에서는 함수의 극한과 연속에 대한 정의와 기본적인 정리들과 미분·적분에서 중요하게 쓰이는 성질들을 요약한다. 또한 오차를 정의하고 수의 표시법 및 컴퓨터 연산에서 발생하는 오차에 대하여서도 살펴본다.

제 1 절 정의와 정리

자연수의 집합 N에서 실수집합 R에로의 함수

$$f : N \longrightarrow R$$

을 **수열**(sequence)이라 하며, 각 자연수 n의 f에 의한 상 $f(n)$을 보통 a_n으로 표시하고, $f(n) = a_n$을 제 n항 또는 **일반항**이라 한다. 일반적으로 수열을 나타낼 때에는 $a_1, a_2, \cdots, a_n, \cdots$ 또는 $\{a_n\}$으로 표시한다.

예제 1.1 (1) $2, \frac{3}{2}, \frac{4}{3}, \cdots, \frac{n+1}{n}, \cdots$은 항이 커질수록 작아지는 수열이다.

(2) 수열 $1, 3, 5, \cdots, 2n-2, \cdots$은 $\{2n-1\}$로 나타낼 수 있다.

(3) $1, -1, 1, -1, \cdots$의 일반항은 $(-1)^{n+1}$이다.

위 예제 (1)에서 주어진 수열은 항이 커질수록 1의 값으로 가까이 가는 것을 알 수 있다. 이와 같이 수열 $\{a_n\}$에 대하여 n이 한없이 커질 때 a_n이 어떤 일정한 실수 α에 한없이 가까워지면 α를 수열 $\{a_n\}$의 **극한**(limit)이라 하고

$$a_n \longrightarrow \alpha \quad (n \to \infty) \qquad \text{또는} \qquad \lim_{n\to\infty} a_n = \alpha$$

로 표시하며, $\{a_n\}$은 α에 **수렴**한다고 한다.

「수열 $\{a_n\}$이 α에 수렴한다」는 것을 엄밀하게 정의하면 다음과 같다.

정의 1.1 **수열의 수렴**

임의의 $\epsilon > 0$에 대하여 자연수 n_0이 존재하고, $n \geq n_0$인 모든 자연수 n에 대해 $|a_n - \alpha| < \epsilon$을 만족한다는 것을 의미한다.

a_n과 α 사이의 거리 $|a_n - \alpha|$가 매우 작아지면 a_n은 α에 까까워지므로, 임의의 $\epsilon > 0$이 아무리 작은 수일지라도 충분히 큰 자연수 n에 대하여 $|a_n - \alpha| < \epsilon$일 필요가 있다. 즉, 수열 $\{a_n\}$이 α에 수렴한다는 것을 보이기 위해서는, 임의의 $\epsilon > 0$에 대하여, 만약 $n \geq n_0$이면 $|a_n - \alpha| < \epsilon$인 자연수 n_0을 찾는 것이다. 따라서 자연수 n_0은 임의로 주어진 $\epsilon > 0$에 의존하며, ϵ이 작게 주어질수록 자연수 n_0을 더 크게 택해야 한다.

예제 1.2 $\displaystyle\lim_{n\to\infty}\frac{1}{n} = 0$임을 보여라.

풀이 임의의 $\epsilon > 0$에 대하여 $n_0 > \frac{1}{\epsilon}$인 자연수 n_0을 택하면 $\frac{1}{n_0} < \epsilon$이고, $n \geq n_0$이면 $\frac{1}{n} \leq \frac{1}{n_0}$이므로

$$\left|\frac{1}{n} - 0\right| = \frac{1}{n} \leq \frac{1}{n_0} < \epsilon$$

이다. 따라서

$$\lim_{n\to\infty}\frac{1}{n} = 0$$

이다.

정리 1.1 **극한값의 유일성**

수열 $\{a_n\}$이 수렴하면 그 극한값은 유일하다.

증명 두 실수 $r \neq s$에 대하여 $\lim_{x\to\infty} a_n = r$, $\lim_{x\to\infty} a_n = s$라고 가정하면 $\epsilon = \frac{|r-s|}{2}$에 대하여 정의 1.1에 의해

$$n \geq n_1 \text{이면 } |a_n - r| < \epsilon \text{이고,} \quad n \geq n_2 \text{이면 } |a_n - s| < \epsilon$$

을 만족하는 자연수 n_1, n_2가 존재한다. $n_0 = \max\{n_1, n_2\}$인 자연수 n_0에 대하여 만약 $n \geq n_0$이면

$$\begin{aligned} |r-s| &= |r - a_n + a_n - s| \\ &\leq |a_n - r| + |a_n - s| \\ &\leq \epsilon + \epsilon = |r-s| \end{aligned}$$

이므로 모순이다. 따라서 $r = s$이다.

예제 1.3 예제 1.1의 (2)에 주어진 수열이 수렴하지 않음을 보여라.

풀이 수열 $1, 3, 5, \cdots, 2n-2, \cdots$이 수렴한다고 가정하면 정리 1.1에 의해 그 극한값은 단 하나이다. 이 극한값을 α라 하면 적당한 자연수 n_0이 존재하여 $n \geq n_0$이면 $|(2n-1) - \alpha| < 1$이다. 따라서 $\alpha + 1$은 홀수 집합의 하나의 상계이다. 그러나 홀수 집합은 위로 유계가 아니므로 모순이다. 따라서 수열 $1, 3, 5, \cdots, 2n-2, \cdots$은 수렴하지 않는다.

함수 $f(x)$에 대하여 변수 x 값이 한없이 어떤 값 a에 가까워질 때($x \to a$)의 상태를 생각한다. x가 a에 가까이 가는 방법은 무수히 많다. x가 증가하여 한없이 크게 될 때 $x \to \infty$, 거꾸로 x 가 감소하면서 그 절대값이 한없이 크게 될 때 $x \to -\infty$ 로 표시한다. 좌극한값과 우극한값이 같을 때 극한값이 존재한다고 하며 일반적으로 다음과 같이 표현한다.

정의 1.2 **함수의 극한**

만약 x를 a에 충분히 가깝게 (그러나 a와 같지 않게), 택함으로써 임의로 L에 가깝게(원하는 만큼 L에 가깝게) 함수 $f(x)$의 값을 만들 수 있다면 기호로

$$\lim_{x \to a} f(x) = L$$

로 나타내고 " x가 a에 접근할 때 $f(x)$의 극한값이 L이다" 라고 한다.

간략하게, 이것은 x가 (a의 양쪽 방향으로부터) a에 점점 더 가까워지고 $x \neq a$일 때 $f(x)$의 값들이 L에 점점 더 가까워진다는 것을 의미한다. 극한의 정의에서 주의해야 할 것은 $x = a$인 경우는 고려하지 않고, 단지 a의 근방에서 $f(x)$가 어떻게 정의되는가 하는 것이다.

미분과 적분에서는 함수값에 무엇인가 변화가 일어 났을 때, 그 상태를 알고 싶으면 극한을 사용한다. 예를 들어, 함수 $f(x) = 2x^2 + 1$에 대하여 $x = 1$일 때, 그 함수값 $f(1) = 3$과 극한값 $\lim_{x \to 1} f(x) = 3$은 같다. 그러나 임의의 점에서 분모가 0이 되는 경우, 즉 함수가 정의되지 않은 점에서 유리함수의 극한값을 구하는 문제를 생각하자.

예제 1.4 유리함수 $f(x) = \dfrac{x^3 - 6x^2 + 11x - 6}{x - 2}$은 $x = 2$일 때 분모가 0이 되므로 정의되지 않아 직접적으로 평가할 수 없다. 그러나 $\lim_{x \to a} f(x)$의 값은 a에 가깝긴 하지만 a와 같지 않은 x 값을 생각하므로, 극한값이 존재할 수 있다.

다음은 가까운 함수끼리 비교하여 극한값을 추정하는 압축정리이다.

정리 1.2 **압축정리(squeeze theorem)**

만약 a를 포함한 하나의 개구간에 속하는 모든 x (a에서는 예외로 할 수 있음)에 대하여 $f(x) \leq g(x) \leq h(x)$이고,

$$\lim_{x \to a} f(x) = L = \lim_{x \to a} h(x)$$

이면

$$\lim_{x \to a} g(x) = L$$

이다.

즉, $g(x)$가 a 근방에서 $f(x)$와 $h(x)$ 사이에 있고, f와 h가 a에서 같은 극한값 L을 가진다면 g가 a에서 같은 극한값 L을 가져야 한다는 것이다.

다음은 극한의 엄밀한 정의이다.

정의 1.3 **극한의 정의**

극한

$$\lim_{x\to a} f(x) = L$$

은 x가 a에 가까이 갈 때, L이 $f(x)$의 극한값이다. 즉, 임의의 $\epsilon > 0$에 대하여

$$0 <| x - a |< \delta \quad \text{일 때} \quad | f(x) - L |< \epsilon$$

을 만족하는 $\delta > 0$이 존재할 때를 말한다. 이것은 구간 $[a-\delta, a+\delta]$에서 그래프를 그리면 f의 변동은 구간 $[L-\epsilon, L+\epsilon]$ 안에 들어간다는 의미로 해석할 수 있다.

극한의 정의를 효과적으로 사용하기 위해서는 ϵ의 함수로써 δ를 정의하기 위한 규칙을 찾는데 익숙해져야 한다. 예를 들어, $|2x-2| = 2|x-1|$이므로, 임의의 $\epsilon > 0$에 대해 $\delta = \dfrac{\epsilon}{2}$로 잡으면 $0 < |x-1| < \delta$ 일 때,

$$|2x-2| = 2|x-1| < 2\delta = 2\frac{\epsilon}{2} = \epsilon$$

이다. 따라서

$$\lim_{x\to 1} 2x = 2$$

이다.

함수 $f(x)$가 $x = a$에서 **연속**(continuous)이라는 것은

- $x = a$는 f의 정의역에 속하고,
- 극한 $\lim\limits_{x\to a} f(x)$가 존재하여

- $\lim_{x\to a} f(x) = f(a)$

가 될 때를 말한다.

즉, 함수 $f(x)$가 구간 $[a, b]$의 각 점에서 연속일 때 $f(x)$는 이 구간에서 연속이라 하고, 함수 $f(x)$가 $x = a$에서 연속이 아닌 경우, $f(x)$는 $x = a$에서 **불연속**(discontinuous)이라 한다. $x = a$에서 함수 $f(x)$가 불연속일 때, $x = a$는 이 함수의 불연속점이다.

또한 함수 f가 연속이고, $x_n \to x_0$이면

$$\lim_{x\to\infty} f(x_n) = f\left(\lim_{x\to\infty} x_n\right) = f(x_0)$$

임을 알 수 있다.

연속함수의 중요한 성질 가운데 하나가 다음의 중간값 정리이다.

정리 1.3 **중간값 정리(Intermediate Value Theorem)**

함수 $f(x)$가 폐구간 $[a, b]$에서 연속이고 $f(a) \le \mu \le f(b)$이면 $f(c) = \mu$을 만족하는 c가 a와 b 사이에 존재한다.

예제 1.5 방정식 $x^4 - 2x^3 + 3x^2 - 1 = 0$이 구간 $[0, 1]$에서 해를 갖는다는 것을 보이기 위해서 함수 $f(x) = x^4 - 2x^3 + 3x^2 - 1$을 생각한다. f는 $[0, 1]$에서 연속이고, $f(0) = -1$, $f(1) = 1$이다. $f(0) < 0 < f(1)$이므로 중간값 정리에 의해 $x^4 - 2x^3 + 3x^2 - 1 = 0$인 $x \in [0, 1]$가 존재한다.

위 예제에서처럼 중간값 정리는 어떤 방정식이 해를 갖는가를 결정하는데 중요한 역할을 한다. 그러나 이 정리는 해를 구하는 방법을 제시해 주지는 않는다.

미분을 간단히 설명하면 접선(tangent line)의 기울기(slope)이지만, 먼저 정의를 이해하자.

임의의 함수 $y = f(x)$에 있어서 x가 x_1에서 x_2까지 변화할 때 y는 $y_1 = f(x_1)$에서 $y_2 = f(x_2)$까지 변화한다. 이 때

$$\frac{y_2 - y_1}{x_2 - x_1} = \frac{f(x_2) - f(x_1)}{x_2 - x_1}$$

을 x가 x_1에서 x_2까지 변화할 때의 **평균변화율**이라 한다.

또한 두 점 $(x_1,\ f(x_1))$, $(x_2,\ f(x_2))$를 지나는 직선의 식은

$$y = \left\{\frac{f(x_2) - f(x_1)}{x_2 - x_1}\right\}(x - x_2) + f(x_1)$$

이다. 이 때 평균변화율은 이 직선의 기울기가 된다.

예제 1.6 함수 $f(x) = x^2$에 대하여 $x = 1$에서 $x = 1.8$까지의 평균변화율은

$$\frac{f(1.8) - f(1.0)}{1.8 - 1.0} = 2.8$$

이고, 두점 $(1,\ 1^2)$, $(1.8,\ 1.8^2)$을 연결하는 직선은

$$y = \left\{\frac{f(x_2) - f(x_1)}{x_2 - x_1}\right\}(x - x_2) + f(x_1) = 2.8(x - 1) + 1$$

이다.

함수 $y = f(x)$가 점 a를 포함한 개구간 $(c,\ d)$에서 정의되고, 극한

$$\lim_{h\to 0} \frac{f(a+h) - f(a)}{h}$$

가 존재할 때 이 극한값을 $x = a$에 있어서 $f(x)$의 **미분계수**(differential coefficient)라 하고 일반적으로 $f'(a) = \dfrac{df(x)}{dx}\,|_{x=a}$로 표시한다. 이 때 $f(x)$는 $x = a$에서 **미분가능**이라 한다. 또한 a를 x로 바꾸면 **도함수**(derivative)를

$$f'(x) = \lim_{h\to 0} \frac{f(x+h) - f(x)}{h}$$

를 얻는다. 주어진 함수 f에 대응하여, 이 식에 의해 얻어진 새로운 함수 f'을 f의 도함수라 한다. 그러면 x에서 f'의 값 $f'(x)$는 점 $(x,\ f(x))$에서 f의 그래프에 대한 접선의 기울기로써 기하학적으로 설명될 수 있다. 함수 f'은 f로부터 유도되므로, 정의역은 $\{x|f'(x)$가 존재한다$\} \subset D(f)$이다. 따라서 도함수 f'의 정의역은 원래의 함수 f의 정의역에 포함된다.

또한 접선의 기울기로서 도함수를 설명할 수 있다. 한 점 $P(a,\ f(a))$에서 함수 $y = f(x)$의 접선은 점 P를 지나고 기울기

$$m = \lim_{x\to a} \frac{f(x) - f(a)}{x - a}$$

을 갖는다(단, 이 극한값이 존재할 때). 한편 위 정의에 의해 이 기울기는 도함수 $f'(a)$이므로 $P(a,\, f(a))$에서 $y = f(x)$의 접선은 $P(a,\, f(a))$를 지나고 $x = a$에서 기울기가 $f'(a)$인 직선이다. 즉, $f'(a)$가 존재할 때, 점 $P(a,\, f(a))$에서 곡선 $y = f(x)$의 접선의 방정식은

$$y - f(a) = f'(a)(x - a)$$

이다.

미분의 중요한 응용의 하나는 최대값과 최소값을 구하는 것이다. 폐구간에서 정의된 연속인 함수는 최대값과 최소값이 존재한다. 여기서는 미분가능한 함수 $f(x)$가 두 점 $(a,\, f(a))$, $(b,\, f(b))$를 연결하는 직선에 평행한 접선을 구간 (a, b)에서 갖는다고 하는 평균값 정리와 그 응용을 생각한다.

평균값 정리는 미분·적분학에서 많이 이용되는 기본적이면서도 중요한 정리이다. 이 정리를 이해하기 위해 먼저 Rolle 정리를 소개한다.

정리 1.4 **Rolle 정리**

함수 $f(x)$가 $[a, b]$에서 연속이고 (a, b)에서 미분가능이고 또한 양 끝점에서 $f(a) = f(b)$이면 도함수 $f'(\xi) = 0$을 만족하는 ξ가 구간 (a, b) 안에 존재한다.

이 정리는 $f(a) = f(b)$인 연속인 함수에 대해 a와 b사이에 적어도 하나의 수평인 접선이 존재한다는 것을 의미한다. 즉, 그 부분에서 곡선은 오목하거나 볼록하고, 최대값 혹은 최소값을 구하는데 쓰인다. 또한 $f(a) = f(b)$를 알 수 있으면, $[a, b]$에서 극값을 갖는다는 것을 알 수 있고, $f'(c) = 0$을 풀 수 없을 때 특히 유용하다. 또한 Rolle 정리는 연속인 함수의 근의 개수에 대한 결론을 이끌어 내기 위해서도 쓰인다. 만약 f의 서로 다른 두 근이 존재하면 $f(x) = 0$인 두개의 x 값을 구할 수 있다. Rolle 정리에 의해 두개의 근 사이에 수평인 접선(기울기가 0)을 구할 수 있어야 한다. 만약 수평인 접선을 구할 수 없으면 서로 다른 두개의 근도 존재하지 않는다.

예제 1.7 $[-4, 4]$에서 정의된 함수 $f(x) = x^3 - 16x$가 Rolle 정리를 만족하는 점 ξ를 구하여라.

풀이 $f(x)$는 $[-4, 4]$에서 연속이고, 미분가능이므로

$$f'(x) = 3x^2 - 16$$

이다. 또한

$$f(4) = f(-4) = 0$$

이므로 $f(x)$는 Rolle 정리를 만족한다. 따라서

$$f'(\xi) = 3c^2 - 16$$

을 만족하는 ξ는 $\pm\frac{4}{\sqrt{3}}$이다.

일반적으로 방정식 $f'(\xi) = 0$을 만족하는 해를 찾는다는 것은 매우 어렵다. 그러나 다항식의 해를 구하는 대부분의 예제에서 이 문제에 접하게 된다.

Rolle 정리를 일반화하면 다음의 평균값 정리를 얻을 수 있다.

정리 1.5 **평균값 정리(Mean Value Theorem)**

$f(x)$가 $[a, b]$에서 연속이고 (a, b)에서 미분가능이면

$$f'(\xi) = \frac{f(b) - f(a)}{b - a}$$

를 만족하는 ξ가 구간 (a, b) 안에 적어도 하나 존재한다.

증명 Rolle 정리를 이용하기 위해 $[a, b]$ 상의 함수 $g(x)$를

$$g(x) = f(x) - \left\{f(a) + \frac{f(b) - f(a)}{b - a}(x - a)\right\}$$

로 정의하면, $g(x)$는 $[a, b]$에서 연속이고, (a, b)에서 미분가능이며

$$g(a) = g(b) = 0$$

이다. 따라서 Rolle 정리에 의해 $g'(\xi) = 0$인 $\xi(a < \xi < b)$가 적어도 하나 존재한다. 또한

$$g'(x) = f'(x) - \frac{f(b) - f(a)}{b - a}, \qquad (a < x < b)$$

이므로

$$0 = g'(\xi) = f'(\xi) - \frac{f(b) - f(a)}{b - a}$$

이다. 즉,

$$f'(\xi) = \frac{f(b) - f(a)}{b - a}$$

이다.

다음은 연속함수의 적분에 관한 평균값 정리이다.

정리 1.6 **적분에 관한 평균값 정리**

$f(x)$가 $[a, b]$에서 연속이고, 적분가능이면 $\int_a^b f(x)dx = f(\xi)(b-a)$를 만족하는 ξ가 구간 $[a, b]$ 안에 존재한다.

적분에 관한 평균값 정리를 일반화하면 다음의 적분에 관한 가중 (weighted) 평균값 정리를 얻을 수 있다.

정리 1.7 **가중 평균값 정리**

$f(x)$가 $[a, b]$에서 연속이고, $g(x) \geq 0$가 $[a, b]$에서 적분가능이면

$$\int_a^b f(x)g(x)\,dx = f(\xi)\int_a^b g(x)\,dx$$

를 만족하는 ξ가 $[a, b]$ 사이에 존재한다.

평균값 정리는 함수 $y = f(x)$에서 x가 a에서 b까지 변화했을 때 함수값의 변화를

$$f(b) = f(a) + f'(\xi)(b - a) \qquad (a < \xi < b)$$

와 같이 도함수 $f'(x)$을 사용하여 표현한다. 다음의 Taylor 정리는 이 변화를 $f(x)$의 고차도함수를 사용하여 더욱 정밀하게 표현한 것이다.

정리 1.8 **Taylor 정리**

함수 $f(x)$가 a, x를 포함한 개구간에서 $(n-1)$번 미분가능이면

$$f(x) = f(a) + (x-a)f'(a) + \frac{(x-a)^2}{2!}f^{(2)}(a) + \cdots + \frac{(x-a)^{n-1}}{(n-1)!}f^{(n-1)}(a) + \frac{1}{n!}(x-a)^n f^{(n)}(\xi)$$

를 만족하는 ξ가 a와 x 사이에 존재한다.

위의 Taylor 정리에서 $R_n = \frac{1}{n!}(x-a)^n f^{(n)}(\xi)$을 **Lagrange 잉여** 또는 **나머지 항**(remainder term)이라 한다. 특히 $n = 1$일 때 얻어지는

$$f(x) = f(a) + f'(\xi)(x-a), \qquad (a < \xi < x)$$

는 평균값 정리이다.

정리 1.9 **Maclaurin 정리**

함수 $f(x)$가 0과 x를 포함한 개구간에서 n번 미분가능이면

$$f(x) = f(0) + \frac{f'(0)}{1!}x + \frac{f''(0)}{2!}x^2 + \cdots + \frac{f^{(n-1)}(0)}{(n-1)!}x^{n-1} + \frac{f^{(n)}(\xi)}{n!}x^n$$

를 만족하는 ξ가 0과 x 사이에 존재한다.

만약 $f(x)$가 몇 번이라도 미분가능이고

$$\lim_{n\to\infty} R_n = \lim_{n\to\infty} \frac{f^{(n)}(\theta x)}{n!}x^n = 0$$

이면,

$$f(x) = f(0) + \frac{f'(0)}{1!}x + \frac{f''(0)}{2!}x^2 + \frac{f'''(0)}{3!}x^3 + \cdots = \sum_{n=0}^{\infty} \frac{f^{(n)}(0)}{n!}x^n$$

이 된다. 이 식을 **Maclaurin 급수**라고 한다.

Taylor 정리에서 다항식

$$P_n(x) = f(x) + \frac{f'(x)}{1!}h + \frac{f''(x)}{2!}h^2 + \cdots + \frac{f^{(n)}(x)}{n!}h^n, \qquad (h = x - a)$$

을 **Taylor 다항식**이라 하고, 나머지 항을 **절단오차**(truncation error)라 한다. 일반적으로 무한급수를 유한 항의 급수로 근사시켰을 때 생기는 오차를 절단오차라 한다. Taylor 다항식의 차수 n이 점점 커지면 $R_n(x)$는 더욱 빨리 0에 가까이 접근함을 알 수 있다. 이것을 기호로

$$R_n(x) = 0(h^{n+1})$$

로 나타내며, 이것은 임의의 상수 C에 대하여

$$|R_n(x)| = C|h|^{n+1}$$

를 의미한다.

예제 1.8 지수함수 e^x $(-\infty < x < \infty)$를 Maclaurin 급수로 전개하여라.

풀이 $f(x) = e^x$라 두면 $f^{(n)}(x) = e^x$이므로, $f^{(n)}(0) = 1(n = 0,\ 1,\ 2,\ \cdots)$이다. 따라서 Maclaurin 정리에 의해

$$\begin{aligned} e^x &= f(0) + \frac{f'(0)}{1!}x + \frac{f''(0)}{2!}x^2 + \cdots + \frac{f^{(n-1)}(0)}{(n-1)!}x^{n-1} + R_n \\ &= 1 + x + \frac{1}{2!}x^2 + \cdots + \frac{1}{(n-1)!}x^{n-1} + R_n \end{aligned}$$

이고, 여기서

$$R_n = \frac{f^{(n)}(\theta x)}{n!}x^n = \frac{e^{\theta x}}{n!}x^n, \qquad (0 < \theta < 1)$$

이다. 또한 $f(x) = e^x$는 몇 번이라도 미분가능이므로 $\lim_{n\to\infty} R_n = 0$임을 보일 수 있다. 즉, 임의의 실수 x에 대하여 $m > |x|$인 정수 m을 하나 정하면

$$\begin{aligned} |R_n| &= \left|\frac{e^{\theta x}}{n!}x^n\right| = \frac{|x|^{m-1}}{(m-1)!}\cdot\frac{|x|}{m}\cdot\frac{|x|}{m+1}\cdot\cdots\cdot\frac{|x|}{n}|e^{\theta x}| \\ &< \frac{|x|^{m-1}}{(m-1)!}\cdot\left(\frac{|x|}{m}\right)^{n-m+1}|e^{\theta x}|, \quad (0 < \theta < 1) \end{aligned}$$

이다. $\frac{|x|}{m} < 1$이고, x와 m은 일정한 수이므로

$$\left(\frac{|x|}{m}\right)^{n-m+1} \longrightarrow 0 \qquad (n \to \infty)$$

이고, $0 < \theta < 1$이므로 일정한 수 x에 대하여 $|e^{\theta x}|$는 유한이다. 따라서 $\lim_{n\to\infty} R_n = 0$이다. 결국

$$e^x = 1 + \frac{x}{1!} + \frac{x^2}{2!} + \cdots + \frac{x^n}{n!} + \cdots = \sum_{n=0}^{\infty} \frac{x^n}{n!}$$

임을 알 수 있다.

위의 급수 전개를 이용하면 예를 들어, $x = 0.1$일 때 e^x의 근사값을 구할 수 있다. 즉,

$$\begin{aligned} e^{0.1} &= 1 + 0.1 + \frac{1}{2}0.1^2 + \frac{1}{6}0.1^3 + \cdots \\ &= 1 + 0.0050 + 0.0002 + \cdots \\ &\simeq 1.0052. \end{aligned}$$

예제 1.9 함수 $\log(1+x)$, $(-1 < x < 1)$를 Maclaurin 급수로 전개하여라.

풀이 $f(x) = \log(1+x)$이라 하면

$$f^{(n+1)}(x) = (-1)^n \frac{n!}{(1+x)^{n+1}}, \qquad (n = 1, 2, \cdots)$$

$$f(0) = 0, \quad f^{(n+1)}(0) = (-1)^n n!, \qquad (n = 1, 2, \cdots)$$

이므로

$$\begin{aligned} \log(1+x) &= x - \frac{x^2}{2} + \frac{x^3}{3} - \cdots + (-1)^{n-1}\frac{x^n}{n} + R_{n+1}, \\ R_{n+1} &= \frac{(-1)^n}{n+1}\frac{x^{n+1}}{(1+\theta x)^{n+1}}, \qquad (0 < \theta < 1) \end{aligned}$$

이다. 그런데 $0 \le x < 1$일 때

$$0 \le |R_{n+1}| = \left|\frac{1}{n+1}\frac{x^{n+1}}{(1+\theta x)^{n+1}}\right| < \frac{1}{n+1}$$

이므로 $\lim_{n\to\infty} R_{n+1} = 0$이다. 또한 $-1 < x < 0$일 때는

$$0 < \frac{1-\theta}{1+\theta x} < 1$$

이므로

$$0 \le |R_{n+1}| = \left|\frac{x^{n+1}(1-\theta)^n}{(1+\theta x)^{n+1}}\right| = \left(\frac{1-\theta}{1+\theta x}\right)^n \frac{x^{n+1}}{1+\theta x} < \frac{|x|^{n+1}}{1+x}$$

이다. 따라서 $\lim_{n\to\infty} R_{n+1} = 0$이다. 결국

$$\log(1+x) = x - \frac{x^2}{2} + \frac{x^3}{3} - \cdots + (-1)^{n-1}\frac{x^n}{n} + \cdots$$

임을 알 수 있다.

삼각함수 $\sin x$, $\cos x$ $(-\infty < x < \infty)$를 Maclaurin 급수로 전개하면 각각

$$\sin x = x - \frac{x^3}{3!} + \frac{x^5}{5!} - \cdots + (-1)^m \frac{x^{2m+1}}{(2m+1)!} + \cdots = \sum_{m=0}^{\infty}(-1)^m \frac{x^{2m+1}}{(2m+1)!}$$

$$\cos x = 1 - \frac{x^2}{2!} + \frac{x^4}{4!} - \cdots + (-1)^m \frac{x^{2m}}{(2m)!} + \cdots = \sum_{m=0}^{\infty}(-1)^m \frac{x^{2m}}{(2m)!}$$

이다.

정의 1.4 **Lipschitz 조건**

함수 $f(x)$가 임의의 x, $y \in [a, b]$에 대하여

$$|f(x) - f(y)| \le L|x - y|$$

인 상수 L이 존재할 때, f는 **Lipschitz 조건**을 만족한다고 한다.

위 정의에서 Lipschitz 조건을 만족하는 상수 L을 **Lipschitz 상수**라 한다.

제 2 절 수의 표시법과 오차

주로 사용되는 수는 10을 기수(base)로 하는 10진수이다. 자주 사용되는 수의 표시법에는 2진법(binary), 8진법(octal), 10진법(decimal), 16진법(hexadecimal) 등이 있다.

임의의 수 N이 α진법으로 $n+1$자리의 수라 할 때,

$$N = a_n\alpha^n + a_{n-1}\alpha^{n-1} + \cdots + a_1\alpha + a_0\alpha^0, \qquad (0 \le a_i \le \alpha,\ a_n \ne 0)$$

을 $N = (a_n\ a_{n-1}\ \cdots\ a_1\ a_0)_\alpha$와 같이 표시한다. 즉,

$$a_n\ a_{n-1}\ \cdots\ a_1\ a_0 = a_n \times 10^n + a_{n-1} \times 10^{n-1} + \cdots + a_1 \times 10^1 + a_0 \times 10^0$$

으로 나타내고, 소수는

$$0.b_1\ b_2\ b_3 \cdots = b_1 \times 10^{-1} + b_2 \times 10^{-2} + b_3 \times 10^{-3} + \cdots$$

으로 나타낸다.

일반적으로 우리가 사용하는 10진수를 컴퓨터에 입력하면 컴퓨터는 2진수, 8진수, 16진수 등으로 바꾸어 계산하고, 다시 10진수로 바꾸어 출력한다.

8진법에서는 각 자리의 수가 0, 1, 2, 3, 4, 5, 7로 표시된다. 예를 들어, 8진법의 21467을 10진법으로 표시하면

$$\begin{aligned}(21467)_8 &= 2 \times 8^4 + 1 \times 8^3 + 4 \times 8^2 + 6 \times 8^1 + 7 \times 8^0 \\ &= 7 + 8(6 + 8(4 + 8(1 + 8 \times 2))) \\ &= 9015\end{aligned}$$

이다.

α를 기수로하는 α진법의 n자리 **부동소수점**(floating point) 표시법에서는 수가

$$x = \pm(0.d_1 d_2 d_3 \cdots d_n)_\alpha \cdot \alpha^e$$

의 형태이고, 소수 $(0.d_1d_2d_3\cdots d_n)_\alpha$를 **가수**(mantissa)라 하고 정수 e를 **지수**(exponent)라 한다.

컴퓨터의 연산장치나 기억장치는 양(+)과 음(-)만을 구별할 수 있는 비트(bit: binary digit)로 구성되어 있다. 따라서 컴퓨터에서는 2의 배수의 진법을 사용한다. 부동소수점 표시법에서 32비트를 한 단어로 사용하는 경우를 1배 정도(single precision), 64비트를 한 단어로 사용하는 경우를 2배 정도(single precision) 표현이라 한다. 일반적으로 2배 정도의 표현에 의한 계산은 1배 정도의 표현에 의한 계산보다는 정확하지만, 약 2배의 기억용량과 계산시간이 필요하다.

참값을 T, 근사값을 $\tilde{a}$라 할 때, $T-\tilde{a}=\epsilon$을 **오차**(error)라 한다. 오차가 0보다 작은 경우도 있고, 일반적으로 오차의 절대값을 생각한다. 오차의 절대값 $|\epsilon|$이 작을수록 근사값 $\tilde{a}$는 참값 T에 가까워 진다. 따라서 $\tilde{a}=T+\epsilon$이다. 예를 들어, $\tilde{a}=4.5$가 $T=4.2$의 근사값이라 하면 오차는 $\epsilon=-0.3$이다.

근사값 $\tilde{a}$의 **상대오차**(relative error) ϵ_r은

$$\epsilon_r=\frac{\epsilon}{T}=\frac{T-\tilde{a}}{T}=\frac{\text{오차}}{\text{참값}}$$

으로 정의된다. 이것은 T를 모르기 때문에 유효하지 않은 것처럼 보이지만 만약 $|\epsilon|$이 $|\tilde{a}|$보다 매우 작다면 T 대신에 $\tilde{a}$를 사용할 수 있고

$$\epsilon_r\simeq\frac{\epsilon}{\tilde{a}}$$

임을 알 수 있다. 아직 ϵ 값을 알 수 없으므로 문제가 되지만 $T=\tilde{a}+\epsilon$이고, 실제로는 $\tilde{a}$에 대한 **오차 한계**(error bound)

$$|\epsilon|\le\beta,\qquad \text{즉, } |T-\tilde{a}|\le\beta$$

를 얻을 수 있다. 즉, 구하여진 $\tilde{a}$로부터 미지의 T가 어느 정도인가를 예측할 수 있다.

임의의 실수 x를 n자리 부동소수점 표현에 의한 수 $fp(x)$로 바꾸기 위해서는 반올림(rounding)과 버림(chopping)의 두 방법이 있다. 예를 들어,

소수점 아래 두 자리 부동소수점 표현에서

$$fp\left(\frac{2}{3}\right) = \begin{cases} 0.67 \times 10^0, & \text{반올림의 경우} \\ 0.66 \times 10^0, & \text{버림의 경우} \end{cases}$$

이고, 실수 $\frac{2}{3}$와 부동소수점 수 $fp\left(\frac{2}{3}\right)$ 사이에는 마무리 오차(round-off error)가 생긴다. 또한 컴퓨터의 기억장치에서 10진법의 수를 2진법으로 변환되어 기억되고, 이 때 변환오차(conversion error)가 생긴다. 예를 들어, 10진수의 0.6을 2진수로 표시하면 $0.100110011\cdots$ 이므로 8자리 미만을 버리고 표시하면 0.100110011이고, 다시 10진수로 출력하면 0.59765626이 되어 변환오차가 생긴다. 변환오차를 줄이기 위해서는 정도를 높이는 것이 바람직하다.

컴퓨터 연산과정에서 컴퓨터가 나타낼 수 있는 최대정수보다 더 큰 정수가 되는 경우는 Overflow, 최소정수보다 더 작은 정수인 경우는 Underflow가 되어 컴퓨터는 연산을 중지하게 된다. 예를 들어, 32비트를 하나의 단어로 사용하는 컴퓨터가 기억할 수 있는 절대값이 가장 큰 수는 $10^{63} \sim 10^{76}$이고 가장 작은 수는 $10^{-35} \sim 10^{-78}$이다.

제 3 절 Maple

미분·적분의 개념을 이해하고 있다고 하여 모든 미분·적분 문제를 계산할 수 있는 것도 아니고, 고도의 수학적인 이론을 요구하지는 않지만 여러 단계를 거쳐야만 하는 계산은 답을 구한 후에도 그 정확성에 자신이 없는 경우가 있다. 이런 경우, 컴퓨터를 이용하여 문제를 해결하려는 시도는 자연스러운 추세라고 할 수 있다. 이를 위한 일반적인 프로그래밍 언어의 사용은 프로그래밍 언어배열(syntax)에 관한 훈련과 실습, 또는 어떤 프로그램을 작성하기 위한 추상적인 연습은 수학적 사고를 그다지 요구하지 않는다. 반면 기호적 소프트웨어 패키지(Symbolic software package)는 컴퓨터를 활용하여 수 계산 및 기호에 대한 계산, 그래픽 표현, 함수의 정의, 프로그램의 작성 등이 비교적 간단하고, 수학적으로 사고하는 것을 돕는다. 특히 수치해석의 필요성을 실감하면서도 프로그램 작성의 어려움 때문에 수치해석 과목을 성공적으로 이수하지 못하는 경우가 많다. 수치해석학의 주된 목적은 수학적 문제에 대한 알고리즘을 이해하고 여러 분야에 응용하는 것이지 프로그램을 배우는 것이 아니다.

따라서 기본적인 지식만 알고 있으면 복잡한 프로그래밍 언어구조를 모르더라도 쉽게 수치해석의 문제들을 해결할 수 있는 패키지를 사용하는 것이 바람직하다. 특히 근년에는 수치적으로 수학문제를 해결하려는 것보다는 기호적으로 수학 문제를 해결하기 위한 컴퓨터 프로그램이 많이 사용되어지고 있다. Mathematica, Matlab, Maple 등이 대표적인 기호 수학 프로그램들이다. 그 중에서도 Maple은 수학 계산을 수식적으로도 수치적으로도 실행할 수 있는 고급언어이다.

1. 수식 기호·간단한 계산·표현식

Maple의 모든 작업은 프롬프트(prompt) ">"에서 이루어 진다. 명령문을 입력하고 실행하기 위해서는 반드시 세미콜론(;)을 입력한 뒤 Enter키를 누른다. 실행결과를 화면에 표시하고 싶지 않을 경우에는 반드시 콜론(:)을 입력한 뒤 Enter키를 누른다.

작업중 프롬프트가 필요하면 TOOL BAR 중간에 있는 "[>"를 마우스로 클릭하면 커서(cusor)가 있는 다음 줄에 프롬프트 ">"가 나타난다. 커서가 있는 윗 줄에 프롬프트를 나타내려면 "←"를 눌러서 커서를 프롬프트 위(또는 더 앞쪽)에 놓고 Enter키를 누르면 새로운 프롬프트 ">"가 얻어진다. TOOL BAR에 있는 특정 아이콘을 클릭한 상태를 유지하면 STATUS BAR에 그 기능의 간단한 설명문이 나타나고, 클릭하면 그 기능이 실행된다.

Maple 키워드(key words)

and by do done elif else end fi for from if local not od

or option options proc quit read save stop then to while

표준 라이브러리 함수(Library Function)

abs arccos array convert copy D det diff dsolve eqn eval evalf exp expand GAMMA factor map plot plot3d seq sqrt subs with 등 많은 함수가 준비되어 있다.

변수 := 수식표현

```
> expr := cos(x)^5+sin(x)^4+2*cos(x)^2 -2*sin(x)^2-cos(2*x);
```

$$expr := \cos(x)^5 + \sin(x)^4 + 2\cos(x)^2 - 2\sin(x)^2 - \cos(2x)$$

```
> simplify(expr);
```

$$\cos(x)^5 \ + \ \cos(x)^4$$

```
> var := x;
```

$$\text{var} := x$$

```
> t := x*y;
```

$$\text{t} := xy$$

```
> subs(x=2, y=7, t);
```

$$14$$

함수 := 변수 -> 수식표현

```
> f := x -> x^2+1;
```

$$f := x \ - > \ x^2 + 1$$

```
> f(5);
```

$$26$$

```
> f(y+1);
```

$$(y+1)^2 + 1$$

2. 집합·순서집합·첨자변수

```
> S:=1,2,3;
```

$$S := 1,\ 2,\ 3$$

```
> a. S;
```

$$a1,\ a2,\ a3$$

```
> letter := [a,b,c,a];                    # 순서대로 기억, 출력.
```

$$[a,\ b,\ c,\ a]$$

```
> datas := {b,a,c,a};        # 중복원소 무시하고 알파벳 순서로 나열
```

$$\text{datas} := \{a,\ b,\ c\}$$

```
> {1,-1,0,4,1.0};
```

$$\{-1,\ 0,\ 1,\ 1.0,\ 4\}$$

```
> data_list:=[0, Pi/2,3*Pi/2];
```

$$data\_list := [0,\ \frac{1}{2}\pi,\ \frac{3}{2}\pi]$$

```
> map(sin, data_list);
```

$$[0,\ 1,\ -1]$$

```
> op(3, %); nops(%%);
```

$$-1$$

$$3$$

Mpale의 **Ditto** 연산자 %는 Maple 출력문의 가장 뒤에 실행된 결과를 기억한다. 또한 %%, %%%는 각각 앞의 두번째, 세번째의 출력문을 기억한다.

명 령 문	의 미
+, −, ∗, /	(가감승제)
∧ 또는 ∗ ∗	$2\wedge3 = 2^3$
$a := b$	a 에 b 를 대입
$a\& * b$	비가환 곱(행렬곱 등)
$a < b$	a는 b보다 작다.
$a <= b$	a는 b보다 작거나 같다.
$a >= b$	a는 b보다 크거나 같다.
$a <> b$	a는 b와 같지 않다.

기본연산

3. 사칙연산

Maple은 유리수의 사칙연산을 정확하게 할 수 있고, 유리수의 사칙연산의 결과는 반드시 유리수(분수) 형태로 출력된다.

예를 들어, $2 + \frac{1}{2}$의 계산결과는 $\frac{5}{2}$이지만 Maple에서는 2.5라고 인식하지 않는다. 사실은 $\frac{5}{2}$는 유리수이고, 2.5는 부동소수점 근사의 수(컴퓨터 내부의 수치표시)로써 전혀 다른 대상으로서 다룬다. 「식을 정확하게 표시한다」는 능력에 의해 식의 원래의 성질이나 구조에 관한 여러가지 정보를 잃지 않게 한다는 것이다.

```
> 1/2+1/3+2/7;
```

$$\frac{47}{42}$$

```
> 2*(1+1/3);
```

$$\frac{8}{3}$$

Maple은 유리수를 처리하여 정확한 결과를 출력하는 능력이 있다. 이 「정확」과 「근사」의 차이점은 매우 중요하다. 계산은 필요로하는 유효자릿수만큼 사용하여 계산할 수 있다.

> p := 1153*(3^58+5^40)/(29!−7^36);

$$p := \frac{13805075714975527214071994314}{5368630657311403714453245983}$$

Maple의 상수는 글로벌 변수 **Digits**에 의해 지정된 유효자릿수 (미리 지정된 값, 즉 디폴트(default) 값은 10)을 사용하여 부동소수점 수(floating number)에 근사시킬 수 있다. **evalf** 명령어를 사용하여 부동소수점 수로 평가한다.

> evalf(p);

$$2.571433313$$

식의 중간에 부동소수점 수가 존재할 때에는 자동적으로 계산 전체를 부동소수점 수로 계산한다.

> 1/2.0+1/3.0+2/7.0;

$$1.119047619$$

삼각함수의 각은 라디안을 사용한다.

> h := tan(3*Pi/7);

$$h := \tan(\frac{3}{7}\pi)$$

> evalf(h);

$$4.381286277$$

수학에서 표준적으로 사용하는 함수를 모두 준비하고 있다. 지수함수, 초월함수(삼각함수)는 물론 특수함수도 다룬다. 예를 들어, **erf**는 오차함수(error function)로, 임의의 복소수 x에 대하여 다음과 같이 정의된다.

$$\mathrm{erf}(x) = \frac{2}{\sqrt{\pi}} \int_0^x e^{-t^2}\,dt$$

erf 함수에 값을 대입하여 본다.

> erf(3);

$$\mathrm{erf}(3)$$

유효자릿수를 10자리로 하고 부동소수점 수 근사값을 구하여 본다.

> Digits := 10;

$$Digits := 10$$

> evalf(erf(3));

$$.9999779095$$

이 이외에도 소수부분을 반올림한 정수를 출력하는 **trunc** 함수, **Bessel** 함수 등, 수학에서 자주 사용하는 함수는 대부분 다룬다. 이에 대한 정보는 Maple의 Help 기능 **?index,function** 혹은 **?inifcns**를 참조한다.

4. 다항식

다항식은 미지수를 포함한 식이다. 다항식의 각 항에는 미지수가 곱하여진 형태로 들어 있는 경우도 있다. 예를 들어, 다항식 $x^4 - 3x^3 + 2x + 5$는 미지수 x 만을 갖고 있다. 이 다항식에는 x^4, x^3, $x^1 = x$, $x^0(= 1)$의 항이 포함되어 있다. 다항식 $x^4 - 3x^2y + y^2$와 같이 미지수가 두개 이상 들어 있을 때에는 그들의 곱이 항으로 포함된 경우가 있다. 앞의 다항식들은 모두 계수가 정수이지만 유리수, 무리수, 부동소수점 수, 복소수 등 다른 변수라도 계수가 된다. Maple에는 다항식에 관한 많은 명령어가 준비되어 있다.

sort 명령어를 사용하면 다항식의 변수를 내림차순으로 다시 나열할 수 있다. 원식은 보존되지 않고 다음의 예제와 같이 다시 나열된 결과로 변한다.

> poly1 := x^2 + x - 3*x^4 - 4 + x^5;

$$poly1 := x^2 + x - 3x^4 - 4 + x^5$$

> sort(poly1);

$$x^5 - 3x^4 + x^2 + x - 4$$

collect 명령어는 다항식의 임의의 변수에 대하여 각 차수의 계수를 모두 묶어 낸다. 예를 들어, 어떤 다항식의 안에 ax와 bx가 포함되어 있다고 할 때, **collect** 명령어를 사용하면 $(a + b)x$로 묶을 수 있다.

```
> poly2 := x*y + z*x*y +y*x^2 - z*y*x^2 + x + z*x;
```

$$poly2 := xy + zxy + yx^2 - zyx^2 + x + zx$$

```
> collect(poly2, x);
```

$$(y - zy)x^2 + (y + zy + 1 + z)x$$

임의의 변수에 대하여 그 계수를 구할 수도 있다.

```
> p := 2*x^2 + 3*y^3 - 5;
```

$$2x^2 + 3y^3 - 5$$

```
> coeff(p, x, 2);
```

$$2$$

```
> coeff(p, x^2);
```

$$2$$

5. 방정식과 그 해법

Maple의 **solve** 명령어는 초등 초월함수를 포함한 방정식이나 선형 또는 다항식의 연립방정식을 풀기 위해 사용된다. **solve** 명령어는 하나 혹은 그 이상의 방정식의 집합을 다루고 지정된 미지수에 대하여 정확하게 방정식을 풀려고 한다. 방정식들과 미지수는 {eq1, eq2}, {x, y}, {x}와 같이 중괄호로 묶는다.

먼저 하나의 미지수에 대하여 하나의 방정식을 푸는 경우, 각 집합은 하나의 요소만 갖는다. 다음의 예에서 두개의 해는 각각 x만의 집합으로 나란히 두개가 출력된다.

```
> solve({x^2=4}, {x});
```

$$\{x = 2\}, \{x = -2\}$$

Maple은 풀 수 있는 해를 모두 집합으로 표시하여 출력한다. 만약 두개 이상의 해를 구하였다면 Maple은 각각의 해를 중괄호로 묶어 집합으로 나타내고, 콤마 연산자 「,」를 사용하여 식의 열로서 표시한다. 만약 방정식에 대하여 해를 구하고자 하는 미지수를 지정하지 않으면 Maple은 모든 미지수에 대하여 해를 구한다.

```
> solve({x+y=0});
```

$$\{y = y,\ x = -y\}$$

두개의 방정식으로 해가 주어지지만 실제로 해는 하나뿐이다. 즉, y는 임의의 값을 갖고, $x = -y$이다. x는 y와 관련하여 매개변수화된다는 것을 의미한다.

방정식이 아니고 임의의 식(=0을 붙이지 않은 식)에 대하여 solve 명령어를 사용하여 해를 구하려고 하면, Maple은 자동적으로 식이 0이라고 가정한다.

```
> solve({x^3-13*x+12}, {x});
```

$$\{x = 1\},\ \{x = 3\},\ \{x = -4\}$$

예제 3.1 다음 방정식을 x에 대하여 풀고, 얻어진 해를 원래의 식에 대입하여 정확한 해인가를 확인한다.

```
> eqn := {3*x^2-2*x+1=0};
```

$$eqn := \{3x^2 - 2x + 1 = 0\}$$

```
> sol := solve( eqn, {x});
```

$$sol := \{x = \frac{1}{3} + \frac{1}{3} I \sqrt{2}\},\ \{x = \frac{1}{3} - \frac{1}{3} I \sqrt{2}\}$$

Maple에서 I는 허수 단위($\sqrt{-1}$)를 의미한다.

subs 명령어를 사용하여 구한 해를 방정식에 대입하여 해가 정확한가를 확인할 수 있다.

> subs(sol[1], eqn); subs(sol[2], eqn);

$$\{3(\frac{1}{3}+\frac{1}{3}I\sqrt{2})^2+\frac{1}{3}-\frac{2}{3}I\sqrt{2}=0\}$$

$$\{3(\frac{1}{3}-\frac{1}{3}I\sqrt{2})^2+\frac{1}{3}+\frac{2}{3}I\sqrt{2}=0\}$$

이 결과를 간략화하면 다음과 같다.

> simplify(%);

$$\{0=0\}$$

즉, 해가 정확하다는 것을 알 수 있다.

해가 구체적으로 구하여지지 않는 경우에는 **RootOf**(식)의 형태로 표시된다. 그러나 이 경우에도 **allvalues** 명령어 등을 사용하여 근사 수치해를 구할 수 있다.

> solve(x^5-3*x^4+2*x^2-x+3, x);

$$\mathrm{RootOf}(\_Z^5-3\,\_Z^4+2\,\_Z^2-\_Z+3)$$

> allvalues(%);

$$-1.127479307,\ .03687403922-.8565945569\,I,$$

$$.03687403922+.8565945569\,I,\ 1.327862375,\ 2.725868853$$

다음은 연립방정식을 푸는 문제를 생각한다.

> eqns := {u+v+w=1, 3*u+v=3, u-2*v-w=0};

$$eqns := \{u+v+w=1,\ 3u+v=3,\ u-2v-w=0\}$$

> sols := solve(eqns);

$$sols := \{u=\frac{4}{5},\ v=\frac{3}{5},\ w=-\frac{2}{5}\}$$

구하여진 해를 본래의 식에 대입하여 옳은 해인가를 확인한다.

```
> subs( sols, eqns );
```

$$\{3 = 3,\ 1 = 1,\ 0 = 0\}$$

또한 **subs** 명령어를 사용하여 하나의 해를 선택할 수 있다.

```
> subs( sols, u );
```

$$\frac{4}{5}$$

모든 해를 지정하기 위해서는 **assign** 명령어를 사용한다.

```
> assign( sols );
> v;
```

$$\frac{3}{5}$$

다음은 연립방정식 $x + y = 0$, $-2x - 2y = 0$ 을 푸는 문제를 생각한다. 해는 수없이 존재하고($y = -x$인 실수의 조합은 모두 해이다), 이 연립방정식의 해는 부정이다. 즉, $y = -x$ 와 $2y = -2x$ 는 같은 직선이다.

```
> solve( {x+y=0, -2*x-2*y=0}, {x, y} );
```

$$\{x = -y,\ y = y\}$$

다음은 연립방정식 $x^2 - 2y = 2$, $x - y = 1$ 을 푼다. 그 해는 각각 그래프의 교점이다.

```
> solve({x^2-2*y=2, x-y=1}, {x, y});
```

$$\{x = 2,\ y = 1\},\ \{y = -1,\ x = 0\}$$

특정의 범위에서 수치해만를 구하고 싶을 때에는 **fsolve** 명령어를 사용한다. fsolve는 다항식에 대하여 모든 실수해(연산에 복소수를 지정하였을 때에는 모든 복소수해)를 수치해로서 구할 수 있다.

```
> fsolve(x^4-2, x);
```

$$-1.189207115,\ 1.189207115$$

> fsolve(x^4–2, x, complex);

$$-1.189207115,\ 1.189072115\,I,\ -1.189207115\,I,\ 1.189207115$$

> fsolve(x=cos(x), x);

$$.7390851332$$

연립방정식도 **fsolve** 명령어로 근사 수치해를 구할 수 있다.

> eq1 := sin(x+y)–exp(x)*y=0:

> eq2 := x^2–y=2:

> fsolve({eq1, eq2}, {x, y}, {x=–1..1, y=–2..0 });

$$\{x = -.6687012050,\ y = -1.552838698\}$$

또한 다항식으로 주어진 식도 **fsolve** 명령어로 미지수의 근사 수치해를 구할 수 있다.

> poly := 23*x^5 + 105*x^4 – 10*x^2 + 17*x:

> solve({poly}, {x});

$$\{x = 0\},\ \{x = -4.536168981\},\ \{x = -.6371813185\}$$

다음은 주어진 구간 a..b, x = a..b 혹은 {x=a..b, y=c..d, ···}에서 해를 구한다. 범위는 폐집합, 즉 끝점은 범위에 포함된다.

> fsolve(poly, x, –1..1);

$$0,\ -.6371813185$$

경우에 따라 **fsolve**는 하나 이상의 해가 존재해도 그 해를 전부 찾지 못할 때가 있다. 이런 경우 Maple은 무한개의 해 중에서 하나만을 출력한다는 것에 주의한다. 예를 들어, 함수는 주기적으로 x축을 통과하므로 해는 하나 이상 존재한다. 그러나 **fsolve** 명령어로 해를 구하면 무한개의 해 중에서 하나만 출력한다.

> fsolve({cos(x)=0}, {x});

$$\{x = 1.570796327\}$$

해의 범위를 지정하면 **fsolve**는 해를 구체적으로 출력한다.

> fsolve({cos(x)=0}, {x}, Pi..2*Pi);

$$\{x = 4.712388980\}$$

보다 정확한 근사해를 구하기 위해 글로벌 변수 **Digits**의 값을 높이면 된다.

> Digits := 30:

> fsolve({cos(x)=0}, {x});

$$\{x = 1.57079632679489661923132169164\}$$

방정식의 모든 미지수에 대하여 정수해를 구하는 **isolve** 명령어도 있다.

다항식의 차수가 5 혹은 그 이상이면 일반적인 해를 갖지 않는다. 이러한 경우 Maple은 어떤 방법으로든지 수식처리로 문제의 해를 구하기 위해 최선을 다하지만, 일반적으로 수치해를 필요로 한다(2장참조).

6. 미분·적분

Maple에서 도함수 혹은 편도함수(partial derivative)를 계산하기 위해 일반적으로 **diff** 명령어를 사용한다. **diff** 명령어는 첫번째 인수에는 미분하려고 하는 식을 부여하고, 두번째 인수에는 어느 변수에 대하여 미분할 것인가를 할당한다.

> diff(sin(x)+cos(x), x);

$$\cos(x) - \sin(x)$$

> diff(sin(x), y);

$$0$$

```
> diff(x*sin(cos(x)), x);
```

$$\sin(\cos(x)) - x\cos(\cos(x))\sin(x)$$

다음은 $f(x) = \sin x$의 1차, 2차 도함수를 구하고, 동시에 플롯하여 본다.

```
> f := x -> sin(x):
> df1 := diff(f(x), x);
```

$$df1 := \cos(x)$$

```
> df2 := diff(f(x),x, x);
```

$$df2 := -\sin(x)$$

```
> plot( [f(x), df1(x), df2(x)], x=-5..5);
```

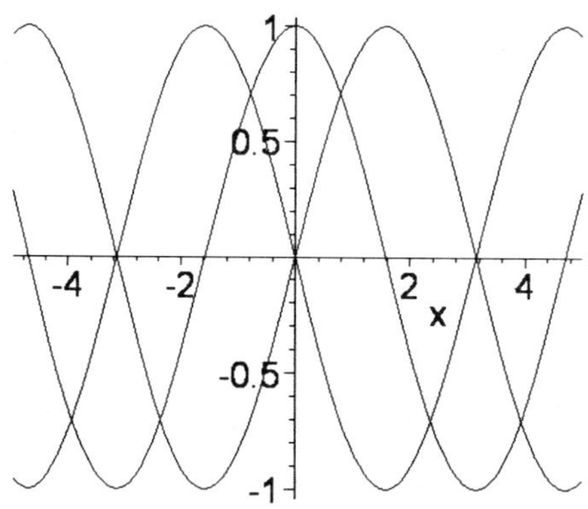

int는 원시함수를 구하는 Maple의 명령어이다. **int** 명령어는 피적분함수의 부정적분을 계산하는 반면 명령어 **Int**는 부정적분기호를 나타낸다. 이 명령어는 적분상수를 주지 않는다는 것에 주의한다.

```
> int(x^3, x);
```

$$\frac{1}{4}x^4$$

int 명령어는 가능한 한 일반적분 적분공식을 부여하지만, 필요한 조건을 덧붙이지는 않는다. 예를 들어, 다음의 적분공식을 생각한다.

$$\int x^n dx = \frac{x^{n+1}}{n+1} + C, \qquad (\text{단}, n \neq -1)$$

```
> Int(x^n, x) = int(x^n, x);
```

$$\int x^n dx = \frac{x^{n+1}}{n+1}$$

이와 같이 n에 대하여 조건을 줄 수 없다. 그러나 $n = -1$이 직접 주어져 있는 경우에는 Maple은 다른 답을 출력한다.

```
> n :=-1:
> Int(x^n, x) = int(x^n, x);
```

$$\int \frac{1}{x} = \ln(x)$$

어떤 의미에서는 적분과 미분은 역의 조작이다. 즉, $h \to 0$일 때 $\frac{d}{dx}\int_x^{x+h} f(t)dt = f(x)$에 의해 f의 원시함수의 미분을 취하면 f가 된다.

```
> Int(x*ln(x), x)=int(x*ln(x), x);
```

$$\int x \ln(x) dx = \frac{1}{2}x^2 \ln(x) - \frac{1}{4}x^2$$

```
> diff( rhs("), x );
```

$$x \ln(x)$$

즉, Maple은 함수의 미분·적분을 수작업으로 계산하는 것과 같이 식을 그대로 계산한다. 따라서 주어진 함수를 미분하여 그 결과를 다시 적분하면 원래의 함수가 얻어진다는 것을 알 수 있다.

```
> f := x -> x*sin(a*x);
```

$$f := x \text{ -> } x \sin(ax)$$

```
> Diff(f(x), x);
```

$$\frac{\partial}{\partial x} x \sin(ax)$$

> df := value(%);

$$df := \sin(ax) + x\cos(ax)a$$

> Int(df, x);

$$\int \sin(ax) + x\cos(ax)a\,dx$$

Maple에서는 부정적분의 피적분함수를 괄호로 묶어 출력하지 않은 것에 주의한다.

> value(%);

$$-\frac{\cos(ax)}{a} + \frac{\cos(ax) + ax\sin(ax)}{a}$$

> simplify(%);

$$x\sin(ax)$$

즉, 경우에 따라서는 간략화하지 않으면 주어진 함수의 원시함수를 미분하여도 원래의 함수로 표시하지 않은 경우가 있다.

> Int(x*(2+x)^(−4), x) = int(x*(2+x)^(−4), x);

$$\int \frac{x}{(2+x)^4}dx = \frac{2}{3}\frac{1}{(2+x)^3} - \frac{1}{2}\frac{1}{(2+x)^2}$$

> simplify(rhs(%));

$$-\frac{1}{6}\frac{2+3x}{(2+x)^3}$$

> diff(%, x);

$$-\frac{1}{2}\frac{1}{(2+x)^3} + \frac{1}{2}\frac{2+3x}{(2+x)^4}$$

> simplify(");

$$\frac{x}{(2+x)^4}$$

명령어 **int**는 일반적인 형태의 함수가 변수변환의 형태로 포함되는 함수의 원시함수를 다룰 수도 있다.

> Int(cos(f(x))*diff(f(x), x), x)=int(cos(f(x))*diff(f(x), x), x);

$$\int \cos(f(x))\left(\frac{\partial}{\partial x}f(x)\right)dx = \sin(f(x))$$

이와 같은 계산을 수작업으로 할 때에는 보통 $u = f(x)$ 라는 변수변환을 사용한다. 이렇게 하면 $du = f'(x)dx$이고

$$\int \cos(f(x))f'(x)dx = \int \cos(u)du = \sin u = \sin f(x)$$

이므로 Maple의 답과 일치한다는 것을 알 수 있다.

Maple에서 함수 f 에 대한 Taylor 급수 전개는 **taylor** 명령어를 사용한다.

> taylor(f(x), x=c);

$$f(c)+D(f)(c)(x-c)+\frac{1}{2}\left(D^{(2)}\right)(f)(c)(x-c)^2+\frac{1}{6}\left(D^{(3)}\right)(f)(c)(x-c)^3 +\frac{1}{24}\left(D^{(4)}\right)(f)(c)(x-c)^4+\frac{1}{120}\left(D^{(5)}\right)(f)(c)(x-c)^5+O\left((x-c)^6\right)$$

또한 함수 f에 대한 Maclaurin 급수 전개는 **series** 명령어를 사용한다.

> series(f(x), x);

$$f(0)+D(f)(0)x+\frac{1}{2}\left(D^{(2)}\right)(f)(0)x^2+\frac{1}{6}\left(D^{(3)}\right)(f)(0)x^3 +\frac{1}{24}\left(D^{(4)}\right)(f)(0)x^4+\frac{1}{120}\left(D^{(5)}\right)(f)(0)x^5+O\left(x^6\right)$$

예를 들어, $f = \sin$일 때, Maclaurin 급수는

> subs(f=sin, %): %;

$$x-\frac{1}{6}x^3+\frac{1}{120}x^5+O\left(x^6\right)$$

이다. 이 급수를 다음과 같이 **polynom** 명령어를 사용하여 다항식으로 만들 수 있다.

> convert(%, polynom);

$$x-\frac{1}{6}x^3+\frac{1}{120}x^5$$

다음은 $\sin x$의 $x = 0$과 $x = 1$에서의 Taylor 급수를 구한다.

> taylor(sin(x), x=0);

$$x-\frac{1}{6}x^3+\frac{1}{120}x^5+O\left(x^6\right)$$

이 급수는 앞에서 구한 멱급수와 같다.

> taylor(sin(x), x=1);

$$\sin(1)+\cos(1)(x-1)-\frac{1}{2}\sin(1)(x-1)^2-\frac{1}{6}\cos(1)(x-1)^3$$
$$+\frac{1}{24}\sin(1)(x-1)^4+\frac{1}{120}\cos(1)(x-1)^5+O\left((x-1)^6\right)$$

7. 행렬과 행렬식

선형대수(linear algebra)의 패키지 **linalg**를 사용하여 행렬식, 역행렬, 고유치, 연립미분방정식 등을 풀 수 있다. **linalg** 패키지를 사용하기 위해서는 **linalg**[함수이름]으로 지정하든가 또는 다음과 같이 선형대수용 패키지 전체를 불러 둔다.

> with(linalg):

with 명령어는 linalg와 같은 패키지 안의 함수의 정의를 실행한다. **with**를 사용한 뒤에는 **linalg**[det] 대신에 **det**를 사용할 수 있다. **with** 명령어의 마지막에 콜론(:) 대신에 세미콜론(;)을 사용하면 linalg 패키지 안의 함수의 리스트가 표시된다. 함수명이 중복될 때에는 사용자에게 함수가 새롭게 정의되었다는 것을 알려 준다.

Maple에서 벡터는 1차원 배열로 표시되어 **vector** 함수 또는 **array** 함수를 사용하여 만든다. 예를 들어, 두개의 벡터 사이의 각도를 구하기 위해서는 **angle** 명령어를 사용한다.

> u := vector([1, 2, 3]);

$$u := [1,\ 2,\ 3]$$

> v := vector([0, 0, 1]);

$$v := [0,\ 0,\ 1]$$

> angle(u, v);

$$\arccos\left(\frac{3}{14}\sqrt{14}\right)$$

Maple에서 행렬의 입력방법은 여러 가지가 있다.

> A := array([[2,–6,12,5], [5,7,81,–7], [–7,21,14,15]]);

$$A := \begin{bmatrix} 2 & -6 & 12 & 5 \\ 5 & 7 & 81 & -7 \\ -7 & 21 & 14 & 15 \end{bmatrix}$$

> A[2,3];

$$81$$

와 같이 각 행을 성분으로 하는 배열로써 다룬다. A[2, 3]은 A의 (2, 3) 성분을 의미한다. 일반적으로 A의 $(i,\ j)$ 성분을 추출하기 위해서는 A[i, j]; 와 같이 입력한다. 다음과 같이 입력하여도 된다.

> A := matrix(3,4, [2,–6,12,5, 5,7,81,–7, –7,21,14,15]):

선형대수에 관한 패키지 linalg가 이미 로드되어 있으면 일반적으로 (m, n) 형태의 행렬 $A = (a_{ij})$를 구성하기 위해서는 A := array(1..m, 1..n); 과 같이 입력한다.

> A := array(1..2, 1..3);

$$A := \text{array}(1\,..\,2,\ 1\,..\,3, [\,])$$

> evalm(A);

$$\begin{bmatrix} A_{1,1} & A_{1,2} & A_{1,3} \\ A_{2,1} & A_{2,2} & A_{2,3} \end{bmatrix}$$

여기서 **evalm**은 A의 행렬로써의 평가를 의미한다. 다음과 같이 (4, 5) 크기의 0행렬을 구성할 수 있다.

> matrix(4, 5, 0):

$(i,\ j)$ 성분이 $\dfrac{(i+j)!}{i!j!}$ 인 (2, 3) 형태의 행렬은 다음과 같이 만들 수 있다.

```
> B := array(1..3, 1..7):
> for i to 3 do
        for j to 7 do
            B[i,j] := (i+j)!/i!/j!
        od
```

```
   od:
> print(B);
```

$$\begin{bmatrix} 2 & 3 & 4 & 5 & 6 & 7 & 8 \\ 3 & 6 & 10 & 15 & 21 & 28 & 36 \\ 4 & 10 & 20 & 35 & 56 & 84 & 120 \end{bmatrix}$$

또한 (i, j) 성분이 $\dfrac{1}{(i+j-1)-x}$ 인 3차 정사각 행렬은 다음과 같이 만들 수 있다.

```
> C := array(1..3, 1..3):
> for i to 3 do
      for j to 3 do
         C[i,j] := 1/(i+j-x-x)
      od
  od:
> print(C);
```

$$\begin{bmatrix} \frac{1}{1-x} & \frac{1}{2-x} & \frac{1}{3-x} \\ \frac{1}{2-x} & \frac{1}{3-x} & \frac{1}{4-x} \\ \frac{1}{3-x} & \frac{1}{4-x} & \frac{1}{5-x} \end{bmatrix}$$

실제로 (i, j) 성분이 $\dfrac{1}{(i+j-1)-x}$ 인 (n, n) 형태의 행렬은 Hilbert 행렬이다.

```
> hilbert(n ,x);
```

와 같이 입력하여 구할 수 있다. 예를 들어, $x=1$인 경우는

```
> hilbert(n);
```

와 같이 입력한다.

```
> with(linalg):
> hilbert(3, 2*x);
```

$$\begin{bmatrix} \frac{1}{2-2x} & \frac{1}{3-2x} & \frac{1}{4-2x} \\ \frac{1}{3-2x} & \frac{1}{4-2x} & \frac{1}{5-2x} \\ \frac{1}{4-2x} & \frac{1}{5-2x} & \frac{1}{6-2x} \end{bmatrix}$$

> hilbert(3);

$$\begin{bmatrix} 1 & \frac{1}{2} & \frac{1}{3} \\ \frac{1}{2} & \frac{1}{3} & \frac{1}{4} \\ \frac{1}{3} & \frac{1}{4} & \frac{1}{5} \end{bmatrix}$$

이외에도 선형대수학에서 자주 사용하는 특수 행렬들은 **linalg** 패키지에 거의 완벽하게 정의되어 있다.

다음은 3중대각행렬(띠행렬, 4장)을 만드는 **band** 명령어이다.

> band([1,3,–1], 4);

$$\begin{bmatrix} 3 & -1 & 0 & 0 \\ 1 & 3 & -1 & 0 \\ 0 & 1 & 3 & -1 \\ 0 & 0 & 1 & 3 \end{bmatrix}$$

band 명령어로 단위행렬을 만들 수도 있다.

> band([1], 3);

$$\begin{bmatrix} 1 & 0 & 0 \\ 0 & 1 & 0 \\ 0 & 0 & 1 \end{bmatrix}$$

또한 행렬의 기본 변형에서 자주 사용되는 조작으로 주어진 행렬 A의 i번째(j번째) 행(열)을 꺼내기 위해서는

> row(A, i); col(A, j);

r행(열)부터 s행(열)까지 동시에 꺼내기 위해서는

> row(A, r..s); col(A, r,s);

와 같은 명령어들이 준비되어 있다. 물론 A의 i행(j열)을 a배한 행렬을 구성할 때에는

> mulrow(A, i, a); mulcol(A, j a);

A의 i행(j열)을 a배하여 k행(l열)에 더한 행렬을 구성할 때에는

> addrow(A, i, k, a); addcol(A, j, l, a);

등의 명령어들을 사용하면 된다. 행렬 A의 행(열)의 수를 정의하거나 알기 위해서는 **rowdim**, **coldim** 명령어가 있다.

> with(linalg):

> A := matrix(3,3, [1,2,3,4,5,6,7,8,9]):

> row(A,1);

$$[1,\ 2,\ 3]$$

> col(A, 2);

$$[2,\ 5,\ 8]$$

> addrow(A,2,3,-2);

$$\begin{bmatrix} 1 & 2 & 3 \\ 4 & 5 & 6 \\ -1 & -2 & -3 \end{bmatrix}$$

$a_1,\ a_2,\ \cdots,\ a_n$을 주대각성분으로 하는 대각행렬을 구성하기 위해서는 **linalg** 패키지의 **diag** 명령어를 사용한다.

> diag(1,2,3);

$$\begin{bmatrix} 1 & 0 & 0 \\ 0 & 2 & 0 \\ 0 & 0 & 3 \end{bmatrix}$$

> diag($A_1,\ A_2,\ \cdots,\ A_n$);

와 같이 입력한다.

8. Maple 프로그램

이 절에서는 Maple 프로그래밍의 기본이 되는 명령문에 대해 간단히 설명한다.

지정문(대입명령문, assignment statement)은

> 이름 := 식;

와 같이 실행한 식의 결과에 변수이름을 할당시킨다는 의미이다. 즉, x := 1 과 같이 x 에 1을 대입하는 명령문을 의미한다. Maple에서 이름(name)은 문자열 혹은 첨자가 붙은 이름이다. 이름은 수식의 미지수이면서, 프로그래밍 변수이다. Maple이 이름을 하나의 값으로 대응시킬 때는 단지 프로그래

밍 변수가 된다. 즉, Maple이 이름에 하나의 값을 대응시키지 않으면 이름은 미지수로 남는다.

```
> 2*y - 1;
```

$$2y - 1$$

```
> x := 3;  x^2 + 1;
```

$$x := 3$$

$$10$$

```
> a[1]^2;  a[1]:=3;  a[1]^2;
```

$$a_1^2$$

$$a_1 := 3$$

$$9$$

```
> f[Cu] := 1.512;
```

$$f_{Cu} := 1.512$$

식이 아닌 함수를 정의하기 위해서는 화살표기호 -> 를 사용한다.

```
> phi := t -> t^2;
```

$$\phi := t \text{ -> } t^2$$

다음은 함수를 정의하는 것이 아니라는 것에 주의한다. 대신에 엔트리[1]는 **phi**에 대한 함수의 정의를 기억 테이블(remember table)에서 만든다.

```
> phi(t) := t^2;
```

$$\phi(t) := t^2$$

문자열과 함께 이름의 또 다른 형태에는

```
> 이름 [ 식열 ];
```

과 같은 첨자가 붙은 이름(indexed name 혹은 subscripted name) 형태가 있다. 첨자가 붙은 이름 그 자신도 하나의 이름이므로 첨자를 연달아 붙여 사용할 수 있다.

[1]entry: 여러개의 요소가 저장되어 있는 표나 리스트의 한 요소

> A[1, 2];

$$A_{1,2}$$

> A[i, 3*j-1];

$$A_{i,\,3\,j-1}$$

> b[1][1], data[Cu, gold][1];

$$b_{1\,1},\ data_{Cu,\,gold\,1}$$

첨자가 붙은 이름 A[1, 2]의 사용은 임의의 언어로서 A가 하나의 배열이라는 것을 의미하지 않는다. 다음 명령문

> a := A[1, 2] + A[2, 1] - A[1, 1]*A[2, 2];

$$a := A_{1,2} + A_{2,1} - A_{1,1}A_{2,2}$$

는 네개의 첨자가 붙은 이름으로 하나의 수식을 구성한다 (그러나, A가 배열 혹은 표로 평가되면 A[1, 1]는 배열 혹은 표 (1, 1) 요소의 값을 갖는다).

선택문(조건문, selection statement)은 다음과 같이 네 가지 형식으로 사용한다.

if *expr* **then** *statseq* **fi**
if *expr* **then** *statseq1* **else** *statseq2* **fi**
if *expr* **then** *statseq* **elif** *expr* **then** *statseq* **fi**
if *expr* **then** *statseq* **elif** *expr* **then** *statseq* **else** *statseq* **fi**

여기서 *expr*은 식을 의미하고, *statseq*은 명령문열을 표시한다. 선택문은 복수의 조건을 나타낼 수 있으므로 경우문[2] 서식으로써 생각할 수 있고, 이 경우 **else**절은 "미리 지정된 경우" 가 된다. 선택문의 **if** 절 또는 **elif** 절에 쓰여진 각각의 *expr*은 반드시 부울식으로서 평가된다. Maple에서는 부울식의

[2]case statement: 파스칼 언어의 제어문의 한가지로 제어변수의 값에 따라 여러가지의 일을 한다. 이는 **if** 문의 확장된 형태로 복잡한 조건식을 명확히 나타낼 수 있어 편리하다.

평가는 세 종류의 이론 값이 사용된다. 특수명 true와 false 이외에, FAIL도 사용된다.

Maple은 다음과 같이 선택문을 실행한다. 즉 **if** 절의 식(*expr*)을 평가한다. 만약 결과의 부울 값이 true이면 Maple은 **then** 절의 명령문열을 실행한다. 만약 결과의 부울 값이 FAIL이면 Maple은 **else** 절의 명령문열을 실행한다.

```
> x := -2:
> if x<0 then 0 else 1 fi;
```

$$0$$

```
> if x > 0 then x := x-1 fi;
> x;
```

$$-2$$

선택문은 중복된다. 즉, **then** 절 또는 **else** 절에서의 명령문열은 **if** 문을 포함하는 임의의 명령문이 된다.

구문 "**elif** *expr* **then** *statseq*" 은 "**else if** *expr* **then** *statseq*" 과 같은 의미이지만, 후자의 경우 시작의 **if** 절의 각각에 대하여 마지막에 **fi**가 필요하게 된다. **elif** 절을 사용하면 마지막을 결정하는 **fi**를 여러번 사용할 필요가 없게 된다.

Maple에서 가장 일반적인 반복문은 **for** 루프이다. 그러나 많은 루프를 보다 효과적이고 간편한 형식으로 대신할 수 있다. **for** 루프의 형식은 **for–from** 루프와 **for–in** 루프이다. 대표적인 **for–from** 루프의 형식은 다음 예와 같다.

```
> for i from 2 to 5 do i^2 od;
```

$$4$$
$$9$$
$$16$$
$$25$$

이 출력결과는 다음과 같은 순서에따라 얻어 진다. 먼저 Maple은 i에 값 2를 지정한다. 2는 5보다 작으므로 Maple은 **do**와 **od** 사이의 계산을 실행한다. 그 다음에 i가 3까지 1씩 증가하고 다시 검증하여 루프를 실행하고, i는 다시 4, 5가 되어 루프를 반복 실행한다. 이 경우 i의 마지막 값은

```
> i;
```

$$6$$

이 되어 있다. 왜냐하면 i=6 이 되어 5를 넘으므로 **do** 문 실행이 중지된다. **for–from** 루프의 신택스는 다음과 같다. 앞의 예를 다음과 같이 쓸 수도 있다.

```
> for i from 2 by 1 to 5 while true do i^2 od:
> for i from 5 to 2 by -1 do i^2 od;
```

$$25$$
$$16$$
$$9$$
$$4$$

10^5 보다 큰 첫번째 소인수를 찾기 위해서는

```
> for i from 10^5 while not isprime(i) do od;
```

로 쓸 수 있고, i 는 10^5 보다 큰 첫번째 소인수이다.

```
> i;
```

$$100003$$

루프의 본체가 비어 있으면 공문이다. Maple은 공문을 인정한다. 예를 들어, 홀수만을 체크하는 프로그램을 만들면 다음과 같다.

```
> for i from 10^5+1 by 2 while not isprime(i) do od;
> i;
```

$$100003$$

주사위를 임의로 다섯번 던지는 경우를 보인다.

```
> die := rand(1..6):
> to 5 do die() od;
```

$$3$$
$$6$$
$$3$$
$$2$$
$$2$$

이 결과는 **rand**(1..6)에 의해 발생되는 난수에 의존하므로 항상 같지는 않다.

while 루프는 **for** 루프의 **while** 절을 제외한 모든 절을 생략한 하나의 **for** 루프이다. **while** 조건은 반드시 부울식의 값 true, false 또는 FAIL로 평가된다.

```
> x := 256:
> while x>1 do x :=x/4 od;
```

$$x := 64$$
$$x := 16$$
$$x := 4$$
$$x := 1$$

9. 프로시져

Maple에는 **프로시져**(procedure: 절차)를 기술하기 위한 편리한 프로그래밍 언어가 있다. Maple에서 **proc** 명령어는 프로시져를 정의한다.

> **proc**(*P*) **end**;

$$\mathbf{proc}(P) \qquad \mathbf{end}$$

키워드 **proc** 바로 뒤의 소괄호 "( )"로 둘러 싼 형식 매개변수 *P*는 모두 임의이고, **local, global** 절, 옵션(option), 서술부(description)에 따른다. 키워드 **proc**와 **end**는 평가되지 않는 식의 단일 인용부호와 같은 명령문의 식열이 된다.

프로시저 정의의 간단한 예를 들어본다.

```
> proc(x, y)
  x^2 + y^2
  end;
```

$$\mathbf{proc}(x, y)\ x^2 + y^2\ \mathbf{end}$$

이 프로시저는 두개의 형식 매개변수 x 와 y 를 갖고 있으며, **local, global** 절, 옵션, 서술부는 갖지 않고 단지 프로시저 본체의 하나의 명령문 $x^2 + y^2$ 만 갖는다. **proc** 문을 작성 중에 행을 바꿀 때 Shift+Enter 키를 누르면 프롬프트가 표시되지 않고 행이 바뀐다. 마지막 **end**; 에서 Enter키를 누르면 편리하다. 그러나 Enter키만 누르고 행을 바꿀 때의 좋은 점은 만약 에러가 생기면 Enter키를 누를 때마다 에러 메세지와 함께 잘못된 곳을 지적하여 준다.

또 다른 Maple 오브젝트로 프로시저에 이름을 할당할 수 있다.

```
> F := proc(x, y) x^2 + y^2 end;
```

$$F := \mathbf{proc}(x, y)\ x^2 + y^2\ \mathbf{end}$$

위의 명령문은 문법적으로는 지정문이고 := 의 오른쪽 식이 프로시저 정의이다.

프로시저 정의는 보통 이름으로 할당되어, 함수 호출을 사용하여 다음과 같이 실행(호출)한다.

```
> F(A);
```

Maple이 프로시저 본체의 명령문을 실행할 때 함수 호출에서 실 매개변수 A로 형식 매개변수 P를 대신한다. 형식 매개변수 P에 대하여 실 매개변수 A를 대입하기 전에 먼저 매개변수 A를 평가하는 것에 주의한다. 명령문은 순서대로 실행되고, 프로시저 본체의 제일 마지막에 실행된 명령문의 값이 출력된다.

> F(2, 3);

$$13$$

Maple 안에서 식의 평가는 반복 평가에 의해 충분히 실행되어지고, 그 결과는 충분히 평가된 식이 된다. 프로시져 정의에 대해서는 마지막 이름의 평가가 실행된다. 즉 프로시져 정의에 f라는 이름이 지정되어져 있는 경우 f의 평가결과는 f의 값이 아니고 f라는 이름 그 자신이 된다. f의 값을 필요로 할 때에는 다음과 같이 **eval** 명령어를 사용한다.

> f := proc(x) x^2 end;

$$f := \mathbf{proc}(x)\ x^2\ \mathbf{end}$$

> f;

$$f$$

> eval(f);

$$\mathbf{proc}(x)\ x^2\ \mathbf{end}$$

> f(2);

$$4$$

10. 그래픽스

수학 문제를 이해하기 위해 그래프를 그려 검토하는 것은 매우 효과적인 방법이다. Maple의 그래프에는 몇가지 형식이 있다. 예를 들어, 2차원이나 3차원 플롯(plot)[3]은 조건에 따라 여러가지 변화를 주면서 조사할 수 있다. 3차원 플롯에서는 보는 각도를 자유롭게 선택할 수 있다. Maple에서는 음함수, 매개변수로 표현된 함수도 플롯할 수 있고, 극좌표 형식 등의 좌표계에서도 플롯할 수도 있다.

주어진 함수 $y = f(x)$를 플롯하기 위해 Maple에서는 이 함수와 함께 변수의 범위가 필요하다. 예를 들어, $\sin x$의 그래프를 플롯할 때에는 다음과 같이 범위를 지정한다.

---

[3]플롯: 그래프, 도표, 도면 등을 작성하는 것.

> plot(sin(x), x = −2*Pi..2*Pi);

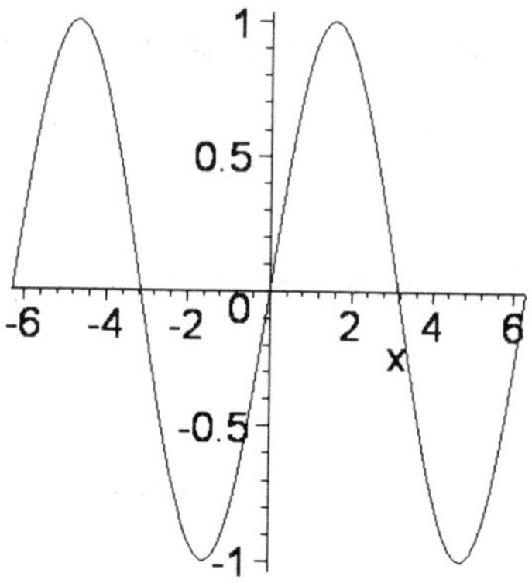

plot 명령어 안의 수식이나 문자를 다양하게 바꾸어 새로운 그래프를 그릴 수 있다 (자세한 것은 ?**plot,options**를 참조). Maple은 그래프의 구현 시 반드시 원점을 그 출발점으로 하지 않고 범위를 지정함으로써 원하는 부분부터 그래프를 플롯할 수 있다.

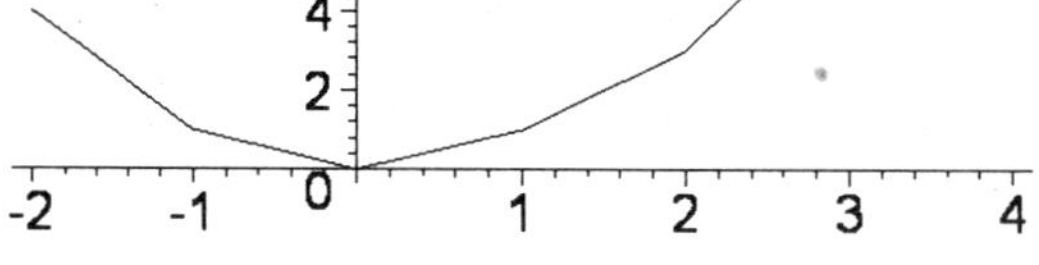

그래프에 대한 수치 자료는 다음과 같다.

> data_list := [[−2, 4], [−1, 1], [0, 0], [1, 1], [2, 3], [3, 7], [4, 16]]:

\> plot(data_list);

3차원 플롯의 명령어 **plot3d**는 **plot**과 비슷하다.

11. Fortran, C, Matlab 언어표현

Maple의 **fortran**, **C** 명령어를 사용하여 Maple 명령문을 Fortran, C 언어로 바꿀 수 있다.

\> f := int(1/(x^4+1),x);

$$f := \frac{1}{8}\sqrt{2}\ln\left(\frac{x^2+x\sqrt{2}+1}{x^2-x\sqrt{2}+1}\right) + \frac{1}{4}\sqrt{2}\arctan(x\sqrt{2}+1) + \frac{1}{4}\sqrt{2}\arctan(x\sqrt{2}-1)$$

\> fortran(f, optimized);

```
t1 = sqrt(2.E0)
t2 = x**2
t3 = x*t1
t16 =t1*alog((t2+t3+1)/(t2-t3+1))/8+t1*atan(t3+1)/4
     +t1*atan(t3-1)#/4
```

\> readlib(C):

\> C(f, optimized);

```
t1 = sqrt(2.0);
t2 = x*x;
t3 = x*t1;
t16 =t1*log((t2+t3+1.0)/(t2-t3+1.0))/8+t1*atan(t3+1.0)/4
     +t1*atan(t3-1.0)/4;
```

codegen 패키지에는 Maple 프로시져(프로그램)를 다른 언어로 변환하여 주는 여러 가지 기능이 있다. 상세한 것은 **codegen** 패키지를 참조한다.

또한 Maple에서 Matlab 함수를 사용하고 싶을 때에는

\> with(Matlab);

와 같이 호출하여 놓으면 Matlab 패키지의 함수들을 Maple에서 사용할 수 있다. 상세한 것은 Help 기능 ?Matlab을 참조한다.

제 4 절 연습문제

1. 압축정리를 사용하여 $\lim_{x\to 0} x \sin \frac{1}{x} = 0$임을 보여라.

```
> plot( x*sin(1/x), x=-1..1);
```

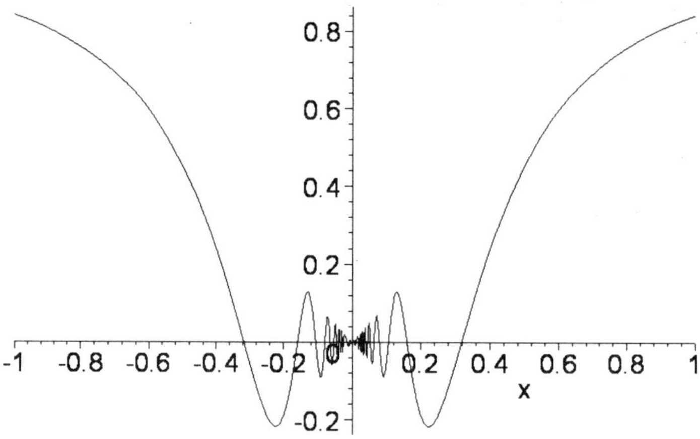

2. 삼각함수 $\sin x$, $\cos x$ $(-\infty < x < \infty)$를 Maclaurin 급수로 전개하고, 또한 $\sin 1$, $\cos 1$의 근사값을 구하여라.

3. $\frac{2}{3}$를 유효숫자 4자리로 절단하여 근사값으로 0.6666을 취할 때, 상대오차를 구하여라.

4. $\sqrt{1972} \simeq 44.41$, $\sqrt{1971} \simeq 44.40$이다. $\sqrt{1972} - \sqrt{1971}$를 구할 때 상대오차를 구하여라.

제 2 장

방정식의 해법

방정식의 해법은 자연과학이나 공학 분야에서 자주 다루는 문제지만 공식적으로 풀 수 있는 경우는 많지 않다. 미지수가 단 하나인 방정식

$$f(x) = 0 \tag{2.1}$$

은 쉽게 풀리는 경우도 있지만, 3차 이상의 고차 방정식, 혹은 복잡한 초월함수를 포함한 방정식 등은 정확하게 해를 구하기가 쉽지 않다. 따라서 근사적인 방법으로 해를 구하는 것을 생각하여야 한다. 예를 들어,

$$x^2 - 2x + 1 = 0, \qquad x^3 + 2x = 3$$

과 같이 (2.1)의 f에 대응하는 부분이 다항식이므로 **대수 방정식**(algebric equation)이고, 이 경우의 해를 **근**(root)이라 한다. 반면에

$$\sin x = \frac{x}{2}, \qquad \cosh x \cos x = -1$$

등은 초월함수를 포함하고 있으므로 **초월 방정식**(transcendental equation)이다. 즉, (2.1)에서 f는 주어진 함수이고, (2.1)의 해는 $f(\alpha) = 0$을 만족하는 수 $x = \alpha$이다. 이와 같은 α는 「해」를 표시한다.

해의 정확한 수치값을 구하는 공식이 존재하는 방정식은 매우 간단한 경우이고, 대부분의 경우에는 어떤 초기값 x_0으로부터 시작하여 단계적으

로 (2.1)의 미지의 해인 근사값 $x_1, x_2, \cdots, x_n$을 계산하는 **반복법**(iteration method)을 사용해야 한다. 반복법은 같은 단계를 반복적으로 수행하므로 프로그래밍이 간단하다.

이 장에서는 (2.1)과 같이 표현되는 방정식의 수치해법에 관해 살펴보기로 한다. 이 장의 가장 근본적인 가정은 x_n을 n번째의 근사해라 하면 $n \to \infty$일 때, x_n이 정해 α에 도달한다는 것이다.

제 1 절 이분법

중간값 정리에 의하면 구간 $[a, b]$에서 연속인 함수 $f(x)$가

$$f(a)f(b) < 0$$

을 만족하면, 즉 $f(a)$와 $f(b)$의 부호가 다르면 $f(\alpha) = 0$이 되는 점 α가 구간 (a, b) 사이에 존재한다.

이분법(bisection method)은 이와 같이 중간값 정리를 이용하여 구간 $[a, b]$를 반분해 가면서 $f(\alpha) = 0$이 되는 점 α를 찾아내는 방법이다.

함수 $f(x)$가 $[a, b]$에서 단 하나의 근을 갖는 경우를 가정하고, 구체적으로 살펴보자. 먼저 $a_1 = a$, $b_1 = b$라 하고 a와 b의 중점을

$$m_1 = \frac{a_1 + b_1}{2}$$

이라 하자. 만일 $f(m_1) \neq 0$이면 $f(m_1)$은 $f(a_1)$과 동일한 부호를 갖든지 또는 $f(b_1)$과 동일한 부호를 갖는다. 만일 $f(m_1)$이 $f(a_1)$과 동일한 부호를 갖는다면 $f(m_1)f(b_1) < 0$이 되고, 실근 α는 구간 $[m_1, b_1]$ 사이에 있을 것이다. 이번에는 $a_2 = m_1$, $b_2 = b_1$이라 하고, 그 중점 $m_2 = \dfrac{a_2 + b_2}{2}$에서 함수값 $f(m_2)$를 계산하고 앞 단계와 같은 방법으로 $f(m_2)$의 부호와 $f(a_2)$ 및 $f(b_2)$의 부호를 비교하여 실근 α가 구간 $[a_2, m_2]$ 및 $[m_2, b_2]$의 어느 구간에 속하는지를 결정한다. 이 과정을 계속하여 가면 그림 2.1과 같이 실근 α가 속해 있는 구간이 점차 좁혀지면서 실근 α를 알아낼 수 있게 된다. 이 계산

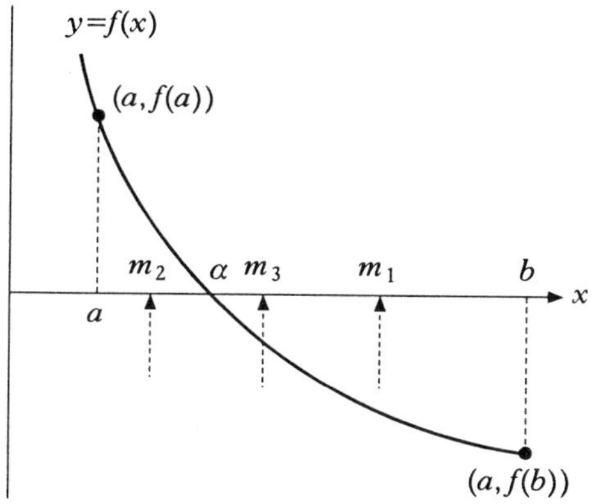

그림 2.1 이분법의 원리

과정은 무한번 반복하면 할수록 정확한 실근을 얻게되지만 실제 계산에서는 다음 중 어느 조건이 만족되면 계산을 중단한다.

$$|m_i - m_{i-1}| < \epsilon, \qquad \left|\frac{m_i - m_{i-1}}{m_i}\right| < \epsilon\ (m_i \neq 0), \qquad |f(m_i)| < \epsilon.$$

여기서 ϵ은 **허용 오차**(tolerance)를 의미한다. 위의 과정을 실제 예를 들어 본다.

함수 $f(x)$가 x에 대한 다항식 $f(x) = x^3 - x - 1$일 때, 방정식

$$f(x) = x^3 - x - 1 = 0$$

의 해를 구하는 문제에 대하여 생각한다. 여기서

$$f(1) = -1 < 0 < 5 = f(2)$$

이고, $f(x)$는 연속함수이므로, 중간값 정리에 의해 $f(x) = 0$을 만족하는 x는 구간 [1, 2] 안에 들어 있다. 구간 [1, 2]에서

$$f'(x) = 3x^2 - 1 > 0$$

이므로, $f(x)$는 구간 [1, 2] 안에 단 하나의 해를 갖는다.

다음은 $f(\alpha) = 0$을 만족하는 α를 구하기 위해 구간 [1, 2]의 가운데 점 1.5에서의 함수값을 구하면

$$f(1.5) = 0.875 > 0 > -1 = f(1)$$

이다. 따라서 해 α는 구간 [1, 1.5] 안에 들어 있음을 알 수 있다. 이번에는 점 1.25에서 함수값을 구하면

$$f(1.25) = -.296\cdots < 0 < 0.875 = f(1.5)$$

이다. 즉, α는 구간 [1.25, 1.5] 안에 들어 있음을 알 수 있다.

다음은 허용 오차가 주어졌을 때 허용 오차를 만족하는 근사해를 얻기 위한 최소 반복횟수를 계산하여 보자. 즉, ϵ을 허용 오차라 할 때,

$$|x_k - x_{k-1}| < \epsilon$$

이면 x_k를 근사해로 간주한다. 축소구간(분할)

$$I_0 = [x_0,\ x_1],\ \cdots,\ I_k = [x_k,\ x_{k+1}]$$

을 생각하면

$$|x_{k+1} - x_k| = \left(\frac{1}{2}\right)^k (x_1 - x_0)$$

이고,

$$|x_k - \alpha| \leq |x_{k+1} - x_k| = \left(\frac{1}{2}\right)^k (x_1 - x_0)$$

이다. 허용 오차는

$$\epsilon \geq |x_{n+1} - x_n| = \left(\frac{1}{2}\right)^n (x_1 - x_0)$$

이므로

$$\left(\frac{1}{2}\right)^n \leq \frac{\epsilon}{x_1 - x_0}$$

이다. 따라서

$$n \geq \log_2 \frac{x_1 - x_0}{\epsilon}$$

이고, 이것은 허용 오차 ϵ을 얻기 위해 필요한 최소 반복시행 횟수이다.

◇ 이분법 알고리즘◇

1. 다음 자료를 입력한다.
   a_1, b_1: 초기 구간 변수, $f(x)$: 함수,
   Tol: 수치계산의 허용 정밀도(허용 오차), Max: 최대 반복계산횟수,
2. $i = 1$
3. Set $m_1 = \dfrac{a_1 + b_1}{2}$
4. If $|f(m_1)| <$ Tol Then 8
5. If $f(m_1)f(a_1) > 0$ Then $a_1 = m_1$
   Else $b_1 = m_1$
6. $i = i + 1$
7. If $i \leq$ Max Then 3
8. Print m_1
9. END

다음은 Maple을 이용하여 만든 이분법 프로시져 예제와 간단하게 만든 이분법 프로그램의 예제이다.

```
> Bisection := proc( f, a, b, Tol)
      local left, right, n, m, j;
      left := a;
      right := b;
      n := evalf( ln((b-a)/Tol)/ln(2) );
      m := (a+b)/2;
      for j from 1 to trunc(n+1) do
            if evalf( subs(x=m, f(x))*subs(x=left, f(x)) ) > 0
            then
               left := m;
```

```
            else
                right := m;
            fi;
            m := (left+right)/2;
        od;
    end:
```

여기서 n은 단계 수이고, m := (a+b)/2는 첫 번째 이등분 점이고, m := (left+right)/2는 다음 단계의 이등분 점이다.

프로시저를 사용하지 않는 경우는 다음과 같다.

```
> restart :
> f(x) := 함수;
> a := 좌측구간값;
> b := 우측구간값;
> Tol := 허용오차;
> n := evalf( ln((b–a)/Tol)/ln(2) );
> for i from 1 to trunc(n+1) do;
> m := (a+b)/2;
> if abs( evalf( subs(x=m, f(x)))) < Tol
            then break fi;
> if evalf( subs(x=m, f(x))*subs(x=a, f(x)) ) > 0
            then a := m else b := m fi;
> od : ( ; 일 경우는 중간 계산을 모두 표시하고 : 일 경우는 생략함)
> print (m, i); (근사해 m과 반복횟수 i를 프린트 함)
```

예제 1.1 $f(x) = \sin x$일 때, $a = 0.1$, $b = 5$(즉, $x = \pi$가 해가 된다), 허용 오차를 0.0002이라 할 때, 프로시저 Bisection으로 해를 구한다.

```
> Bisection(sin, 0.1, 5, 0.0002);
```

3.141639712

다음은 $g(x) = x^2 - 1$에 대하여 $a = 0.1$, $b = 5$과 $a = -2$, $b = 0.5$이고 허용오차를 0.0002이라 할 때, 프로시져 Bisection으로 해를 구한다.

```
> g := x -> x^2-1:
> Bisection(g, 0.1, 5, 0.0002);
                                    0.9999832158
> Bisection(g, -2, 0.5, 0.0002);
                                    -1.000015259
```

이 예제에서 프로시져를 사용하지 않고 프로그램하여 해를 구해 보시오.

제 2 절 고정점 반복법

고정점 반복법은 다음의 정의와 같은 고정점을 이용하는 방법으로서 먼저 $f(x) = 0$을 이와 대등한 $x = g(x)$ 형태의 변환하고 다음 단계로

$$x_{n+1} = g(x_n) : \qquad n = 1, 2, 3, \cdots$$

의 반복계산 알고리즘에 의해 임의의 초기 가정값 x_0으로부터 $f(x_0) = 0$의 근에 수렴하는 $x_n (n \to \infty)$을 얻는다. 즉, $x = g(x)$ 형태의 문제를 해결하는 일반적인 방법을 찾을 수 있다면 $f(x) = 0$의 해는 $g(x) = x - f(x)$로부터 얻을 수 있다. 더 쉽게 설명하면 $y = x$와 $y = g(x)$의 교점의 x 좌표를 구하는 문제와 같다.

정의 2.1 **고정점(fixed point)**

만약 $g(x)$가 구간 $[a, b]$에서 정의되고, $[a, b]$의 임의의 점 p에 대하여 $g(p) = p$이면, g는 구간 $[a, b]$에서 **고정점**(fixed point) p를 갖는다고 한다.

◇ 고정점 반복법 알고리즘◇

1. 다음 자료를 입력한다.

p_0: 초기 근사해, Max: 최대 반복횟수, Tol: 허용 오차, 함수 $g(x)$ 정의

2. $i = 1$
3. If $i >$ Max Then END

   Else $p = g(p_0)$
4. If $|p - p_0| <$ Tol Then 7
5. $i = i + 1$
6. $p_0 = p$ Go To 3
7. p값 출력
8. END

다음은 어떤 경우에 x_n이 정해 α에 수렴하는가를 다음 정리를 통해 알아보자.

정리 2.1 고정점 반복법의 수렴

$g(x)$가 구간 $[a, b]$에서 정의되고, (a, b)에서 미분가능이고, $|g'(x)| < 1$이면 $\{x_n\}$은 정해 α에 수렴한다.

증명 α를 $f(x) = 0$의 해라 하면

$$\alpha = g(\alpha)$$

이다. (α, x_n)에서 평균값 정리를 적용하면

$$g(x_n) - g(\alpha) = (x_n - \alpha)g'(\xi), \qquad (\alpha < \xi < x_n)$$

이다. 여기서 (α, x_n)에서 $|g'(\xi)| \le L$이면

$$\begin{aligned} |x_{n+1} - \alpha| &= |g(x_n) - g(\alpha)| \\ &\le |x_n - \alpha|\ |g'(\xi)| \end{aligned}$$

$$
\begin{aligned}
&\le |x_n - \alpha|\, L \\
&\le L^2 |x_{n-1} - \alpha| \\
&\vdots \\
&\le L^{n+1} |x_0 - \alpha|
\end{aligned}
$$

이다. $|L| < 1$이면 $|L^{n+1}| \to 0$이므로

$$\lim_{n\to\infty} |x_{n+1} - \alpha| = 0$$

이다. 즉, $\{x_n\}$은 해 α에 수렴한다.

예제 2.1 방정식 $f(x) = x^3 + x - 1 = 0$의 해를 고정점 반복법으로 구하여라.

풀이 함수 $f(x)$의 그래프를 대략적으로 그려 보면 $x = 1$ 근방에 실근이 있음을 안다. 주어진 방정식을 $g(x) = \dfrac{1}{1+x^2}$로 변형하면 $x_{n+1} = \dfrac{1}{1+x_n^2}$을 얻는다.

초기값을 $x_0 = 1$로 택하고 반복법으로 해를 구한다.

```
> g := 1/(1+x^2):
> x(0):=1:
> for n from 1 to 5 do
      x(n) := evalf( subs(x=x(n-1), g));
  od;
```

$$
\begin{aligned}
x(1) &:= 0.5000000000 \\
x(2) &:= 0.8000000000 \\
x(3) &:= 0.6097560976 \\
x(4) &:= 0.7289679095 \\
x(5) &:= 0.6529997250
\end{aligned}
$$

```
> with(plots):
> p1 := plot(x, x=0..1.5):
```

```
> p2 := plot(g, x=0..1.5, y=0..1.2):
> p3 := plot([[x(0),0], [x(0), 1/(1+x(0)^2)], [1/(1+x(0)^2), x(1)],
      [x(1),1/(1+x(1)^2)], [1/(1+x(1)^2),x(2)], [x(2),1/(1+x(2)^2)],
      [1/(1+x(2)^2),x(3)], [x(3),1/(1+x(3)^2)], [1/(1+x(3)^2),x(4)],
      [x(4),1/(1+x(4)^2)], [1/(1+x(4)^2),x(5)], [x(5),1/(1+x(5)^2)]],
          style = LINE, color=blue):
> display({p1, p2, p3});
```

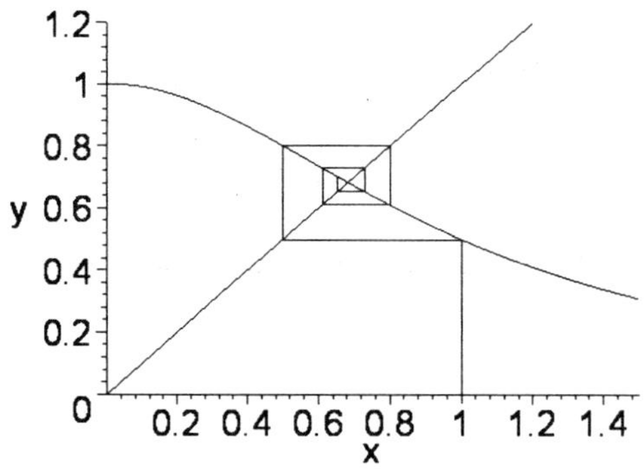

위의 풀이는 정해에 접근해가는 과정을 보인 것이다. 만약 허용 오차를 10^{-6}이라 했을 때, 근사해를 구하는 프로그램을 구해 보면 다음과 같다.

```
> restart :
> x0 := 1; 초기값
> Tol := .000001;
> g(x) := 1/(1+x^2);
> m := 100; 최대 반복횟수
> for i from 1 to m do;
> x1 := evalf( subs(x=x0, g(x)));
> if abs(x1-x0) < Tol
```

```
        then break else x0 := x1 fi;
> od :
> print (x1, i);
```

예제 2.2 방정식 $f(x) = x^2 - 3x + 1$의 해를 고정점 반복법으로 풀어라.

풀이 주어진 방정식 $x^2 + 1 = 3x$은 $x = g(x) = \dfrac{x^2+1}{3}$이므로 $x_{n+1} = \dfrac{{x_n}^2+1}{3}$로 쓸 수 있고, 초기값을 $x_0 = 1$로 택한다.

```
> x(0) := 1:
> g(x) := 1/3*(x^2+1):
> for n from 1 to 10 do
        x(n) := evalf( subs(x=x(n-1), g(x)) );
  od;
```

$$x(1) := 0.6666666667$$
$$x(2) := 0.4814814815$$
$$x(3) := 0.4106081390$$
$$x(4) := 0.3895330146$$
$$x(5) := 0.3839119898$$
$$x(6) := 0.3824628053$$
$$x(7) := 0.3820925991$$
$$x(8) := 0.3819982514$$
$$x(9) := 0.3819742213$$
$$x(10) := 0.3819681019$$

즉, x_8부터 x_{10}까지 소수점 이하 5자리까지 같다. 다음과 같이 **seq** 명령어를 사용하여 수치해만을 출력할 수 있다.

```
> seq( x(n), n=0..10);
```

1, 0.6666666667, 0.4814814815, 0.4106081390, 0.3895330146,

0.3839119898, 0.3824628053, 0.3820925991, 0.3819982514,

0.3819742213, 0.3819681019

예제 2.3 방정식 $f(x) = x^2 - 2x - 3 = 0$는 고정점 반복법으로 구하여라. $x = 3$, $x = -1$이 정해이다. 그리고 이 방정식은

(1) $x = g(x) = \sqrt{2x+3}$,

(2) $x = g(x) = \dfrac{3}{x-2}$,

(3) $x = g(x) = \dfrac{x^2-3}{2}$

의 세가지 형태로 변환될 수 있다. 초기값을 $x_0 = 4$로 택하고, 고정점 반복법을 적용하여라.

풀이 (1) 먼저 초기값과 $g(x)$를 정의한다.

```
> x(0) := 4.0:

> g(x) := sqrt(2*x+3):

> for n from 1 to 10 do

      x(n) := evalf( subs(x=x(n-1), g(x)) ):

  od:

> seq( x(n), n=0..10);
```

4.0, 3.316624790, 3.103747667, 3.034385495, 3.011440019,

3.003810919, 3.001270038, 3.000423316, 3.000141102,

3.000047034, 3.000015678

즉, $x_n\,(n \to \infty)$은 정해 $x = 3$에 수렴함을 알 수 있다.

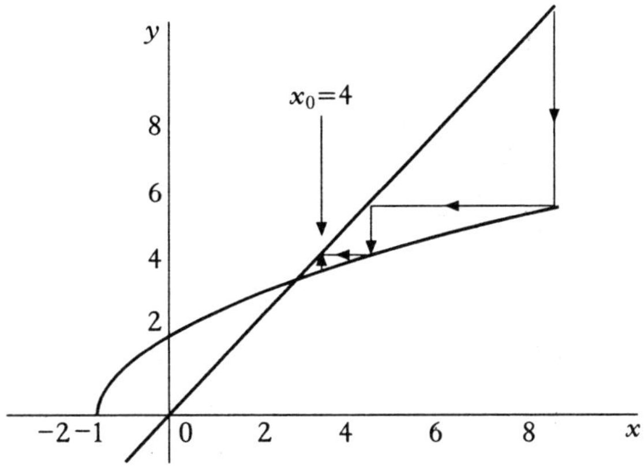

(2) 다음은 $g(x) = \dfrac{3}{x-2}$인 경우이다.

```
> g(x) := 3/(x–2):
> seq( x(n), n=0..10);
    4.0, 1.50, −6.00, −0.37500, −1.263157895,
    −.9193548387, −1.027624309, −0.9908759124, −1.003050641,
    −0.9989841528, −1.000338731
```

이므로 $x_n\,(n \to \infty)$은 $x = -1$을 중심으로 진동하면서 수렴함을 알 수 있다.

(3) 마지막으로 $g(x) = \dfrac{x^2-3}{2}$인 경우이다.

```
> g(x) := 1/2*(x^2–3):
> for n from 1 to 4 do
      x(n) := evalf( subs(x=x(n–1), g(x)) ):
  od:
> seq( x(n), n=0..4);
      4.0, 6.500000000, 19.62500000, 191.0703125, 18252.43216
```

이므로 발산함을 알 수 있다.

따라서 반복법 알고리즘에 의해 얻은 $x_n\,(n \to \infty)$이 정해 α에 수렴하기 위해서는 정리 2.1을 만족해야 한다. 즉,

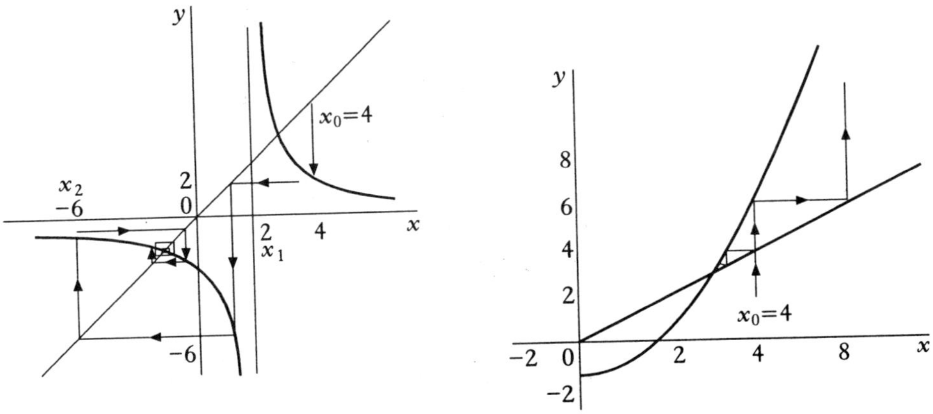

(2)와 (3)에 관한 그림

(1) [2, 4]에서 $|g'(x)| = \left|\dfrac{1}{\sqrt{2x+3}}\right| < 1$이고,

(2) [−2, 0]에서 $|g'(x)| = \left|\dfrac{-3}{(x-2)^2}\right| < 1$이고,

(3) [2, 4]에서 $|g'(x)| = |x| > 1$이다.

예제 2.4 고정점 반복법으로 $f(x) = x^3 - 1.85x^2 + 17.64x - 32.634$의 근사해를 구하여라.

풀이 먼저 주어진 방정식을 정의한다.

```
> f := x^3 - 1.8500*x^2 + 17.6400*x - 32.6340:
```

이런 다항식은 수치적 방법으로 해를 구할 수밖에 없다. 먼저 플롯하여 보면 2보다 조금 작은 점이 해라는 것을 예측할 수 있다.

```
> plot( f, x);
```

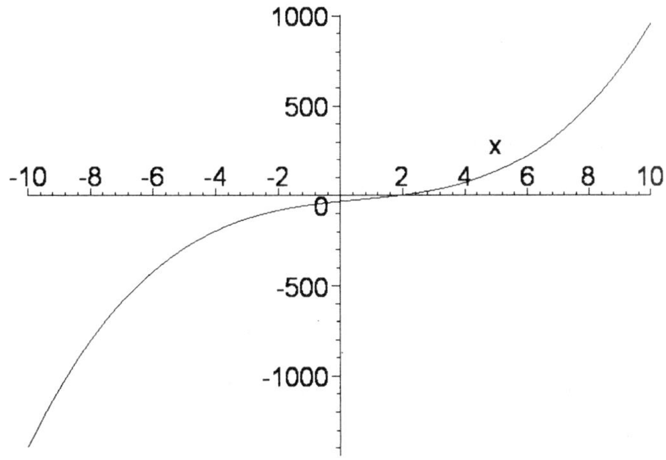

$f(x) = 0$을 $x = g(x)$의 형태로 바꾼다.

먼저 $x = g_1(x) = \dfrac{1.8500\,x^2 - 17.6400\,x + 32.6340}{x^2}$을 생각한다.

```
> g1 := (x^3-f)/x^2:
```

초기값을 결정하기 위해 함수 $g1$을 미분하여 $x = 2$과 $x = 1$을 대입하여 본다.

```
> evalf( subs(x=2, diff(g1, x)) );
```

$$-3.748500000$$

```
> evalf( subs(x=1, diff(g1,x)) );
```

$$-47.6280$$

다음은 $x = g_2(x) = -0.05668934240\,x^3 + 0.1048752834\,x^2 + 1.850000000$인 경우를 생각한다.

```
> g2 := (17.64*x-f)/17.64:
```

초기값을 정하기 위해 함수 g_2를 미분하여 $x = 2$과 $x = 1$ 등을 대입하여 본다.

```
> evalf( subs(x=2, diff(g2,x)) );
```

$$-0.2607709752$$

```
> evalf( subs(x=1, diff(g2,x)) );
```

$$0.0396825396$$

2에 가장 가까운 값은 -0.2607709752이므로 초기값을 $x_0 = 2$로 잡고 g_2 를 택하여 고정점 반복법을 적용한다.

```
> x(0) := 2:
> for n from 1 to 15 do
      x(n):= evalf( subs(x=x(n-1), g2));
  od:
> seq( x(n), n=0..15 );
```

$$2, 1.815986394,\ 1.856358860,\ 1.848757763,\ 1.850240694,\ 1.849953289,\ 1.850009062,\ 1.849998242,\ 1.850000341,\ 1.849999934,\ 1.850000013, 1.849999997,\ 1.850000001,\ 1.850000000,\ 1.850000000,\ 1.850000000$$

x_{12}의 값이 정해이다. Maple에서는 다음과 같이 해를 확인할 수 있다.

```
> evalf( subs(x=1.815986394, f) );
```

$$-0.71217030$$

```
> evalf( subs(x=1.850000000, f) );
```

$$0$$

예제 2.5 초기값이 $x_0 = 0.5$일 때, 방정식 $f(x) = \dfrac{x}{\tan x + x^2}$의 해를 고정점 반복법으로 구하여라.

풀이 먼저 주어진 방정식을 정의하고, 정리 2.1의 조건을 확인한다.

```
> f := x/(tan(x)+x^2):
> diff(f, x);
```

$$\frac{1}{\tan(x) + x^2} - \frac{x(1 + \tan(x)^2 + 2x)}{(\tan(x) + x^2)^2}$$

즉, $|f'(x)| < 1$을 만족하도록 초기값을 택한다.

```
> evalf( subs( x=0.5, diff(f, x)));
```

$$-0.556$$

즉, 초기값을 $x_0 = 0.5$로 택하여도 수렴한다는 것을 알 수 있다.

```
> x(0) := 0.5:
> for n from 1 to 20 do
        x(n):= evalf( subs(x=x(n-1), g));
  od:
> seq( x(n), n=0..20 );
```

0.5, 0.6280, 0.5602, 0.5955, 0.5770, 0.5862, 0.5816, 0.5839, 0.5827, 0.5839, 0.5827, 0.5839, 0.5827, 0.5839, 0.5827, 0.5839, 0.5827, 0.5839, 0.5827, 0.5839, 0.5827

즉, 진동한다. 이런 경우, Maple의 **solve** 명령어와 **allvalues** 명령어를 사용하여 해를 구할 수 있다.

```
> solve( tan(x)=1-x^2, x );
```

$$\mathrm{RootOf}(\tan(\_Z) - 1 + \_Z^2)$$

```
> allvalues(%);
```

$$0.5832$$

제 3 절 Newton-Raphson 방법

$f(x)$가 구간 $[a, b]$에서 정의되고, 2차도함수가 연속이라 한다. 또한 α를 $f(x) = 0$의 해라 하고, 초기값 x_0을 $f(x)$의 해 α에 가까운 점이라고 가정한다.

즉, $f(x_0)$에서 접선을 그어 x축과 만나는 점을 x_1이라 하고, 다시 $f(x_1)$에서 접선을 그어 x축과 만나는 점을 x_2라 한다. 이와 같은 과정을 되풀이 하여 $f(x) = 0$을 만족하는 x 값에 점차적으로 근사시켜 나간다. (그림 2.2 참조)

$f(x)$를 x_0을 중심으로 2차 Taylor 급수전개하면

$$f(x) = f(x_0) + (x - x_0)f'(x_0) + \frac{(x - x_0)^2}{2} f''(\eta) \qquad (x < \eta < x_0)$$

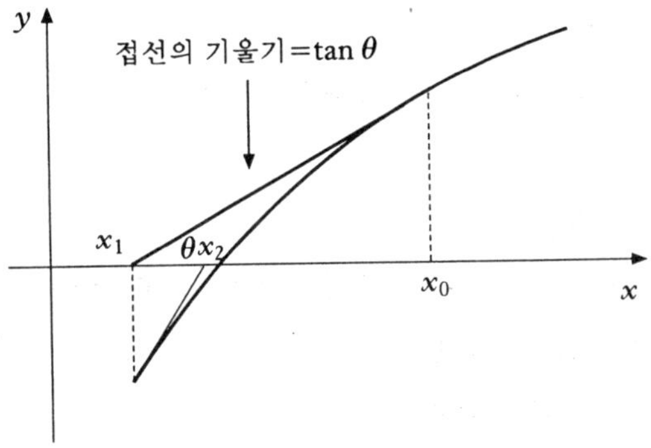

그림 2.2 Newton-Raphson 방법

이므로

$$f(\alpha) = 0 = f(x_0) + (\alpha - x_0)f'(x_0) + \frac{(\alpha - x_0)^2}{2} f''(\eta)$$

이다. x_0이 α에 가까운 점이라 가정하고 있으므로 위 식의 마지막 항은 무시할 수 있고

$$0 \approx f(x_0) + (\alpha - x_0)f'(x_0)$$

이므로, $f'(x_0) \neq 0$인 경우 α에 관해 정리하면

$$\alpha \approx x_0 - \frac{f(x_0)}{f'(x_0)}$$

이다. 이것으로부터 반복공식

$$x_k = x_{k-1} - \frac{f(x_{k-1})}{f'(x_{k-1})} \qquad (k = 1.2, \cdots) \tag{2.2}$$

에 의해 정의된 수열 $\{x_n\}$을 만들 수 있다.

이 방법을 **Newton-Raphson 방법** 혹은 간단히 **Newton 방법**이라 한다. 이 방법은 $f(x) = 0$의 해를 구하는 데 있어서 가장 널리 쓰이는 방법 중의 하나이다.

◇ Newton-Raphson 알고리즘◇

1. x_0: 초기값, Max: 최대 반복횟수, Tol: 허용 오차, $f(x)$를 입력한다.
2. Compute $f_0 = f(x_0)$
3. For k from 1 to Max do
   3.1 Compute $f_1 = f'(x_0)$ and $x_1 = x_0 - \dfrac{f_0}{f_1}$
   3.2 $|x_1 - x_0| < \text{Tol}$ Then Print x_1.
   Else $x_0 = x_1$
4. END

예제 3.1 임의의 양의 수 c의 제곱근 x를 계산할 때, Newton-Raphson 방법을 만들고 $c = 2$, 즉 $\sqrt{2}$의 근사값을 계산하여라.

풀이 $x = \sqrt{c}$이고, $f(x) = x^2 - c = 0$이므로 $f'(x) = 2x$이며, (2.2)에서

$$x_{n+1} = x_n - \frac{x_n^2 - c}{2x_n} = \frac{1}{2}\left(x_n + \frac{c}{x_n}\right)$$

이다. $c = 2$인 경우 초기값을 $x_0 = 1$을 택하고 Newton-Raphson 방법을 적용한다.

```
> f(x) := x^2-2:
> df(x) := diff( f(x), x );
```

$$df(x) := 2x$$

```
> x(0):=1:
> for n from 0 to 5 do
        x(n+1) := x(n)-evalf( subs( x=x(n), f(x)/df(x) ) );
  od;
```

$$x(1) := 1.500000000$$
$$x(2) := 1.416666667$$
$$x(3) := 1.414215686$$

$$x(4) := 1.414213562$$
$$x(5) := 1.414213562$$
$$x(6) := 1.414213562$$

x_4부터 유효자릿수 9까지 정확하다. 따라서 Tol을 0.1×10^{-8}으로 두고 프로그램하면 다음과 같다.

```
> restart :
> f(x) := x^2-2;
> df(x) := diff(f(x),x);
> x0 := 1;
> Tol := .000000001;
> m := 100;
> for i from 1 to m do;
> x1 := evalf( x0 - subs(x=x0, f(x))/ subs(x=x0,df(x)));
> if abs(x1-x0) < Tol
          then break else x0 := x1 fi;
> od :
> print (x1, i); 1.414213562, 5
```

다음은 초기값이 $x_0 = x0$일 때, 최대 반복횟수 N인 Newton-Raphson 방법의 프로시져의 예이다.

```
> Newton := proc(f, x0, N)
      local x, n;
      x(0):=x0;
        for n from 0 to N do
          x(n+1) := x(n) – evalf( subs( x=x(n), f(x)/diff(f(x), x)) );
        od;
  end:
```

앞의 예제에서 $x_0 = 1$이고, 최대 반복횟수가 $N = 10$일 때, $\sqrt{2}$의 근사값이다.

```
> f := x -> x^2-2:
> Newton( f1, 1, 10 );
```

1.414213562

다음은 초기값이 $x_0 = 2$, 최대 반복횟수가 $N = 10$일 때, $f(x) = x - 2\sin x$에 대하여 Newton-Raphson 방법을 적용하여 근사해를 구한다.

```
> f := x -> x-2*sin(x):
> Newton( f, 2, 10 );
```

1.895494267

예제 3.2 Newton-Raphson 방법으로 방정식 $2\sin(x^2) - \cos(x) = 0$의 근사 해를 구하여라.

풀이 방정식을 f라 정의한다.

```
> f := x -> 2*sin(x^2)-cos(x):
```

아래의 그래프로부터 주어진 방정식의 해는 무수히 많고, 그 가운데 하나가 $x = 2$ 근처에 있음을 알 수 있다.

```
> plot(f(x), x=-5..5);
```

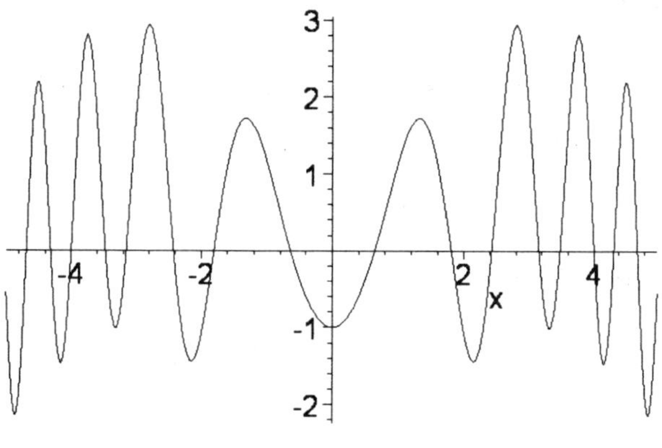

따라서 $x = 2.0$을 초기값으로 설정하고 Newton-Raphson 방법을 적용한다.

```
> df := diff( f, x );
```

$$df := 4\cos(x^2)x + \sin(x)$$

```
> x(0) := 2.0:
> for n from 0 to 5 do
        x(n+1) := x(n)-evalf( subs( x=x(n), f/df) );
  od:
> seq( x(n), n=0..5 );
```

2.0, 1.745950030, 1.806346453, 1.804956540, 1.804956370, 1.804956369

위의 결과로부터 하나의 근사해는 1.804956540이고, 또 다른 해는 $x = 2.4$ 근처에 있다. 즉, 다시 $x = 2.4$를 초기값으로 설정하고 근사해를 구하면 2.428069925이다. 이러한 범위 밖의 해들을 구하기 위해서는 다른 초기값을 설정해야한다. **fsolve** 명령어로 x의 범위를 지정하여 지정된 구간에서 해를 구할 수 있다.

```
> fsolve(h(x)=0, x, -2..-1);
```

$$-1.804956370$$

1. 수렴차수

앞절의 고정점 반복법과 Newton-Raphson 방법의 반복공식을 비교한다. 고정점 반복법에서는

$$x_k = g(x_{k-1})$$

Newton-Raphson 방법에서는

$$x_k = x_{k-1} - \frac{f(x_{k-1})}{f'(x_{k-1})}$$

이므로

$$g(x) = x - \frac{f(x)}{f'(x)}$$

라 할 수 있다. x에 관해 미분하면

$$g'(x) = 1 - \frac{f'(x)^2 - f(x)f''(x)}{f'(x)^2} = \frac{f(x)f''(x)}{f'(x)^2}$$

이다. 따라서, 고정점 반복법에서 수렴할 조건이 $|g'(x)| < 1$이므로 Newton-Raphson 방법의 수렴조건은

$$\left| \frac{f(x)f''(x)}{f'(x)^2} \right| < 1$$

이다.

다음은 두 방법의 수렴차수를 비교한다. α를 $f(x) = 0$의 해라 하면 $\alpha = g(\alpha)$이고, $g(x)$를 정해 α 근방에서 Taylor 전개하면

$$g(x) = g(x) + (x - \alpha)g'(\alpha) + \frac{(x-\alpha)^2}{2}g''(\eta) \qquad (\alpha < \eta < x)$$

이다. 또한

$$g'(\alpha) = \frac{f(\alpha)f''(\alpha)}{f'(\alpha)^2} = 0$$

이므로

$$g(x) = \alpha + \frac{1}{2}(x - \alpha)^2 g''(\eta)$$

이다. 여기서 $x = x_k$라 두면

$$g(x_k) = \alpha + \frac{1}{2}g''(\eta)(x_k - \alpha)^2$$

이고, 또한 고정점 반복법에 의해 $x_{k+1} = g(x_k)$이므로

$$x_{k+1} - \alpha = \frac{1}{2}g''(\eta)(x_k - \alpha)^2$$

이다.

$$e_{k+1} = x_{k+1} - \alpha, \qquad e_k = x_k - \alpha$$

라 두면

$$e_{k+1} = \frac{1}{2}g''(\eta)e_k^2$$

이다. 즉,

$$|e_{k+1}| = \frac{1}{2}|g''(\eta)|\,|e_k|^2$$

이다. 따라서 Newton-Raphson 방법의 오차 e_{k+1}은 바로 앞의 오차 e_k의 제곱에 비례하여 감소한다. 이것을 2차 수렴(quadratically converge)이라 한다. 결국 Newton-Raphson 방법이 고정점 반복법보다 빠른 속도로 수렴한다는 것을 알 수 있다.

2. Newton-Raphson 방법의 장점과 단점

Newton-Raphson 방법의 장점은 다음과 같다.

- 고정점 반복법보다 수렴속도가 빠르다.
- $g(x)$가 $f(x)$에 의해 일의적으로 정해진다.

반면에 다음과 같은 단점들을 생각할 수 있다.

- 진동하는 함수일 때, 초기값에 가까운 해를 구하지 않고, 먼 쪽 해를 구한다.

  해결방법은 $f(x)$에 대한 개략적인 도해 및 수표를 작성함으로써 찾고자하는 해에 수렴하도록 초기 값을 선정하는 것이다.

- $f(x)$가 중복근을 가질 경우, 해에 수렴하는 속도가 느려 많은 시간을 허비할 수도 있다. 해결방법은 $u(x) = \dfrac{f(x)}{f'(x)}$라 정의하고, 이것을 $f(x)$ 대신에 적용한다. 즉, 반복공식은

$$x_{k+1} = x_k - \frac{u(x_k)}{u'(x_k)}$$

  이 된다. 이 방법을 **수정 Newton 방법**이라 한다.

- 도함수 $f'(x)$의 계산이 쉽지 않다.

  해결방법은 $f'(x)$은 $f(x)$를 사용하여 근사적으로 구한다. 이 방법을 **Secant 방법**이라 한다.

제 4 절 Secant 방법

Newton-Raphson 방법을 수정, 보완한 것이 **Secant 방법**(할선법)이다.

즉, $(x_0, f(x_0))$과 $(x_1, f(x_1))$을 연결하는 선분의 방정식

$$y - f(x_1) = \frac{f(x_1) - f(x_0)}{x_1 - x_0}(x - x_1)$$

과 x축과의 교점을 x_2라 하면

$$0 - f(x_1) = \frac{f(x_1) - f(x_0)}{x_1 - x_0}(x_2 - x_1)$$

이고,

$$x_2 = x_1 - \frac{f(x_1)(x_1 - x_0)}{f(x_1) - f(x_0)}$$

이다. 이와 같은 방법을 반복하면 반복공식

$$x_k = x_{k-1} - \frac{f(x_{k-1})(x_{k-1} - x_{k-2})}{f(x_{k-1}) - f(x_{k-2})}$$

를 얻을 수 있다. 즉, Newton-Raphson 방법에서 $f'(x)$를 $f(x)$를 사용하여 근사적으로 표현한 것이다. Taylor 전개를 사용하여 $f(x)$를 x_{k-1}을 중심으로

급수전개하면

$$f(x) = f(x_{k-1}) + (x - x_{k-1})f'(x_{k-1}) + \frac{(x - x_{k-1})^2}{2}f''(\eta) \qquad (x_{k-1} < \eta < x)$$

이고, 근사값

$$f(x) \approx f(x_{k-1}) + f'(x_{k-1})(x - x_{k-1})$$

을 생각한다. $x = x_{k-2}$로 두면

$$f(x_{k-2}) \approx f(x_{k-1}) + f'(x_{k-1})(x_{k-2} - x_{k-1})$$

이므로

$$f'(x_{k-1}) \approx \frac{f(x_{k-2}) - f(x_{k-1})}{x_{k-2} - x_{k-1}} = \frac{f(x_{k-1}) - f(x_{k-2})}{x_{k-1} - x_{k-2}} \qquad (2.3)$$

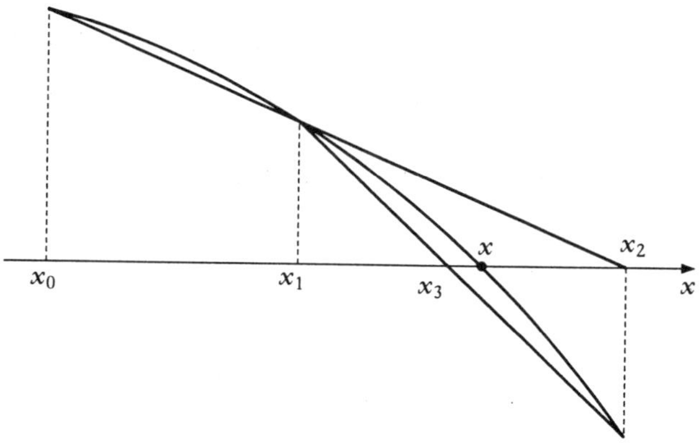

그림 2.3 Secant 방법

임을 알 수 있다. Newton-Raphson 방법의 반복공식 (2.2)의 $f'(x_{k-1})$ 대신에 (2.3)의 우변을 대입하면

$$x_k = x_{k-1} - \frac{f(x_{k-1})(x_{k-1} - x_{k-2})}{f(x_{k-1}) - f(x_{k-2})}$$

이다.

◇ Secant 방법 알고리즘◇

1. 다음 자료를 입력한다.
   x_0, x_1: 초기구간, $f(x)$: 함수, Max: 최대 반복횟수, Tol: 허용 오차
2. $i = 1$
3. If $i >$ Max Then END
4. $x_2 = x_1 - \dfrac{f(x_1)(x_1 - x_0)}{f(x_1) - f(x_0)}$
5. If $|x_2 - x_1| <$ Tol Then 8
6. $x_0 = x_1$, $x_1 = x_2$
7. $i = i + 1$; Go To 3
8. Print x_2
9. END

고정점 반복법과 같이 Secant 방법도

$$x = g(x)$$

형태이므로

$$g(x) = x - \frac{f(x)(x - x_{n-1})}{f(x) - f(x_{n-1})}$$

이고, 미분하면

$$g'(x) = 1 - \frac{f'(x)(x - x_{n-1})}{f(x) - f(x_{n-1})} - f(x)\frac{(f(x) - f(x_{n-1})) - (x - x_{n-1})f'(x)}{(f(x) - f(x_{n-1}))^2}$$

이다. 여기서 α를 $f(x) = 0$의 해라 하면 즉, $\alpha = g(\alpha)$이고,

$$g'(\alpha) = 1 - \frac{f'(\alpha)(\alpha - x_{n-1})}{f(\alpha) - f(x_{n-1})} - f(\alpha)\frac{(f(\alpha) - f(x_{n-1})) - (\alpha - x_{n-1})f'(x)}{(f(\alpha) - f(x_{n-1}))^2} \tag{2.4}$$

이다. 평균값 정리에 의해

$$f(\alpha) - f(x_{n-1}) = (\alpha - x_{n-1})f'(\xi), \qquad (x_{n-1} < \xi < \alpha) \tag{2.5}$$

이고, $f(x_{n-1})$을 α에 관해 2차 Taylor 전개하면

$$f(x_{n-1}) = f(\alpha) + (x_{n-1} - \alpha)f'(\alpha) + \frac{1}{2}(x_{n-1} - \alpha)^2 f''(\eta), \qquad (\alpha < \eta < x_{n-1}) \tag{2.6}$$

이고,

$$f(\alpha) = 0 \tag{2.7}$$

이므로 (2.5), (2.6)에 의해

$$f(x_{n-1}) = -(\alpha - x_{n-1})f'(\xi) \tag{2.8}$$

이다. 또한 (2.6), (2.8)에 의해

$$-(\alpha - x_{n-1})f'(\xi) = 0 + (x_{n-1} - \alpha)f'(\alpha) + \frac{1}{2}(x_{n-1} - \alpha)^2 f''(\eta)$$

이므로

$$(\alpha - x_{n-1})f'(\alpha) = (\alpha - x_{n-1})f'(\xi) + \frac{1}{2}(\alpha - x_{n-1})^2 f''(\eta) \tag{2.9}$$

임을 알 수 있다.

(2.5), (2.7), (2.9)를 (2.4)에 대입하면

$$g'(\alpha) = \frac{-\frac{1}{2}(x_{n-1}-\alpha)^2 f''(\eta)}{(\alpha - x_{n-1})f'(\xi)} = \frac{\frac{1}{2}(x_{n-1}-\alpha)f''(\eta)}{f'(\xi)} \tag{2.10}$$

이다. $g(x_n)$의 α에 관한 2차 Taylor 전개식을 취하여 (2.10)에 대입하면

$$\begin{aligned} g(x_n) &= g(\alpha) - (x_n - \alpha)g'(\alpha) \\ &= g(\alpha) - (x_n-\alpha)\frac{1}{2}(x_{n-1}-\alpha)\frac{f''(\eta)}{f'(\xi)} \end{aligned}$$

이므로

$$g(x_n) - g(\alpha) = \frac{1}{2}(x_n-\alpha)(x_{n-1}-\alpha)\frac{f''(\eta)}{f'(\xi)} \tag{2.11}$$

이다. 여기서 $e_n = x_n - \alpha = g(x_{n-1}) - g(\alpha)$로 두면 (2.11)은

$$e_{n+1} = \frac{1}{2}e_n e_{n-1}\frac{f''(\eta)}{f'(\xi)} \qquad (x_{n-1} < \xi,\ \eta < \alpha)$$

가 된다. p를 수렴차수(order of convergence)라 하면

$$e_n \approx C(e_{n-1})^p, \qquad e_{n+1} \approx C(e_n)^p$$

이고, 따라서

$$e_{n+1} \approx k e_n \left(\frac{e_n}{C}\right)^{\frac{1}{p}} = kC^{-\frac{1}{p}}(e_n)^{1+\frac{1}{p}}$$

으로부터

$$C(e_n)^p = kC^{-\frac{1}{p}}(e_n)^{1+\frac{1}{p}}$$

이다. 양변을 비교하면 즉, $p = 1 + \frac{1}{p}$로부터 $p^2 - p - 1 = 0,\ (p \neq 0)$이고,

$$p = \frac{1}{2}(1 \pm \sqrt{5})$$

임을 알 수 있다. $|p| < 1$이면 $\{x_k\}$는 수렴하지 않는다. 그러므로 수렴차수는 약

$$p = 1.618$$

이다.

결국 Newton-Raphson 방법은 2차 수렴하고, Secant 방법은 약 1.618차 수렴하므로 Newton-Raphson 방법보다 다소 느리다는 것을 알 수 있다.

예제 4.1 $f(x) = x - 2\sin x$에 대하여 초기값 $x_0 = 2.0$, $x_1 = 1.9$를 주어 Secant 방법으로 해를 구하여라.

풀이 방정식과 초기값을 정의한다.

```
> f(x) := x-2*sin(x):
> x(0) := 2.0:
> x(1) := 1.9:
> for n from 1 to 10 do
    x(n+1):=x(n)-evalf( subs(x=x(n), f(x))*(x(n)-x(n-1))/
      (subs(x=x(n), f(x)) - subs(x=x(n-1), f(x))));
  od;
```

$$x(2) := 1.895747357$$
$$x(3) := 1.895494925$$
$$x(4) := 1.895494267$$
$$x(5) := 1.895494267$$

Error, division by zero

예제 4.2 $f(x) = x - \cos x$에 대하여 초기값 $x_0 = 0$, $x_1 = 1$을 주어 Secant 방법으로 해를 구하여라.

풀이 방정식과 초기값을 정의한다.

```
> f := x-cos(x):
> x(0):=0:
> x(1):=1:
> for n from 1 to 10 do
    x(n+1) := x(n)-evalf( subs(x=x(n), f)*(x(n)-x(n-1))/
```

```
        (subs(x=x(n), f)-subs(x=x(n-1), f)));
   od;
```

$$x(2) := 0.6850733573$$
$$x(3) := 0.7362989976$$
$$x(4) := 0.7391193619$$
$$x(5) := 0.7390851121$$
$$x(6) := 0.7390851332$$
$$x(7) := 0.7390851332$$

Error, division by zero

비교를 위해 Newton 방법으로 푼다.

```
> df := diff( f, x );
```

$$df := 1 + \sin(x)$$

```
> for n from 1 to 5 do
x(n+1):=x(n)-evalf( subs(x=x(n), f/df) );
  od:
> seq( x(n), n=0..5 );
```

$$0,\ 1, 0.7503638679, 0.7391128909,\ 0.7390851334,\ 0.7390851332$$

제 5 절 Regular-Falsi 방법

이분법에서는 $f(x) = 0$의 해를 포함하고 있는 구간의 길이가 2의 멱(power)으로 줄어든다. 그러나 이분법은 다음에 소개하는 방법보다는 속도가 느리다.

예제 5.1 함수 $f(x) = x^3 - x - 1$에 대하여 $|f(1)| = 1$은 $|f(2)| = 5$보다 0에 가까우므로 점 1은 점 2보다 정해 α에 더 가까울 것으로 기대된다. 따라서 단순히 가운데 점

$$1.5 = \frac{1+2}{2}$$

에 대한 함수값을 조사하는 것보다는 가중 평균점

$$w = \frac{|f(2)| \cdot 1 + |f(1)| \cdot 2}{|f(2)| + |f(1)|} \tag{2.12}$$

에서의 함수값을 조사하여 본다. 여기서 $f(1)f(2) < 0$이므로 (2.12)는

$$w = \frac{f(2) \cdot 1 - f(1) \cdot 2}{f(2) - f(1)}$$

로 쓸 수 있다. $f(1) = -1$, $f(2) = 5$이므로

$$w = \frac{5 \cdot 1 + 1 \cdot 2}{6} = 1.16666 \cdots$$

이고,

$$f(w) = -0.578703 \cdots < 0 < 5 = f(2)$$

이므로, α는 구간 [0.16666, 2]에 있음을 알 수 있다. 이 구간에 대하여 위의 방법을 반복 시행하면

$$w = \frac{5(1.16666 \cdots) + (0.578703 \cdots)2}{5.578703} = 1.253112$$

$$f(w) = -0.285363 \cdots < 0 < 5 = f(2)$$

이므로, 해 α는 구간 [1.253112, 2] 안에 있다.

위 예제와 같은 반복법으로 근사해 α를 구하는 방법을 **Regular-falsi 방법**이라 한다. 즉, $f(x)$가 $[x_0, x_1]$에서 선형이라 가정하고, $f(x_1)f(x_0) < 0$이면 두 점 $(x_0, f(x_0))$과 $(x_1, f(x_1))$을 직선과 x축이 만나는 점을 x_2라 하면

$$x_2 = x_1 - \frac{f(x_1)}{f(x_1) - f(x_0)}(x_1 - x_0) = \frac{x_0 f(x_1) - x_1 f(x_0)}{f(x_1) - f(x_0)} \tag{2.13}$$

이다. 여기서

(1) $f(x_2)f(x_0) < 0$이면 해는 구간 (x_0, x_2)에 있다.

(2) $f(x_2)f(x_1) < 0$이면 해는 구간 (x_1, x_2)에 있다.

(3) $f(x_2) = 0$이면 x_2가 구하려는 해이다.

이 과정을 계속 반복하면 방정식에 수렴하는 해를 구할 수 있다.

그러나, 해의 근방에서 곡선 $y = f(x)$가 아래로 볼록이면 x_0이, 위로 볼록이면 x_1이 고정되기 때문에 구간 $[x_0,\ x_1]$은 0에 수렴하지 않는다. Regular-Falsi 방법은 1차 수렴하나, 이분법보다 빠르다.

예제 5.2 Regular-Falsi 방법을 사용하여 $f(x) = x\sin x - 1 = 0$의 해 가운데 구간 [0, 2] 안에 있는 해를 구하여라.

풀이 $x_0 = 0,\ x_1 = 2$라 하면,

$$f(x_0) = -1, \qquad f(x_1) = 0.81859485$$

이므로 해는 구간 (0, 2)에 있다. (2.13)에 의해

$$x_2 = 2 - \frac{0.81859485(2-0)}{0.81859485-(-1)} = 1.09975017$$

이고, $f(x_2) = -0.02001921$이다. 따라서 해는 구간 $(x_2,\ x_1) = (1.09975017,\ 2)$에 있다. 다시 $x_0 = x_2$로 두고, (2.13)을 적용하면

$$x_2 = 2 - \frac{0.81859485(2-1.09975017)}{0.81859485-(-0.02001921)} = 1.12124074$$

이고, $f(x_2) = 0.00983461$이다.

이와 같이 계산하여 가면 해의 근사값

$$1.11416120,\ 1.11415714,\ \cdots$$

을 얻는다.

예제 5.3 앞의 예제의 $f(x) = x\sin x - 1$의 그래프를 그리고, 해 가운데 구간 [2, 4] 안에 있는 해를 구하여라.

풀이 함수를 정의하고 플롯한다.

```
> f(x) := x*sin(x)-1:
```

```
> plot( f(x), x=-10..10 );
```

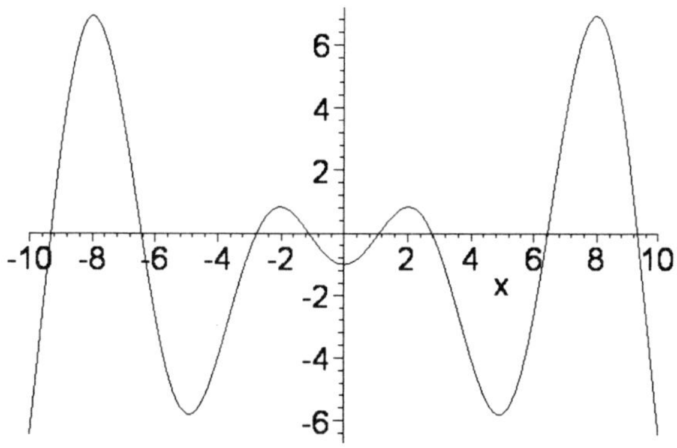

$x_0 = 2$, $x_1 = 4$, 반복횟수를 10번으로 하여 Regular-Falsi 방법을 적용하면

```
> x(0) := 2:
> x(1) := 4:
> for n from 1 to 10 do
    x(n+1):= evalf( (x(n-1)*subs(x=x(n), f(x))-x(n)*subs(x=x(n-1),
      f(x)))/(subs(x=x(n), f(x)) - subs(x=x(n-1), f(x))));
  od:
> seq( x(n), n=0..10);
    2, 4, 2.337857129, 2.578919627, 2.873534777, 2.759014353,
    2.771781570, 2.772611999, 2.772604095, 2.772553612,
    2.772594960
```

제 6 절 Aitken 가속법

반복법의 수렴이 느릴 때, 수렴속도를 가속시키는 방법을 알아 본다. 즉, 초기값을 x_0, $k = 0, 1, \cdots, m-1$에 대하여 $x_{k+1} = g(x_k)$일 때 수열 x_0,

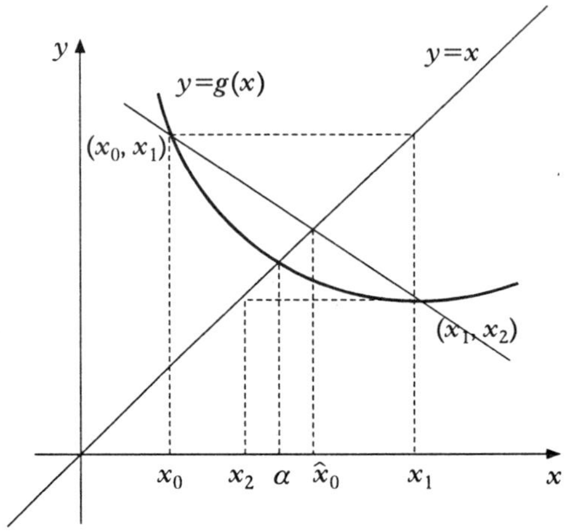

Aitken의 가속법 원리

$x_1, \cdots, x_m$을 변환(또는 보간)시켜 해 $\alpha = g(\alpha)$의 근사값 $\hat{x}_0$을 구한다. 즉, $(x_0,\ g(x_0))$과 $(g(x_0),\ g(g(x_0)))$을 지나는 직선과 $y = x$와의 교점을 $\hat{x}_0$이라 하면(그림참조)

$$\begin{aligned}
\hat{x}_0 &= \frac{x_0 g(g(x_0)) - g(x_0)^2}{x_0 - 2g(x_0) + g(g(x_0))} = \frac{x_0 x_2 - x_1^2}{x_2 - 2x_1 + x_0} \\
&= \frac{x_0 x_2 - x_1^2 - 2x_1 x_0 + 2x_1 x_0 + x_0^2 - x_0^2}{x_2 - 2x_1 + x_0} \\
&= \frac{x_0(x_2 - 2x_1 + x_0) - (x_1 - x_0)^2}{x_2 - 2x_1 + x_0} \\
&= x_0 - \frac{(x_1 - x_0)^2}{x_2 - 2x_1 + x_0}
\end{aligned}$$

이다. 일반적으로

$$\hat{x}_n = x_n - \frac{(x_{n+1} - x_n)^2}{x_{n+2} - 2x_{n+1} + x_n} \tag{2.14}$$

에 의해 정의된 수열 $\{\hat{x}_n\}_{n=0}^{\infty}$는 원래의 수열 $\{x_n\}_{n=0}^{\infty}$보다 빠르게 수렴한다.

수열 $\{x_n\}_{n=0}^{\infty}$이 주어졌을 때,

$$\Delta x_0 = x_1 - x_0, \qquad (n \ge 0)$$

과 같이 정의된 Δ를 **전향차분**(forward difference)이라 한다. 마찬가지로

$$\Delta^2 x_0 = \Delta(x_1 - x_0) = \Delta x_1 - \Delta x_0 = x_2 - 2x_1 + x_0$$

이고, 고차 전향차분 $\Delta^k x_n$은

$$\Delta^k x_n = \Delta^{k-1}(\Delta x_n)$$

과 같이 정의된다. 따라서 (2.14)는

$$\hat{x}_n = x_n - \frac{(\Delta x_n)^2}{\Delta^2 x_n}, \qquad (n \ge 0)$$

으로 쓸 수 있다. 이 방법을 **Aitken 가속법**(Δ^2 법)이라 한다.

정리 6.1 **Aitken 가속법의 수렴**

임의의 수열 $\{x_n\}$이 α에 수렴하고, 모든 $n \ge 0$에 대하여 $e_n = x_n - \alpha$, $(e_n \ne 0)$이고

$$\lim_{n\to\infty} \frac{e_{n+1}}{e_n} = \lambda, \qquad (0 < \lambda < 1)$$

이라 하면

$$\lim_{n\to\infty} \frac{\hat{x}_n - \alpha}{x_n - \alpha} = 0$$

의 의미로 수열 $\{\hat{x}_n\}_{n=0}^{\infty}$이 $\{x_n\}_{n=0}^{\infty}$보다 빠르게 α에 수렴한다.

Aitken의 Δ^2 방법은 주어진 수열에 관계없이 임의로 1차 수렴하는 수열의 수렴속도를 가속시킨다. 이 방법을 고정점 반복법에 적용한 것이 **Steffensen 방법**이다. 즉, Aitken 가속법에서 다시 $\hat{x}_n$을 x_n이라 두고, 같은 조작을 반복하면

$$x_{n+1} = G(x_n), \qquad (n = 0,\, 1,\, 2,\, \cdots)$$

을 얻는다. 여기서 $G(x)$는

$$G(x) = \frac{x\,g(g(x)) - g(x)^2}{x - 2g(x) + g(g(x))}$$

이다. 고정점 반복법과 Steffensen 방법의 수렴속도를 비교하면 다음과 같다.

정리 6.2 **Steffensen 방법의 수렴속도**

고정점 반복법 $x = g(x)$의 수렴속도를 p차라 하고

(i) $p \geq 2$이면 Steffensen 방법의 수렴속도는 $2p-1$차,

(ii) $p = 1$이고 단근이면 Steffensen 방법의 수렴속도는 2차,

(iii) $p = 1$이고 중근이면 Steffensen 방법의 수렴속도는 1차 반복법이다.

예제 6.1 $g(x) = \sqrt{2x+3}$, Tol $= 0.1 \times 10^{-5}$, 초기값을 4라 하여 Steffensen 방법으로 프로그램하면

```
> x0 := 4;
> Tol :=0.000001;
> m := 100;
> g(x)= sqrt(2*x+3);
> for i from 1 to m do;
> x1 := evalf( subs(x=x0, g(x)));
> x2 := evalf( subs(x=x0, g(x)));
> c := evalf( (x0*x2-x1^2)/(x0-2*x1+x2));
> if abs (evalf (x2=c3)) < Tol then break else x0:=c fi;
> od:
> print (c,i);
```

3.000000000, 3

이다. 반복횟수가 3임을 알 수 있다. 같은 조건일 때 고정점 반복법으로 시행했을 때 반복횟수는 얼마인지 프로그램하여 비교해 보시오.

제 7 절 수정 Newton 법

$x = g(x)$에서 α를 $g'(\alpha) = 0$이 되는 $f(x) = 0$의 해라 할 때

$$g(x) = x - p\frac{f(x)}{f'(x)}, \qquad (p : \text{중복도})$$

으로 정의하면 반복공식은

$$x_{n+1} = x_n - p\frac{f(x)}{f'(x)}, \qquad (n = 0,\ 1,\ 2,\ \cdots)$$

가 된다. 수렴차수는

$$g(x_n) = g(\alpha) + (x_n - \alpha)g'(\alpha) + \frac{(x_n - \alpha)^2}{2!}g''(\xi), \qquad (\alpha < \xi < x_n)$$

이므로

$$g(x_n) - \alpha = \frac{(x_n - \alpha)^2}{2!}g''(\xi)$$

이고,

$$\lim_{x_n \to \alpha} \frac{|g(x_n) - \alpha|}{|x_n - \alpha|^2} = \frac{1}{2}g''(\alpha)$$

이다. 따라서 2차 수렴한다.

예제 7.1 $f(x) = x^3 - 3x + 2 = 0$은 $x = 1$을 중근으로 갖는다. 수정 Newton 방법으로 중근 $x = 1$을 구하기 위해, 근의 초기값을 $x_0 = 1.2$로 하여 구하고, 이 경우 2차 수렴함을 밝혀라.

풀이 반복공식

$$x_{n+1} = x_n - 2\frac{f(x)}{f'(x)} = \frac{x_n^3 + 3x_n - 4}{3x_n^2 - 3}$$

에서

$$x_1 = \frac{(1.2)^3 + 3(1.2) - 4}{3(1.2)^2 - 3} = 1.006060606$$

이고, x_1을 다시 반복식에 대입하면

$$x_2 = 1.000006087$$

이다. 같은 방법으로 중근

$$x_3 = 1.0000000$$

을 얻는다. 다음은

$$e_n = x_n - \alpha$$

라 하면

$$\left|\frac{e_1}{e_0^2}\right| = 0.151515150, \qquad \left|\frac{e_2}{e_1^2}\right| = 0.165718578$$

이다. 따라서 $\left|\frac{e_{n+1}}{e_n^2}\right|$이 거의 일정하므로 이 방법은 2차 수렴한다.

$f(x) = 0$의 해를 구하는 몇 가지 방법을 다루었다. 그러나 실제로 컴퓨터를 이용하여 계산할 때에는 어느 방법이 다른 방법보다 매우 뛰어나다고 할 수 없다. 왜냐하면, 일반적으로 이분법은 수렴속도는 느리지만 해의 위치를 말해 주며 Newton-Raphson 방법은 다른 방법들보다 수렴속도는 빠르지만 시작점을 잘못 선정하면 수열이 발산하기 때문이다. 또한 고정점 반복법은 선형적으로 수렴하기 때문에 Newton-Raphson 방법이나 Secant 방법보다 수렴속도가 느리다.

따라서 실제로 $f(x) = 0$의 해를 구할 때에는 위의 방법들을 적절히 혼용하여 사용하는 것이 바람직하다.

제 8 절 Horner 방법

양의 정수 $i = 0, 1, \cdots, n$에 대하여 a_i를 임의의 상수라 하고, $a_n \neq 0$일 때 n차 다항식

$$P(x) = a_n x^n + a_{n-1}x^{n-1} + \cdots + a_1 x + a_0 \tag{2.15}$$

에 대하여 $P(x) = 0$의 근을 구하기 위해, 먼저 $x = \alpha$에서의 다항식의 값 $P(\alpha)$를 구하는 방법을 다룬다. 이 절에서는 모든 a_i가 실수라 가정한다.

대수학의 기본정리로부터 다음을 알 수 있다.

정리 8.1 다항식 (2.15)가 차수 $n(\geq 1)$인 다항식이라 하면 $\sum_{i=1}^{k} m_i = n$이며

$$P(x) = a_n(x - x_1)^{m_1}(x - x_2)^{m_2} \cdots (x - x_k)^{m_k}$$

를 만족하는 유일한 상수(복소수도 가능) $x_1, \cdots, x_k$와 정수 $m_1, \cdots, m_k$가 존재한다.

$P(x) = 0$의 근을 구하기 위해, Newton-Raphson 방법

$$x_1 = x_0 - \frac{P(x_0)}{P'(x_0)}$$

을 사용하면 특정한 점(초기값)에서의 P와 그 도함수 P'의 값을 계산할 필요가 있다. P의 값을 $x = x_0$에서 계산한다면, 먼저 $(n-1)$개의 항 $x_0^2, \cdots, x_0^n$을 각각 곱한 다음에 n개의 곱셈 $a_i x_0^i$를 계산하고, 마지막으로

$$P(x_0) = a_n x_0^n + a_{n-1} x_0^{n-1} + \cdots + a_1 x_0 + a_0$$

을 구하기 위해 n번 더해야 한다. 이 때, $P(x)$를

$$P(x) = a_0 + x[a_1 + x[a_2 + \cdots + x[a_{n-1} + a_n]] \cdots]$$

과 같이 변형하면 n개의 곱셈과 n개의 덧셈만 하면 되므로 시간적으로 효과적이고, 마무리 오차를 줄일 수 있다. 이 방법을 **Horner 방법**이라 한다.

예제 8.1 다항식 $P(x) = 2 + 4x + 6x^2 + 8x^3 + 10x^4$에 대하여 위의 Horner 방법을 적용하여 $P(2)$를 구하면

$$\begin{aligned} P(2) &= 2 + 2[4 + 2[6 + 2[8 + 2 \cdot 10]]] \\ &= 2 + 2[4 + 2[6 + 56]] \\ &= 2 + 2[4 + 124] = 2 + 256 = 258 \end{aligned}$$

이다.

정리 8.2 **Horner 방법**

다항식 (2.15)에 대하여

$$b_n = a_n,$$
$$b_k = a_k + k_{k+1}x_0,\ k = n-1,\ n-2,\ \cdots,\ 2,\ 1,\ 0$$

이라 하면

$$b_0 = p(x_0)$$

이다. 또한 만약

$$Q(x) = b_n x^{n-1} + b_{n-1}x^{n-2} + \cdots + b_2 x + b_1$$

이면

$$P(x) = (x - x_0)Q(x) + b_0$$

이다.

$P(x) = (x - x_0)Q(x) + b_0$을 미분하면

$$P'(x) = Q(x) + (x - x_0)Q'(x)$$

이므로

$$P'(x_0) = Q(x_0)$$

이다. 따라서 Newton-Raphson 방법에 의한 다항식의 근을 구할 때, P와 P'을 위와 같이 구할 수 있다.

예제 8.2 $x^3-x-1 = 0$의 해를 Horner의 방법과 Newton-Raphson 방법을 결합하여 방정식의 해를 구하는 program을 하여보자. 초기값은 1.1, 허용 오차는 0.1×10^{-8}이다.

```
> x0 := 1.1;
> Tol := 0.000000001;
> m := 100;
> for i from 1 to m do;
> a[0] := -1;
> a[1] := -1;
```

```
> a[2] := 0;
> a[3] := −1;
> y := a[3];
> z := a[3];
> for j from 2 to 1 by −1 do;
> y := evalf(a[j]+y*xo);
> z := evalf(y+z*xo);
> od:
> y := evalf(a[0]+y*xo);
> x1 := evalf(x0-y/z);
> if abs (evalf(x1-x0)) < Tol then break else x0:=x1 fi;
> od:
> print (x1,i);
```

1.324717957, 5

제 9 절 연습문제

1. $f(x) = x^3 - 9x + 1$을 [2, 4]에서 허용 오차를 0.0002이라 할 때, 이분법으로 해를 구하여라.

2. 예제 2.2에서 $x_0 = 3$을 취하면 $x_1, x_2, \cdots$는 발산함을 보여라.

3. 고정점 반복법을 사용하여 $x = \tan x$의 가장 작은 해가 4.49(근사값)임을 보여라(그래프를 그려보면 해가 $x_0 = \dfrac{3}{2\pi}$ 근처라는 것을 알 수 있고, $x = \pi + \tan^{-1} x$의 형태로 풀면된다).

4. $x = \cos x$가 $x = 1 - \dfrac{1 - \sin^2 x}{1 + x}$로 변환되고, $x_0 = 1$일 때 고정점 반복법으로 15단계를 거쳐 근사값을 구하면 $x = 0.739085$임을 보여라.

5. $f(x) = x^2 - 2\sin x$를 Newton-Raphson 방법과 고정점 반복법으로 구하고, 수렴속도를 비교하여라($g(x) = \dfrac{2\sin x}{x}$, $x_0 = 1.5$, 최대 반복 횟수 50, 허용 오차 0.00000001을 고려한다).

6. Newton-Raphson 방법으로 $x = \cos x$가 $x = 1 - \dfrac{1-\sin^2 x}{1+x}$로 변환되고, $x_0 = 1$일 때 고정점 반복법으로 15단계를 거쳐 근사값을 구하면 $x = 0.739085$임을 보여라.

7. $x_0 = 2$일 때 Newton-Raphson 방법으로 $f(x) = x + \ln(x) - 2$의 근사해를 구하여라.

8. $x_0 = 6$일 때 Newton-Raphson 방법으로 $f(x) = 1 - 3x + \dfrac{3}{2}x^2 - \dfrac{1}{6}x^3$의 해가 x_3부터 유효자릿수 6까지 같다(6.289945)는 것을 보여라.

9. $f(x) = x^3 - 3x + 2 = 0$에 대하여 해 $x = -2$를 초기값 $x_0 = -2.6$, $x_1 = -2.4$를 주어 Secant 방법으로 해를 구하여라. 그리고, 이분법, Newton-Raphson 방법과 고정점 반복법으로 프로그램을 작성하여 각각의 수렴속도를 비교하여라.

10. Regular-Falsi 방법 다음 방정식들의 실해를 모두 구하여라.

    (1) $x^3 - 5x - 6 = 0$　　　(2) $\cos x = \sqrt{x}$

11. 방정식 $x = e^{-x}$에 대하여

    (1) 해의 개수를 구하여라.

    (2) $x_{n+1} = e^{-x_n}$이 수렴하는 초기값 x_0을 택하여라(힌트: $e^{-x} > 0$).

    (3) $x_0 = 0$일 때, 처음 6개의 근사값을 구하여라.

12. **Muller 방법**: 세 점 $(x_0,\ f(x_0))$, $(x_1,\ f(x_1))$, $(x_2,\ f(x_2))$를 지나는 2차 다항식의 해를 구하여 그 가운데 x_0에 가장 가까운 근을 택하고, 다

시 새로운 2차 방정식을 만드는 것을 반복하는 방법이다. 이 방법으로 $f(x) = \sin x - \dfrac{x}{2} = 0$의 근 중에서 $x = 2.0$에 가까운 근을 구하여라.

13. $f(x) = x^3 - 14x^2 + 35x^2 + 50 = 0$의 근을 Muller의 방법으로 구하여라 (단, $x_2 = 2$, $x_0 = 3$, $x_1 = 4$).

제 3 장

선형 연립방정식의 해법

선형 연립방정식은 수학(통계학도 포함), 물리학, 생물학, 공학, 사회과학 등 여러 분야의 광범위한 영역에서 문제를 다룰 때 발생한다. 예를 들어, 물리적인 현상을 이해하기 위해 연립방정식은 중요한 도구로 사용된다. 또한 선형 연립방정식의 해법은 3차 Spline이나 미분방정식의 수치해를 구하는 문제와 불가분의 관계가 있고, 미분방정식의 수치해를 구하기 위해서는 먼저 미분방정식을 수치계산에 알맞는 사칙연산 형태의 근사식으로 변형해야 되는데, 이 때 얻어지는 관계식들이 대부분의 경우 선형 연립방정식의 문제로 표현되기 때문이다.

선형 연립방정식의 해법에는 직접적인 해법(direct method)과 반복계산법(iterative method)이 있다.

(1) 직접적인 해법은 주어진 연립방정식을 직접 풀어 정해를 구하는 방법으로

Gauss 소거법, Gauss-Jordan 소거법, 삼각행렬 분해법

등이 있다.

(2) 반복계산법은 주어진 연립방정식에 대한 해를 임의로 가정하고, 이 때 가정한 초기해를 반복계산 알고리즘을 통하여 축차적으로 개선해 나

감으로써 연립방정식을 만족하는 근사해를 얻는 방법으로

Jacobi 반복 계산법, Gauss-Seidel 반복 계산법, SOR 계산법

등이 있다.

제 1 절 행렬과 행렬식

행렬은 연립방정식을 효과적으로 기술하기 위해 생각해 낸 것으로, 그 연산 규칙, 특히 행렬의 곱셈은 이 목적에 알맞게 정의되어 있다. 행렬식의 경우도 연립방정식의 해를 구하는 과정에서 출현한 것이다.

이 절에서는 행렬과 행렬식에 대한 기초적인 사실들을 다룬다.

정의 1.1 **행렬의 정의**

$m \times n$개의 실수 a_{ij} $(i = 1, 2, \cdots, m,\ j = 1, 2, \cdots, n)$를

$$A = \begin{pmatrix} a_{11} & a_{12} & \cdots & a_{1n} \\ a_{21} & a_{22} & \cdots & a_{2n} \\ \vdots & \vdots & \ddots & \vdots \\ a_{m1} & a_{m2} & \cdots & a_{mn} \end{pmatrix}$$

와 같이 직사각형꼴로 나열한 것을 $m \times n$ **행렬**(*matrix*) 또는 (m, n)행렬이라 한다. 경우에 따라서는 $A_{m \times n}$으로 표현할 때도 있다.

임의의 $m \times n$ 행렬 A, B, C와 실수 λ에 대하여

(1) $A + B = B + A,\ (A + B) + C = A + (B + C)$

(2) $\lambda(A + B) = \lambda A + \lambda B$

가 성립한다. 또한 $A = (a_{ij})$를 $m \times n$ 행렬, $B = (b_{jk})$를 $n \times p$ 행렬이라 할 때 행렬의 곱 AB는 $m \times p$ 행렬

$$AB = \left(\sum_{j=1}^{n} a_{ij} b_{jk} \right) = (a_{i1}b_{1k} + a_{i2}b_{2k} + \cdots + a_{in}b_{nk})$$

이다.

- 행과 열의 개수가 같은 $n \times n$ 행렬을 n차 **정사각 행렬** 혹은 **정방행렬**(square matrix)이라 한다. n차 정사각 행렬 $A = (a_{ij})$에서 a_{11}, a_{22}, $\cdots$, a_{nn}을 **주대각선**(principal diagonal) 원소라 한다.

- n차 정사각 행렬 $A = (a_{ij})$에 대하여 $a_{ij} = 0$ $(i > j)$일 때 즉, 주대각선 아래의 원소들이 모두 0일 때 A를 **상삼각행렬**(upper triangular matrix)이라 한다. 또한 $a_{ij} = 0\,(i < j)$일 때 즉, 주대각선 위쪽의 원소들이 모두 0일 때 A를 **하삼각행렬**(lower triangular matrix)이라 한다.

$$\begin{pmatrix} a_{11} & a_{12} & \cdots & a_{1n} \\ 0 & a_{22} & \cdots & a_{2n} \\ \vdots & \ddots & \ddots & \vdots \\ 0 & \cdots & 0 & a_{nn} \end{pmatrix}, \qquad \begin{pmatrix} a_{11} & 0 & \cdots & 0 \\ a_{21} & a_{22} & \ddots & \vdots \\ \vdots & & \ddots & 0 \\ a_{n1} & a_{n2} & \cdots & a_{nn} \end{pmatrix}$$

- n차 정사각 행렬이 주대각선 원소 이외의 원소 $a_{ij} = 0$ $(i \neq j)$인 행렬을 **대각행렬**(diagonal matrix)이라 하고

$$\mathrm{dia}(A) = \begin{pmatrix} a_{11} & 0 & \cdots & 0 \\ 0 & a_{22} & \ddots & \vdots \\ \vdots & \ddots & \ddots & 0 \\ 0 & \cdots & 0 & a_{nn} \end{pmatrix}$$

 로 표현한다.

- 특히 대각행렬의 주대각선 원소가 전부 1인 행렬을 n차 **단위행렬**(unit matrix)이라 하고 E 또는 E_n 등으로 표시한다.

- 임의의 (n, m) 행렬 A의 행과 열을 바꾸어 만든 (n, m) 행렬 ${}^tA$를 행렬 A의 **전치행렬**(transpose matrix)이라 한다.

- 정사각 행렬 A가 $A\,{}^tA = E$, ${}^tAA = E$가 성립할 때 A를 **직교행렬**(orthogonal matrix)이라 부른다.

- n차 정사각 행렬 A가 ${}^tA = A$일 때 **대칭행렬**(symmetric matrix), ${}^tA = -A$일 때 **교대행렬**(skew symmetric matrix)이라고 한다. 대칭행렬은

주대각선을 중심으로 같은 원소를 갖고, 교대행렬은 주대각선을 중심으로 같은 원소이고 부호가 다르다.

임의의 행렬 A, B에 대해 다음 법칙들이 성립한다. 식의 왼쪽과 오른쪽 행렬의 각 원소가 같다는 것을 보이면 쉽게 알 수 있다.

(1) ${}^t({}^tA) = A$,

(2) ${}^t(A+B) = {}^tA + {}^tB$,

(3) ${}^t(\lambda A) = \lambda\, {}^tA$,

(4) ${}^t(AB) = {}^tB\, {}^tA$.

1. 역행렬

행렬 사이에 정의된 덧셈, 스칼라곱, 행렬의 곱셈에 대해 성립하는 모든 법칙은 형식적으로는 대수계산과 비슷하다. 즉, 영행렬 $\mathbf{0}$은 수의 0, 단위행렬 E는 수의 1과 같은 역할을 한다는 것을 알 수 있다. 그러나 행렬의 연산에는 대수식 혹은 수의 계산과 전혀 다른 점이 있다.

(1) 행렬끼리의 덧셈, 뺄셈, 곱셈이 정의되기 위해서는 형태가 제한된다.

(2) 곱셈의 연산은 비가환이다. 즉, 일반적으로 $AB \neq BA$이다.

(2) 수의 연산의 경우는 $a \neq 0$, $b \neq 0$이면 항상 $ab \neq 0$이지만, 행렬의 곱셈의 경우는 $A \neq \mathbf{0}$, $B \neq \mathbf{0}$일지라도 $AB \neq \mathbf{0}$일 때가 있다.

이상의 세가지에 주의하면 행렬끼리의 계산도 수의 경우 혹은 대수의 경우와 같다.

정의 1.2 **역행렬의 정의**

n차 정사각 행렬 A에 대해

$$XA = E_n, \qquad AX = E_n$$

인 n차 정사각 행렬 X가 존재하면, 행렬 A를 **정칙**(regular), **비특이**(nonsingular) 또는 **가역**(invertible)이라 한다. 이 때 $X = A^{-1}$를 A의 **역행렬**(inverse matrix)이라 한다.

예제 1.1 $A = \begin{pmatrix} 3 & 4 \\ -1 & 2 \end{pmatrix}$의 역행렬을 구하여라.

풀이 $X = \begin{pmatrix} x & z \\ y & w \end{pmatrix}$라 두고, 행렬의 곱셈

$$AX = \begin{pmatrix} 3 & 4 \\ -1 & 2 \end{pmatrix}\begin{pmatrix} x & z \\ y & w \end{pmatrix} = \begin{pmatrix} 1 & 0 \\ 0 & 1 \end{pmatrix}$$

이 성립하는 X를 구한다. 이 식을 원소끼리 비교하면

$$\begin{cases} 3x + 4y = 1 \\ -x + 2y = 0 \end{cases} \qquad \begin{cases} 3z + 4w = 0 \\ -z + 2w = 1 \end{cases}$$

이라는 두 쌍의 선형 연립방정식이 된다. 이것을 풀면

$$x = \frac{1}{5},\ y = \frac{1}{10},\ z = -\frac{2}{5},\ w = \frac{3}{10}$$

이므로

$$X = \begin{pmatrix} \dfrac{1}{5} & -\dfrac{2}{5} \\ \dfrac{1}{10} & \dfrac{3}{10} \end{pmatrix}$$

이 A의 역행렬이다.

A의 역행렬을 구할 수 있다는 것은 A가 **정칙행렬**(nonsingular matrix 혹은 regular matrix)이라는 것을 의미한다.

다음은 정사각 행렬 A의 멱승을 정의한다. 곱셈에 대하여 결합법칙이 성립하므로

$$A^1 = A,\ \ A^2 = AA,\ \ \cdots,\ \ A^{k+1} = A^kA\ \ (k > 0)$$

으로 정의한다. 더욱이 A가 정칙이면 $(A^2)^{-1} = (AA)^{-1} = A^{-1}A^{-1}$이 성립하므로

$$A^0 = E,\ \ A^{-2} = (A^{-1})(A^{-1}),\ \ A^{-k} = (A^{-1})^k\ \ (k > 0)$$

으로 정의한다. 또한

$$(A^{-1})^k = A^{-1}A^{-1}\cdots A^{-1} = (AA\cdots A)^{-1} = (A^k)^{-1}$$

이므로 $A^{-k} = (A^{-1})^k = (A^k)^{-1}$이 성립한다.

이와 같이 멱승을 정의하면 수의 경우와 같이 임의의 정수 k, l에 대하여 지수법칙

$$(A^k)^l = A^{kl}, \qquad A^{k+l} = A^kA^l$$

이 성립된다.

1장에서 설명하였듯이 Maple에서 행렬을 입력하는 방법은 여러 가지가 있다. 또한 행렬에 대한 연산은 다음과 같이 **linalg** 패키지의 **evalm** 명령어를 사용한다.

```
> with(linalg):
> A := matrix(2,2, [1,3,4,5]):
> B := matrix(2,2, [-2,2,0,1]):
> C := matrix(2,2, [0,-3,7,6]):
> evalm(k*A);
```

$$\begin{bmatrix} k & 3k \\ 4k & 5k \end{bmatrix}$$

```
> evalm(A+B), evalm(A-B);
```

$$\begin{bmatrix} -1 & 5 \\ 4 & 6 \end{bmatrix}, \quad \begin{bmatrix} 3 & 1 \\ 4 & 4 \end{bmatrix}$$

두 행렬 A, B의 곱셈은 비가환 연산자 &*를 사용한다.

```
> evalm(A &* B);
```

$$\begin{bmatrix} -2 & 5 \\ -8 & 13 \end{bmatrix}$$

k개의 행렬 $A1, A2, \cdots, Ak$의 곱셈은 multiply($A1, A2, \cdots, Ak$)와 같이 **multiply** 명령어를 사용하여 구한다.

```
> multiply(A, B, C);
```

$$\begin{bmatrix} 35 & 36 \\ 91 & 102 \end{bmatrix}$$

A가 정칙행렬이면 그 역행렬은 다음과 같이 **inverse** 명령어를 사용하여 구한다.

```
> inverse(A);
```

$$\begin{bmatrix} -\frac{5}{7} & \frac{3}{7} \\ \frac{4}{7} & -\frac{1}{7} \end{bmatrix}$$

2. 행렬식

n개의 n원 선형 연립방정식의 해에 대한 존재성과 유일성을 결정하는 데 매우 유용하게 쓰이는 것이 n차 정사각 행렬의 행렬식이다.

연립 1차방정식

$$\begin{aligned} a_{11}\,x + a_{12}\,y &= b_1 \\ a_{21}\,x + a_{22}\,y &= b_2 \end{aligned}$$

에 대하여 연산

(첫 번째 식$\times a_{22}-$두 번째 식$\times a_{12}$), (두 번째 식$\times a_{11}-$첫 번째 식$\times a_{21}$)

를 행하면

$$(a_{11}\,a_{22} - a_{21}\,a_{12})\,x = b_1\,a_{22} - b_2\,a_{12}, \qquad (a_{11}\,a_{22} - a_{21}\,a_{12})\,y = a_{11}\,b_2 - a_{21}\,b_1$$

이 된다. $D = a_{11}\,a_{22} - a_{21}\,a_{12} \neq 0$이면 주어진 방정식의 해는

$$x = \frac{b_1\,a_{22} - b_2\,a_{12}}{D}, \qquad y = \frac{a_{11}\,b_2 - a_{21}\,b_1}{D}$$

이고, 분모 $D = a_{11}\,a_{22} - a_{21}\,a_{12} \neq 0$은 해의 존재 조건이고, 해 x의 분자는 분모의 $(a_{11},\, a_{21})$ 자리에 $(b_1,\, b_2)$가 들어 있고 해 y의 분자는 분모의 $(a_{12},\, a_{22})$ 자리에 $(b_1,\, b_2)$가 순서대로 들어 있음을 알 수 있다. 이로써 $D =$

$a_{11}a_{22}-a_{21}a_{12}$이 주어진 방정식의 해를 표현하는데 중요한 역할을 하고 있음을 알 수 있다. 여기서

$$D = \begin{vmatrix} a_{11} & a_{12} \\ a_{21} & a_{22} \end{vmatrix} = a_{11}\,a_{22} - a_{21}\,a_{12}$$

는 a_{11}, a_{21}, a_{12}, a_{22}의 다항식을 정의하고 D 를 **2차 행렬식**이라 한다.

n개의 n원 선형 연립방정식의 해에 대한 존재성과 유일성을 결정하는데 매우 유용하게 쓰이는 것이 $n\times n$ 행렬의 행렬식이다. 즉, n차 정사각 행렬 $A=(a_{ij})$의 각 행에서 하나의 원소를 취하되 어느 두 개라도 동일 열에 있지 않도록 하여 얻어진 곱 $a_{1i}\,a_{2j}\cdots a_{nl}$ $(i\neq j\neq\cdots\neq l)$의 쌍은 $n!$개 있다. 또한 $\sum\limits_{(i,j,\cdots,l)\in S_n}$ 을 $\{1,\,2,\,\cdots,\,n\}$의 치환 전체집합 S_n에 속한 $n!$개의 부호 $\mathrm{sgn}(i,\,j,\,\cdots,\,l)$을 모두 더한 것이라 한다.

정의 1.3 **n차 행렬식의 정의**

n차 정사각 행렬 $A=(a_{ij})$ $(i,\,j=1,2,\cdots,n)$에 대하여

$$|A| = \det(A) = \sum_{(i,j,\cdots,l)\in S_n} \mathrm{sgn}(i,\,j,\,\cdots,\,l)a_{1\,i}\,a_{2\,j}\cdots a_{n\,l}$$
$$= \begin{vmatrix} a_{11} & a_{12} & \cdots & a_{1n} \\ a_{21} & a_{22} & \cdots & a_{2n} \\ \vdots & & \ddots & \vdots \\ a_{n1} & a_{n2} & \cdots & a_{nn} \end{vmatrix}$$

을 행렬 A의 **행렬식**(determinant)이라 한다.

예를 들어, 3차 행렬식의 계산은

$$\begin{vmatrix} a_{11} & a_{12} & a_{13} \\ a_{21} & a_{22} & a_{23} \\ a_{31} & a_{32} & a_{33} \end{vmatrix} = \begin{array}{l} \mathrm{sgn}(1,2,3)a_{11}a_{12}a_{13} + \mathrm{sgn}(1,3,2)a_{11}a_{13}a_{12} \\ +\mathrm{sgn}(2,1,3)a_{12}a_{11}a_{13} + \mathrm{sgn}(2,3,1)a_{12}a_{13}a_{11} \\ +\mathrm{sgn}(3,1,2)a_{13}a_{11}a_{12} + \mathrm{sgn}(3,2,1)a_{13}a_{12}a_{11} \end{array}$$

이다. 여기서

$$\mathrm{sgn}(1,2,3) = \mathrm{sgn}(2,3,1) = \mathrm{sgn}(3,1,2) = +1,$$
$$\mathrm{sgn}(1,3,2) = \mathrm{sgn}(2,1,3) = \mathrm{sgn}(3,2,1) = -1$$

이므로

$$\begin{vmatrix} a_{11} & a_{12} & a_{13} \\ a_{21} & a_{22} & a_{23} \\ a_{31} & a_{32} & a_{33} \end{vmatrix} = \begin{array}{l} a_{11}a_{12}a_{13} - a_{11}a_{13}a_{12} - a_{12}a_{11}a_{13} \\ +a_{12}a_{13}a_{11} + a_{13}a_{11}a_{12} - a_{13}a_{12}a_{11} \end{array}$$

이다. 일반적으로 n차 행렬식에서 제 s행과 제 t열을 제외한 나머지 원소들로 만들어진 $(n-1)$차 행렬식을 원소 a_{st}에 대응하는 **소행렬식**(minor)이라 하고 D_{st}로 나타내기로 한다. 원소 a_{11}의 소행렬식은 제 1행과 제 1열을 제외한 나머지 부분

$$D_{11} = \begin{vmatrix} a_{22} & a_{23} & \cdots & a_{2n} \\ a_{32} & a_{33} & \cdots & a_{3n} \\ \cdots & \cdots & \cdots & \cdots \\ a_{n2} & a_{n3} & \cdots & a_{nn} \end{vmatrix}$$

이고, 원소 a_{12}의 소행렬식은 제 1행과 제 2열을 제외한 나머지 부분

$$D_{12} = \begin{vmatrix} a_{21} & a_{23} & \cdots & a_{2n} \\ a_{31} & a_{33} & \cdots & a_{3n} \\ \cdots & \cdots & \cdots & \cdots \\ a_{n1} & a_{n3} & \cdots & a_{nn} \end{vmatrix}$$

이다. 행렬식 $|A|$의 전개식

$$|A| = \sum \mathrm{sgn}(i,\ j,\ \cdots,\ t,\ \cdots,\ k)a_{1i}\,a_{2j}\ \cdots\ a_{st}\ \cdots\ a_{nk}$$

에서 $\{1,\ 2,\ \cdots,\ n\}$의 치환을 고려하면 $n!$개의 각 항에는 제 s행의 원소가 단 하나씩 들어 있음을 쉽게 알 수 있다. 따라서 행렬식 $|A|$를

$$|A| = a_{s1}A_{s1} + a_{s2}A_{s2} + \cdots + a_{st}A_{st} + \cdots + a_{sn}A_{sn}$$

의 형태로 표현할 수 있고, 원소 a_{st}의 계수 A_{st}는 제 s행과 제 t열의 원소들을 포함하지 않는 다항식임을 알 수 있다. 이 A_{st}를 $(s,\ t)$ 원소의 **여인수**(cofactor)라 한다.

정리 1.1 **Laplace 전개**

다음 행렬식은

$$|A| = a_{s1}A_{s1} + a_{s2}A_{s2} + \cdots + a_{st}A_{st} + \cdots + a_{sn}A_{sn} \tag{3.1}$$

과 같이 전개할 수 있다. 여기서 D_{st}는 원소 a_{st}의 소행렬식이고, A_{st}는 a_{st}의 여인수이다. 따라서 $A_{st} = (-1)^{s+t}D_{st}$이다.

(3.1)을 제 s행에 관한 전개라고 한다. 위의 정리 1.1에 의해 제 t열에 관해서도 전개할 수 있다. 즉,

$$|A| = a_{1t}A_{1t} + a_{2t}A_{2t} + \cdots + a_{st}A_{st} + \cdots + a_{nt}A_{nt} \tag{3.2}$$

이다.

예제 1.2 행렬식

$$|A| = \begin{vmatrix} 1 & 0 & -1 & 0 \\ 1 & -1 & 2 & 0 \\ 3 & 1 & -1 & 2 \\ 0 & 2 & 0 & 4 \end{vmatrix}$$

의 값을 구하여라.

풀이 제 1행에 관해 전개하면 여인수는 다음과 같다.

$$A_{11} = (-1)^{1+1}\begin{vmatrix} -1 & 2 & 0 \\ 1 & -1 & 2 \\ 2 & 0 & 4 \end{vmatrix} = 4, \quad A_{12} = (-1)^{1+2}\begin{vmatrix} 1 & 2 & 0 \\ 3 & -1 & 2 \\ 0 & 0 & 4 \end{vmatrix} = 24,$$

$$A_{13} = (-1)^{1+3}\begin{vmatrix} 1 & -1 & 0 \\ 3 & 1 & 2 \\ 0 & 2 & 4 \end{vmatrix} = 12, \quad A_{14} = (-1)^{1+4}\begin{vmatrix} 1 & -1 & 2 \\ 3 & 1 & -1 \\ 0 & 2 & 0 \end{vmatrix} = 14.$$

따라서

$$
\begin{aligned}
|A| &= a_{11}A_{11} + a_{12}A_{12} + a_{13}A_{13} + a_{14}A_{14} \\
&= 1 \cdot 4 + 0 \cdot 24 + (-1) \cdot 12 + 0 \cdot 14 \\
&= 4 - 12 = -8
\end{aligned}
$$

이다.

위 예제에서 알 수 있는 것처럼 원소가 0이 많이 들어 있는 행 또는 열로 전개하는 것이 편리하다.

일반적으로 행렬식의 성질을 이용하여 전개하고자 하는 행 또는 열의 원소를 가능한한 0으로 만든 뒤에 전개를 한다.

행렬식 $|A|$가 제 s행에 관해 다음과 같이 전개되었다고 한다. 즉,

$$a_{s1}A_{s1} + a_{s2}A_{s2} + \cdots + a_{st}A_{st} + \cdots + a_{sn}A_{sn} = |A|$$

이다. 위식의 양변에 $a_{s1}, a_{s2}, \cdots, a_{sn}$ 대신에 제 t행의 원소 $a_{t1}, a_{t2}, \cdots, a_{tn}$을 대입하면

$$a_{t1}A_{s1} + a_{t2}A_{s2} + \cdots + a_{tt}A_{st} + \cdots + a_{tn}A_{sn} = \begin{vmatrix} a_{11} & a_{12} & \cdots & a_{1n} \\ \cdots & \cdots & \cdots & \cdots \\ a_{t1} & a_{t2} & \cdots & a_{tn} \\ \cdots & \cdots & \cdots & \cdots \\ a_{t1} & a_{t2} & \cdots & a_{tn} \\ \cdots & \cdots & \cdots & \cdots \\ a_{n1} & a_{n2} & \cdots & a_{nn} \end{vmatrix}$$

이 되어 우변은 두 행의 대응하는 원소가 서로 같으므로 행렬식의 값은 0이다. 따라서 다음의 결과를 얻는다.

예제 1.3 하삼각 행렬식에 대하여

$$\begin{vmatrix} a_{11} & 0 & \cdots & 0 \\ a_{21} & a_{22} & \ddots & \vdots \\ \vdots & & \ddots & 0 \\ a_{n1} & \cdots & \cdots & a_{nn} \end{vmatrix} = a_{11}a_{22}\cdots a_{nn}$$

이 성립한다. 즉, 하삼각 행렬식의 값은 대각선 원소만을 곱한 것이 된다. 왜냐하면 좌변을 제1행, 제2행, $\cdots$, 제n행에 대해 전개하면 각각

$$a_{11}\begin{vmatrix} a_{22} & 0 & \cdots & 0 \\ \vdots & \ddots & \ddots & \\ a_{n2} & \cdots & \cdots & a_{nn} \end{vmatrix}, \quad a_{11}a_{22}\begin{vmatrix} a_{33} & 0 & \cdots & 0 \\ \vdots & \ddots & \ddots & \\ a_{n3} & \cdots & \cdots & a_{nn} \end{vmatrix},$$

$$\cdots, \; a_{11}a_{22}\cdots a_{nn}$$

이기 때문이다. 마찬가지로, 상삼각 행렬식도

$$\begin{vmatrix} a_{11} & \cdots & \cdots & a_{1n} \\ 0 & a_{22} & \cdots & a_{2n} \\ \vdots & \ddots & \ddots & \vdots \\ 0 & \cdots & 0 & a_{nn} \end{vmatrix} = a_{11}a_{22}\cdots a_{nn}$$

이 성립한다.

행렬식의 정의로부터 알 수 있는 기본적인 행렬식의 성질을 설명한다. 다음의 성질들은 행렬식에 관계되는 선형 연립방정식과 Gauss 소거법에서 매우 유용하게 쓰인다.

(1) 행렬식의 한 행(또는 열)의 모든 원소에 동일한 수 λ를 곱한 행렬식의 값은 처음 행렬식의 값의 λ배와 같다.

(2) 행렬식의 한 행(또는 열)이 두 개의 행(또는 열)의 합의 형태로 되어 있을 때, 그 값은 다른 행은 그대로 두고 이 행의 원소들을 각 행(또는 열)의 원소들로 바꾸어 놓은 두 행렬식의 합과 같다.

(3) 행렬식의 임의의 두 행(또는 열)의 대응하는 원소들을 서로 바꾼 행렬식의 값은 처음 행렬식에 부호를 바꾼 것과 같다.

(4) 행렬식의 임의의 두 행(또는 열)의 대응하는 원소들이 모두 같으면, 그 행렬식의 값은 0이다.

(5) 행렬식의 어떤 두 행(또는 열)이 대응하는 원소들의 비가 같으면 그 행렬식의 값은 0이다.

(6) 행렬식의 어떤 행(또는 열)의 원소에 같은 수를 곱하여 다른 행(또는 열)의 대응되는 원소에 더해도 그 행렬식의 값은 변하지 않는다.

일반적으로 연립방정식을 풀기 위해 많은 연산을 해야 하므로 효과적이지 못하다. 선형 연립방정식과 관계가 깊은 것이 역행렬이다. 따라서 효과적으로 역행렬을 구하기 위한 방법을 생각한다. 앞에서 행렬식에 대하여 다루었으므로, "n차 정사각 행렬은 어떤 경우에 정칙행렬이 되는가"하는 문제에 대한 답이 가능하게 된다.

n차 정사각 행렬 $A = (a_{ij})$의 $(i,\ j)$원소의 여인수 A_{ij}를 원소로 하는 행렬

$$\mathrm{adj}(A) = \begin{pmatrix} A_{11} & A_{21} & \cdots & A_{n1} \\ A_{12} & A_{22} & \cdots & A_{n2} \\ \vdots & \vdots & \ddots & \vdots \\ A_{1n} & A_{2n} & \cdots & A_{nn} \end{pmatrix}$$

을 행렬 A의 **여인수행렬**(adjoint matrix)이라 한다. 행렬 A의 $(i,\ j)$원소 a_{ij}의 여인수 A_{ij}를 $\mathrm{adj}(A)$에 있어서 j번째 행, i번째 열로 나열하고 있다는 것에 주의한다.

예제 1.4 3차 정사각 행렬

$$A = \begin{pmatrix} 3 & 1 & 2 \\ 2 & 6 & -4 \\ 1 & 3 & 0 \end{pmatrix}$$

일 때, 각 여인수는

$$\begin{array}{lll} A_{11} = 12 & A_{21} = 6 & A_{31} = -16 \\ A_{12} = -4 & A_{22} = -2 & A_{32} = 16 \\ A_{13} = 0 & A_{23} = -8 & A_{33} = 16 \end{array}$$

이므로, A의 여인수행렬은

$$\mathrm{adj}(A) = \begin{pmatrix} 12 & 6 & -16 \\ -4 & -2 & 16 \\ 0 & -8 & 16 \end{pmatrix}$$

이고, 행렬 A와 그 여인수행렬의 곱은

$$A \cdot \text{adj}(A) = \begin{pmatrix} 32 & 0 & 0 \\ 0 & 32 & 0 \\ 0 & 0 & 32 \end{pmatrix}$$

이다.

임의의 n차 정사각 행렬과 그 여인수행렬의 곱은

$$A \cdot \text{adj}(A) = \begin{pmatrix} a_{11} & a_{12} & \cdots & a_{1n} \\ a_{21} & a_{22} & \cdots & a_{2n} \\ \vdots & \vdots & \ddots & \vdots \\ a_{n1} & a_{n2} & \cdots & a_{nn} \end{pmatrix} \begin{pmatrix} A_{11} & A_{21} & \cdots & A_{n1} \\ A_{12} & A_{22} & \cdots & A_{n2} \\ \vdots & \vdots & \ddots & \vdots \\ A_{1n} & A_{2n} & \cdots & A_{nn} \end{pmatrix}$$

$$= \begin{pmatrix} |A| & 0 & \cdots & 0 \\ 0 & |A| & \ddots & \vdots \\ \vdots & \ddots & \ddots & 0 \\ 0 & \cdots & 0 & |A| \end{pmatrix} = |A| \cdot \begin{pmatrix} 1 & 0 & \cdots & 0 \\ 0 & 1 & \ddots & \vdots \\ \vdots & \ddots & \ddots & 0 \\ 0 & \cdots & 0 & 1 \end{pmatrix}$$

임을 알 수 있다. 즉,

$$A \cdot \text{adj}(A) = |A| E_n$$

이다. 또한 $|A| \neq 0$이면

$$A \left\{ \frac{1}{|A|} \text{adj}(A) \right\} = E_n \tag{3.3}$$

이고, $A \cdot \text{adj}(A) = |A|E_n$이 얻어진다. 마찬가지로

$$\left\{ \frac{1}{|A|} \text{adj}(A) \right\} A = E_n \tag{3.4}$$

이다. 즉,

$$A^{-1} = \frac{1}{|A|} \text{adj}(A) = \begin{pmatrix} \frac{A_{11}}{|A|} & \cdots & \frac{A_{n1}}{|A|} \\ \vdots & \ddots & \vdots \\ \frac{A_{1n}}{|A|} & \cdots & \frac{A_{nn}}{|A|} \end{pmatrix} \tag{3.5}$$

따라서 다음 정리를 얻는다.

정리 1.2 **정칙행렬의 존재성**

n차 정사각 행렬 A에 대하여 $XA = E_n$을 만족하는 n차 정사각 행렬 X가 존재하면 X는 $AX = E_n$을 만족한다. 따라서 A가 정칙이 되기 위해서는 $XA = E_n$ 또는 $AX = E_n$을 만족하는 X가 존재하면 된다. 또한 정사각 행렬 A가 정칙이기 위한 필요충분조건은 $|A| \neq 0$이다.

예제 1.5 2차 정사각 행렬

$$A = \begin{pmatrix} 2 & 1 \\ 0 & 3 \end{pmatrix}$$

의 행렬식의 값은 $|A| = 6$이고, 각 여인수는 $A_{11} = 3$, $A_{21} = -1$, $A_{12} = 0$, $A_{22} = 2$이다. 따라서 역행렬 A^{-1}은

$$A^{-1} = \frac{1}{6}\begin{pmatrix} 3 & -1 \\ 0 & 2 \end{pmatrix} = \begin{pmatrix} \frac{1}{2} & -\frac{1}{6} \\ 0 & \frac{1}{3} \end{pmatrix}$$

이다.

예제 1.6 3차 정사각 행렬 $C = \begin{pmatrix} 1 & 2 & 3 \\ 1 & 0 & 1 \\ 2 & 4 & 6 \end{pmatrix}$의 행렬식의 값은 $|C| = 0$이므로 역행렬 C^{-1}은 존재하지 않는다.

Maple에서 **det** 명령어는 주어진 2차 정사각 행렬의 행렬식의 값을 계산한다.

즉, **det** 명령어는 소행렬식 전개 혹은 다음 절에서 다룰 Gauss 소거법 등을 사용하지 않아도 자동적으로 행렬식을 계산할 수 있다.

```
> with(linalg):
> A := hilbert(3);
```

$$A := \begin{bmatrix} 1 & \frac{1}{2} & \frac{1}{3} \\ \frac{1}{2} & \frac{1}{3} & \frac{1}{4} \\ \frac{1}{3} & \frac{1}{4} & \frac{1}{5} \end{bmatrix}$$

```
> det(A);
```

$$\frac{1}{2160}$$

```
> B := matrix(2,2);
```

$$B := \mathrm{array}(1..2,\ 1..2,\ [\,])$$

```
> det(B);
```

$$B_{1,1}B_{2,2} - B_{1,2}B_{2,1}$$

삼각행렬

$$A = \begin{pmatrix} 2 & 1 & -3 \\ 0 & -1 & 0 \\ 0 & 0 & 1 \end{pmatrix}$$

에 대하여 행렬식과 역행렬 A^{-1}을 구한다.

```
> with(linalg):
> A := matrix(3,3, [2,1,-3,0,-1,0,0,0,1]):
> det(A);
```

$$-17$$

```
> inverse(A);
```

$$\begin{bmatrix} \frac{1}{17} & \frac{1}{17} & \frac{3}{17} \\ 0 & -1 & 0 \\ -\frac{5}{17} & -\frac{5}{17} & \frac{2}{17} \end{bmatrix}$$

다음과 같이 정의된 행렬식도 계산할 수 있다.

```
> A1 := matrix(3,3,(i,j)-> if i-j >= 0 then 2 else 0 fi);
```

$$A1 := \begin{bmatrix} 2 & 2 & 2 \\ 0 & 2 & 2 \\ 0 & 0 & 2 \end{bmatrix}$$

```
> det(A1);
```

$$8$$

기호를 포함한 행렬식도 계산할 수 있다.

```
> A2 := matrix(3,3, [1,1,1, x,y,z, x^2,y^2,z^2]);
```

$$A2 := \begin{bmatrix} 1 & 1 & 1 \\ x & y & z \\ x^2 & y^2 & z^2 \end{bmatrix}$$

```
> det(A2);
```

$$yz^2 - zy^2 - xz^2 + xy^2 + x^2z - x^2y$$

```
> factor(");
```

$$(z - y)(x - y)(x - z)$$

삼각함수를 포함한 행렬식도 계산할 수 있다.

```
> B := matrix(3,3, [cos(alpha), -sin(alpha), 0, sin(alpha)*cos(beta),
        cos(alpha)*cos(beta), -sin(beta), sin(alpha)*sin(beta),
        cos(alpha)*sin(beta), cos(beta)]);
```

$$B := \begin{bmatrix} \cos(\alpha) & -\sin(\alpha) & 0 \\ \sin(\alpha)\cos(\beta) & \cos(\alpha)\cos(\beta) & -\sin(\beta) \\ \sin(\alpha)\sin(\beta) & \cos(\alpha)\sin(\beta) & \cos(\beta) \end{bmatrix}$$

```
> det(B);
```

$$\cos(\alpha)^2\cos(\beta)^2 + \sin(\beta)^2\cos(\alpha)^2 + \sin(\alpha)^2\cos(\beta)^2 + \sin(\alpha)^2\sin(\beta)^2$$

```
> factor(");
```

$$(\cos(\beta)^2 + \sin(\beta)^2)(\cos(\alpha)^2 + \sin(\alpha)^2)$$

```
> simplify(");
```

$$1$$

제 2 절 Gauss 소거법

행렬식의 전개를 이용하여 n개의 미지수 $x_1, x_2, \cdots, x_n$에 대한 선형 연립방정식

$$\begin{aligned} a_{11}x_1 + a_{12}x_2 + \cdots + a_{1n}x_n &= b_1 \\ a_{21}x_1 + a_{22}x_2 + \cdots + a_{2n}x_n &= b_2 \\ \ddots \qquad\qquad & \quad \vdots \\ a_{n1}x_1 + a_{n2}x_2 + \cdots + a_{nn}x_n &= b_n \end{aligned} \tag{3.6}$$

의 해를 구하는 문제를 생각한다.

$$A = \begin{pmatrix} a_{11} & a_{12} & \cdots & a_{1n} \\ a_{21} & a_{22} & \cdots & a_{2n} \\ \vdots & \vdots & \ddots & \vdots \\ a_{n1} & a_{n2} & \cdots & a_{nn} \end{pmatrix}, \qquad \mathbf{x} = \begin{pmatrix} x_1 \\ x_2 \\ \vdots \\ x_n \end{pmatrix}, \qquad \mathbf{b} = \begin{pmatrix} b_1 \\ b_2 \\ \vdots \\ b_n \end{pmatrix}$$

이라 하면, 선형 연립방정식 (3.6)은

$$A\mathbf{x} = \mathbf{b}$$

로 나타낼 수 있다. 여기서 행렬 A는 미지수 $x_1, x_2, \cdots, x_n$의 계수로 만들어진 **계수행렬**(coefficient matrix), n차원 열벡터 $\mathbf{b}$를 상수항(자유항)이라 한다. 선형 연립방정식 $A\mathbf{x} = \mathbf{b}$에 대해서는

(1) 해가 단 하나 존재하는 경우 즉, $\mathbf{b} \neq \mathbf{0}$, $|A| \neq 0$인 경우와

(2) 해가 무한히 많은 경우 즉, $\mathbf{b} = \mathbf{0}$, $|A| = 0$인 경우

에만 $\mathbf{x} \neq \mathbf{0}$인 해가 존재한다. 여기서는 (1)의 경우에 한정하여 다룬다.

다음은 선형 연립방정식의 해에 대한 존재성과 유일성을 결정하는데 기준이 되는 정리이다. 증명과정은 어렵지 않으나 길기때문에 여기서는 생략한다.

정리 2.1 **해의 존재성과 유일성**

임의의 $n \times n$ 행렬 A와 n차 열벡터 $\mathbf{x}$, $\mathbf{b}$에 대하여 다음 성질들은 동치이다.

(1) 선형 연립방정식 $A\mathbf{x} = \mathbf{b}$는 $\mathbf{b}$에 대하여 유일한 해를 갖는다.

(2) A는 정칙행렬이다. 즉, 역행렬 A^{-1}가 존재한다.

(3) $|A| \neq 0$이다.

(4) 제차연립방정식 $A\mathbf{x} = \mathbf{0}$는 유일한 해 $\mathbf{x} = \mathbf{0}$을 갖는다.

연립방정식의 계수행렬 A와 상수항 $\mathbf{b}$를 묶어서 만든 행렬

$$\left(\begin{array}{cccc|c} a_{11} & a_{12} & \cdots & a_{1n} & b_1 \\ a_{21} & a_{22} & \cdots & a_{2n} & b_2 \\ \vdots & \vdots & \ddots & \vdots & \vdots \\ a_{n1} & a_{n2} & \cdots & a_{nn} & b_n \end{array}\right)$$

을 **확대행렬**(augmented matrix) 또는 **첨가행렬**이라 한다. 먼저 확대행렬을 행에 관해 기본변형함으로써 주어진 연립방정식을 푸는 문제를 생각한다.

예제 2.1 선형 연립방정식

$$\begin{aligned} x_1 + 2x_2 - x_3 &= 3 \\ 2x_1 + 6x_2 - 5x_3 &= -1 \\ -3x_1 - x_2 + 5x_3 &= 0 \end{aligned}$$

을 풀기 위해, 제 1식을 사용하여 제 2식과 제 3식으로부터 x_1을 소거한 연립방정식

$$\begin{aligned} x_1 + 2x_2 - x_3 &= 3 \\ 2x_2 - 3x_3 &= -7 \qquad [\text{제1식} + (\text{제2식} \times (-2))] \\ 5x_2 + 2x_3 &= 9 \qquad [\text{제1식} + (\text{제3식} \times 3)] \end{aligned}$$

와 같이 바꾸고, 계속하여 제 2식을 사용하여 제1식과 제 3식으로부터 x_2를 소거한 연립방정식

$$\begin{aligned} x_1 \qquad + 2x_3 &= 10 \qquad [\text{제1식} + (\text{제2식} \times (-1))] \\ 2x_2 - 3x_3 &= -7 \\ 19x_3 &= 53 \qquad [\text{제3식} \times 2 + (\text{제2식} \times (-5))] \end{aligned}$$

를 풀면 된다. 이 방정식을 **삼각형태** 또는 **줄어진형태**(reduced form)이라 하고, **후진대입법**(backward substitution process)으로 풀 수 있다. 즉, 위 방정식의 마지막 행에서 $x_3 = \frac{53}{19}$이고, 두번째 행에서

$$x_2 = \frac{1}{2}(-7 - 3x_3) = \frac{1}{2}\left(-7 - 3\frac{53}{19}\right) = \frac{26}{38}$$

을 얻고, x_1은

$$x_1 = 10 - 2x_3 = 10 - 2\frac{53}{19} = \frac{84}{19}$$

이다. 따라서 주어진 연립방정식의 해는

$$x_1 = \frac{84}{19},\ x_2 = \frac{26}{38},\ x_3 = \frac{53}{19}$$

이다. 위의 변형을 미지수의 계수에만 한정하면, 다음과 같은 행렬을 변형한 것이 된다. 즉, 확대행렬 $\left(\begin{array}{ccc|c} 1 & 2 & -1 & 3 \\ 2 & 6 & -5 & -1 \\ -3 & -1 & 5 & 0 \end{array}\right)$에 대해 2행+(1행×(−2)), 3행+(1행×3)의 연산을 시행하면 $\left(\begin{array}{ccc|c} 1 & 2 & -1 & 3 \\ 0 & 2 & -3 & -7 \\ 0 & 5 & 2 & 9 \end{array}\right)$가 되고, 1행+(2행×(−1)), 3행×2+(2행×(−5))의 연산을 시행하면

$$\left(\begin{array}{ccc|c} 1 & 0 & 2 & 10 \\ 0 & 2 & -3 & -7 \\ 0 & 0 & 19 & 53 \end{array}\right)$$

과 같이 변형한 것이 된다.

이와 같이 후진대입법에 의한 절차를 **Gauss 소거법**이라 한다.

예제 2.2 앞의 예제에 대하여 마지막 연립방정식에서 다시 제

3식을 사용하여 제1식, 제2식으로부터 x_3을 소거한 연립방정식

$$\begin{aligned} 19x_1 \quad\quad &= 84 \quad [\text{제1식} \times 19 + (\text{제3식} \times (-2))] \\ 38x_2 \quad &= 26 \quad [\text{제2식} \times 19 + (\text{제3식} \times 3)] \\ 19x_3 &= 53 \end{aligned}$$

과 확대행렬에 대하여 1행 $\times 19 + (3$행 $\times (-2))$, 2행 $\times 19 + (3$행 $\times 3)$의 연산을 시행하면

$$\left(\begin{array}{ccc|c} 19 & 0 & 0 & 84 \\ 0 & 2 & 0 & 26 \\ 0 & 0 & 19 & 53 \end{array}\right)$$

이 되고, 1행 $\times \dfrac{1}{19}$, 2행 $\times \dfrac{1}{38}$, 1행 $\times \dfrac{1}{19}$의 연산을 시행하여

$$\left(\begin{array}{ccc|c} 1 & 0 & 0 & \frac{84}{19} \\ 0 & 1 & 0 & \frac{26}{38} \\ 0 & 0 & 1 & \frac{53}{19} \end{array}\right)$$

과 같이 변형하면 주어진 연립방정식의 해 $x_1 = \dfrac{84}{19}$, $x_2 = \dfrac{26}{38}$, $x_3 = \dfrac{53}{19}$을 후진대입법을 사용하지 않고 구할 수 있다.

이 예제와 같은 방법을 **Gauss-Jordan 소거법**이라 한다. 그러나 Gauss 소거법의 삼각행렬을 만들지 않고 대각선 행렬로 만드는 방법은 후진대입법보다 더 많은 조작이 필요하므로 계산시간이 길어진다.

다음은 Maple에서 단계별로 Gauss 소거법과 후진대입법으로 연립방정식 $A\mathbf{x} = \mathbf{b}$를 푼다.

예제 2.3 연립방정식

$$\begin{aligned} 8x_2 + 2x_3 &= -7 \\ 3x_1 + 5x_2 + 2x_3 &= 8 \\ 6x_1 + 2x_2 + 8x_3 &= 26 \end{aligned}$$

을 Gauss 소거법과 후진대입법으로 풀어라.

풀이 먼저 계수행렬을 정의한다.

```
> with(linalg):
> A := matrix(3, 3, [0,8,2,3,5,2,6,2,8]);
```

$$A := \begin{bmatrix} 0 & 8 & 2 \\ 3 & 5 & 2 \\ 6 & 2 & 8 \end{bmatrix}$$

계수 행렬에 대하여 **gausselim** 명령어를 사용하면 Gauss 소거법으로 풀기 위한 행렬을 만든다.

```
> gausselim(A, r, d);
```

$$\begin{bmatrix} 3 & 5 & 2 \\ 0 & 8 & 2 \\ 0 & 0 & 6 \end{bmatrix}$$

여기서 옵션 r은 행렬 A의 rank, d는 A의 행렬식을 의미한다.

일반적으로 확대행렬을 만들어 **gausselim** 명령어를 사용하여 푼다.

```
> b := vector([-7, 8, 26]);
```

$$b := [-7, 8, 26]$$

확대행렬을 만든다.

```
> A1 := augment(A, b);
```

$$A1 := \begin{bmatrix} 0 & 8 & 2 & -7 \\ 3 & 5 & 2 & 8 \\ 6 & 2 & 8 & 26 \end{bmatrix}$$

```
> B1 := gausselim(A1);
```

$$B1 := \begin{bmatrix} 3 & 5 & 2 & 8 \\ 0 & 8 & 2 & -7 \\ 0 & 0 & 6 & 3 \end{bmatrix}$$

후진대입법을 적용한다.

> x := backsub(B1);

$$x := \left[4,\ -1,\ \frac{1}{2}\right]$$

Maple에서 위의 풀이 과정은 **linalg** 패키지의 **linsolve** 명령어로 단 한 번에 가능하다.

> x1 := linsolve(A, b);

$$x := \left[4,\ -1,\ \frac{1}{2}\right]$$

즉, 명령어 linsolve(A, b);는 연립방정식 $A\mathbf{x} = \mathbf{b}$를 Gauss 소거법으로 해를 구한다.

예제 2.4 연립방정식

$$\begin{aligned} 3x_1 \quad &+2x_2 & &= 14 \\ 12x_1 \quad &+13x_2 &+6x_3 &= 40 \\ -3x_1 \quad &+8x_2 &+9x_3 &= -28 \end{aligned}$$

을 Gauss-Jordan 소거법으로 풀어라.

풀이 계수행렬과 상수항을 정의하고 확대행렬을 만들어 **linalg** 패키지의 **gaussjord** 명령어로 푼다.

> with(linalg):

> A := matrix(3,3, [3,2,0, 12,13,6, -3,8,9]);

$$A := \begin{bmatrix} 3 & 2 & 0 \\ 12 & 13 & 6 \\ -3 & 8 & 9 \end{bmatrix}$$

> b := vector([14, 40, -28]);

$$b := [14,\ 40,\ -28]$$

> A1 := augment(A, b);

$$A1 := \begin{bmatrix} 3 & 2 & 0 & 14 \\ 12 & 13 & 6 & 40 \\ -3 & 8 & 9 & -28 \end{bmatrix}$$

> B1 := gaussjord(A1);

$$B1 := \begin{bmatrix} 1 & 0 & 0 & 2 \\ 0 & 1 & 0 & 4 \\ 0 & 0 & 1 & -6 \end{bmatrix}$$

위 행렬의 마지막 열이 해임을 알 수 있다. A의 역행렬을 결정한다. 대각행렬에 대한 명령어는 **diag**이다.

> Id := diag(1,1,1);

$$Id := \begin{bmatrix} 1 & 0 & 0 \\ 0 & 1 & 0 \\ 0 & 0 & 1 \end{bmatrix}$$

> A2 := augment(A, Id);

$$A2 := \begin{bmatrix} 3 & 2 & 0 & 1 & 0 & 0 \\ 12 & 13 & 6 & 0 & 1 & 0 \\ -3 & 8 & 9 & 0 & 0 & 1 \end{bmatrix}$$

> B2 := gaussjord(A2);

$$B2 := \begin{bmatrix} 1 & 0 & 0 & -\frac{23}{15} & \frac{2}{5} & -\frac{4}{15} \\ 0 & 1 & 0 & \frac{14}{5} & -\frac{3}{5} & \frac{2}{5} \\ 0 & 0 & 1 & -3 & \frac{2}{3} & -\frac{1}{3} \end{bmatrix}$$

위 행렬의 마지막 세 열이 A의 역행렬이다.

> invA := submatrix(B2, 1..3, 4..6);

$$invA := \begin{bmatrix} -\frac{23}{15} & \frac{2}{5} & -\frac{4}{15} \\ \frac{14}{5} & -\frac{3}{5} & \frac{2}{5} \\ -3 & \frac{2}{3} & -\frac{1}{3} \end{bmatrix}$$

다음과 같이 확인할 수 있다.

> evalm(A&*invA);

$$\begin{bmatrix} 1 & 0 & 0 \\ 0 & 1 & 0 \\ 0 & 0 & 1 \end{bmatrix}$$

연립방정식을 푸는 과정에서 미지수의 값에 영향을 미치지 않는 3가지 기본적인 조작을 반복하고 있음을 알 수 있다. 즉,

> 연립방정식을 풀 때, 행렬의 행에 대해서만 다음과 같은 변형이 허용된다.
> (1) 임의의 방정식의 양변에 0이 아닌 상수배를 곱한다.
> (2) 임의의 방정식과 다른 방정식의 순서를 바꾼다.
> (3) 임의의 방정식의 양변에 다른 방정식의 상수배를 더한다.

다음은 Gauss 소거법의 연산과정을 일반적으로 설명한다. 선형 연립방정식 (3.6)의 확대행렬

$$(A|\mathbf{b}) = \left(\begin{array}{cccc|c} a_{11}^{(1)} & a_{12}^{(1)} & \cdots & a_{1n}^{(1)} & b_1^{(1)} \\ a_{21}^{(1)} & a_{22}^{(1)} & \cdots & a_{2n}^{(1)} & b_2^{(1)} \\ \vdots & \vdots & \ddots & \vdots & \vdots \\ a_{n1}^{(1)} & a_{n2}^{(1)} & \cdots & a_{nn}^{(1)} & b_n^{(1)} \end{array} \right)$$

에 대하여 $a_{11}^{(1)} \neq 0$이라 가정한다. 만약 $a_{11}^{(1)} = 0$이면 $a_{i1}^{(1)} \neq 0$인 i가 존재하므로, 첫번째 행과 i번째 행을 서로 바꾼다.

확대행렬 $(A|\mathbf{b})$의 첫번째 행에 $\dfrac{a_{i1}^{(1)}}{a_{11}^{(1)}}$을 곱하여 i번째 행($2 \le i \le n$)에서 빼면

$$(A|\mathbf{b}) = \left(\begin{array}{cccc|c} a_{11}^{(1)} & a_{12}^{(1)} & \cdots & a_{1n}^{(1)} & b_1^{(1)} \\ 0 & a_{22}^{(2)} & \cdots & a_{2n}^{(2)} & b_2^{(2)} \\ \vdots & \vdots & \ddots & \vdots & \vdots \\ 0 & a_{n2}^{(2)} & \cdots & a_{nn}^{(2)} & b_n^{(2)} \end{array} \right)$$

가 된다. 여기서

$$a_{ij}^{(2)} = a_{ij}^{(1)} - \frac{a_{i1}^{(1)}}{a_{11}^{(1)}} a_{1j}^{(1)}, \qquad b_i^{(2)} = b_i^{(1)} - \frac{a_{i1}^{(1)}}{a_{11}^{(1)}} b_1^{(1)}$$

이다. 위의 과정을 $(k-1)$번 반복시행하면

$$(A|\mathbf{b}) = \left(\begin{array}{cccccc|c} a_{11}^{(1)} & a_{12}^{(1)} & \cdots & \cdots & \cdots & a_{1n}^{(1)} & b_1^{(1)} \\ 0 & a_{22}^{(2)} & \cdots & \cdots & \cdots & a_{2n}^{(2)} & b_2^{(2)} \\ \vdots & & \ddots & \cdots & \cdots & \vdots & \vdots \\ 0 & 0 & \cdots & a_{kk}^{(k)} & \cdots & a_{kn}^{(k)} & b_k^{(k)} \\ \vdots & & \vdots & \vdots & \ddots & \vdots & \vdots \\ 0 & 0 & \cdots & a_{nk}^{(k)} & \cdots & a_{nn}^{(k)} & b_n^{(k)} \end{array}\right)$$

이다. 다시 $a_{kk}^{(k)} \neq 0$이면

$$\frac{a_{ik}^{(k)}}{a_{kk}^{(k)}} = m_{ik} \qquad (i = k+1,\ k+2,\ \cdots,\ n)$$

이라 두고, 위의 확대행렬의 k번째 행에 m_{ik}를 곱하여 i번째 행에서 빼면 $(k+1)$번째 행부터 n번째 행까지 새로운 원소

$$a_{ij}^{k+1} = a_{ij}^{k} - m_{ik} a_{kj}^{(k)}, \qquad (i,\ j = k+1,\ k+2,\ \cdots,\ n)$$
$$b_i^{k+1} = b_i^{k} - m_{ik} b_k^{(k)}, \qquad (i = k+1,\ k+2,\ \cdots,\ n)$$

를 갖는 확대행렬을 얻는다. 이와 같은 과정이 $(n-1)$번 반복 시행되면 원래의 확대행렬은

$$\left(\begin{array}{cccc|c} a_{11}^{(1)} & a_{12}^{(1)} & \cdots & a_{1n}^{(1)} & b_1^{(1)} \\ 0 & a_{22}^{(2)} & \cdots & a_{2n}^{(2)} & b_2^{(2)} \\ \vdots & \vdots & \ddots & \vdots & \vdots \\ 0 & 0 & \cdots & a_{nn}^{(n)} & b_n^{(n)} \end{array}\right)$$

으로 변형된다. 이 새로운 확대행렬과 후진대입법으로 선형 연립방정식 (3.6)의 해를 구하면

$$x_n = \frac{b_n^{(n)}}{a_{nn}^{(n)}}, \quad x_i = \frac{\left(b_i^{(i)} - \sum_{j=i+1}^{n} a_{ij}^{(i)} x_j\right)}{a_{ii}^{(i)}}, \quad (i = n-1,\ n-2,\ \cdots,\ 2,\ 1)$$

이다.

Gauss 소거법의 연산과정은 $a_{11}^{(1)} \neq 0$이라는 가정하에서 $A\mathbf{x} = \mathbf{b}$의 첫번째 식을 이용하여 나머지 식들에서 x_1을 소거하였고, $a_{22}^{(2)} \neq 0$이라는 가정하에서 두번째 식을 이용하여 두번째 식 다음의 나머지 식들에서 x_2를 소거하였으며, 이와 같은 소거방식을 반복하여 역삼각형태의 연립방정식을 만들었다. 여기서 0이 아니면서 기준이 되는 원소 $a_{11}^{(1)}$, $a_{22}^{(2)}$, $\cdots$들을 **피벗원소**(pivot element)라 한다. 이들 피벗원소 중 하나가 만일 0이 되면 앞에서 기술한 방법으로서는 미지수 소거작업을 계속할 수 없게 된다. 이런 경우 「연립방정식의 해는 방정식의 순서를 바꾸어도 변하지 않는다」는 사실로부터 피벗원소가 0이 아닌 것을 택하여 미지수를 소거하면 된다.

예제 2.5 연립방정식

$$\begin{aligned} x_1 \quad +x_2 \quad +2x_3 &= 9 \\ 2x_1 \quad +4x_2 \quad -3x_3 &= 1 \\ 3x_1 \quad +6x_2 \quad -5x_3 &= 0 \end{aligned}$$

을 Gauss 소거법과 후진대입법으로 풀어라.

풀이 연립방정식의 확대행렬에 대하여 기본 행연산을 하여

$$\begin{pmatrix} 1 & 1 & 2 & 9 \\ 0 & 1 & -\frac{7}{2} & -\frac{17}{2} \\ 0 & 0 & 1 & 3 \end{pmatrix}$$

으로 바꾼다. 이 행렬에 대응하는 연립방정식은

$$\begin{aligned} x_1 \quad +x_2 \quad +2x_3 &= 9 \\ x_2 \quad -\frac{7}{2}x_3 &= -\frac{17}{2} \\ x_3 &= 3 \end{aligned}$$

이고, 후진대입법에 의해

$$x_1 = 3 - x_2, \qquad x_2 = 2, \qquad x_3 = 3$$

이고, 두번째 식을 첫번째 식에 대입하면

$$x_1 = 1, \qquad x_2 = 2, \qquad x_3 = 3$$

이 주어진 연립방정식의 해이다.

다음은 선형 연립방정식 (3.6)을 Gauss 소거법으로 풀 때, 필요한 연산횟수를 조사하여 본다. Gauss 소거법에서 m_{ik}를 구하기 위해 $(n-k)$번의 나눗셈이 필요하고, $a_{ij}^{(k+1)}$을 구하기 위해서는 $(n-k)^2$번의 곱셈과 $(n-k)^2$번의 덧셈이 필요하다. 또한 $b_i^{(k+1)}$을 계산하기 위해 $(n-k)$번의 곱셈과 $(n-k)$번의 덧셈이 필요하므로 Gauss 소거 단계에서 필요한 연산횟수는 곱셈과 나눗셈의 횟수가

$$\sum_{k=1}^{n-1}(n-k) + \sum_{k=1}^{n-1}(n-k)^2 + \sum_{k=1}^{n-1}(n-k) = \frac{2n^3 + 3n^2 - 5n}{6}$$

이고, 덧셈과 뺄셈의 횟수는

$$\sum_{k=1}^{n-1}(n-k)^2 + \sum_{k=1}^{n-1}(n-k) = \frac{n^3 - n}{3}$$

이다. 후진대입법에서 필요한 곱셈과 나눗셈의 횟수는

$$1 + 2 + 3 + \cdots + n = \frac{n(n+1)}{2}$$

이고, 덧셈과 뺄셈의 횟수는

$$0 + 1 + 2 + \cdots + (n-1) = \frac{n(n-1)}{2}$$

이므로, Gauss 소거법으로 풀기 위해 필요한 연산횟수는 곱셈(나눗셈)의 횟수와 덧셈(뺄셈)는 각각

$$\frac{n^3 + 3n^2 - n}{3}, \qquad \frac{2n^3 + 3n^2 - 5n}{6}$$

이다. 따라서 Gauss 소거법에서 필요한 곱셈(나눗셈)과 덧셈(뺄셈)의 전체 계산횟수는 각각 약 $\frac{n^3}{3}$이므로, 미지수의 개수 n이 많아짐에 따라 계산시간은 n^3에 비례한다.

예제 2.6 연립방정식

$$
\begin{aligned}
4x_2 + 2x_3 + 2x_4 &= 12 \\
2x_1 - x_2 + x_3 &= 9 \\
6x_1 + 5x_2 - 5x_3 - x_4 &= -3 \\
4x_1 + 2x_2 - 8x_3 + 2x_4 &= 6
\end{aligned}
$$

을 Gauss 소거법과 후진대입법으로 풀어라.

풀이 먼저 계수행렬과 상수항을 정의하고, 확대행렬을 만든다.

```
> with(linalg):
> A := matrix(4, 4, [0,4,2,2, 2,-1,1,0, 6,5,-5,-1, 4,2,-8,2]);
```

$$
A := \begin{bmatrix} 0 & 4 & 2 & 2 \\ 2 & -1 & 1 & 0 \\ 6 & 5 & -5 & -1 \\ 4 & 2 & -8 & 2 \end{bmatrix}
$$

```
> b := vector( [12, 9, -3, 6] );
```

$$
b := [12,\ 9,\ -3,\ 6]
$$

```
> A1 := augment(A, b);
```

$$
A1 := \begin{bmatrix} 0 & 4 & 2 & 2 & 12 \\ 2 & -1 & 1 & 0 & 9 \\ 6 & 5 & -5 & -1 & -3 \\ 4 & 2 & -8 & 2 & 6 \end{bmatrix}
$$

0이 아닌 피벗 원소를 얻기 위해 1행과 2행을 바꾸는 **linalg** 패키지의 **swaprow** 명령어를 사용한다.

```
> A1 := swaprow(A1, 1, 2);
```

$$
A1 := \begin{bmatrix} 2 & -1 & 1 & 0 & 9 \\ 0 & 4 & 2 & 2 & 12 \\ 6 & 5 & -5 & -1 & -3 \\ 4 & 2 & -8 & 2 & 6 \end{bmatrix}
$$

다음은 **linalg** 패키지의 **addrow** 명령어를 사용하여 행렬 $A1$의 1행을 −3배하여 3행에 더한다.

> A1 := addrow(A1, 1, 3, -3);

$$A1 := \begin{bmatrix} 2 & -1 & 1 & 0 & 9 \\ 0 & 4 & 2 & 2 & 12 \\ 0 & 8 & -8 & -1 & -30 \\ 4 & 2 & -8 & 2 & 6 \end{bmatrix}$$

> A1 := addrow(A1, 1, 4, -2);

$$A1 := \begin{bmatrix} 2 & -1 & 1 & 0 & 9 \\ 0 & 4 & 2 & 2 & 12 \\ 0 & 8 & -8 & -1 & -30 \\ 0 & 4 & -10 & 2 & -12 \end{bmatrix}$$

> A1 := addrow(A1, 2, 3, -2);

$$A1 := \begin{bmatrix} 2 & -1 & 1 & 0 & 9 \\ 0 & 4 & 2 & 2 & 12 \\ 0 & 0 & -12 & -5 & -54 \\ 0 & 4 & -10 & 2 & -12 \end{bmatrix}$$

> A1 := addrow(A1, 2, 4, -1);

$$A1 := \begin{bmatrix} 2 & -1 & 1 & 0 & 9 \\ 0 & 4 & 2 & 2 & 12 \\ 0 & 0 & -12 & -5 & -54 \\ 0 & 0 & -12 & 0 & -24 \end{bmatrix}$$

> A1 := addrow(A1, 3, 4, -1);

$$A1 := \begin{bmatrix} 2 & -1 & 1 & 0 & 9 \\ 0 & 4 & 2 & 2 & 12 \\ 0 & 0 & -12 & -5 & -54 \\ 0 & 0 & 0 & 5 & 30 \end{bmatrix}$$

x_4부터 x_1까지 후진대입법을 적용한다.

```
> n := 4: x := 'x':
> x[n] := A1[n, n+1]/A1[n, n];
```

$$x_4 := 6$$

```
> x[n-1] := (A1[n-1, n+1] - A1[n-1, n]*x[n])/A1[n-1, n-1];
```

$$x_3 := 2$$

```
> x[n-2] := (A1[n-2, n+1]-A1[n-2, n]*x[n]-A1[n-2, n-1]*x[n-1])/A1[n
-2, n-2];
```

$$x_2 := -1$$

```
> x[n-3] := ( A1[n-3, n+1]-A1[n-3, n]*x[n]-A1[n-3, n-1]*x[n-1]
            -A1[n-3, n-2]*x[n-2])/A1[n-3, n-3];
```

$$x_1 := 3$$

즉, 주어진 방정식의 해는

$$x_1 = 3, \quad x_2 = -1, \quad x_3 = 2, \quad x_4 = 6$$

이다.

제 3 절 피벗팅 전략

Gauss 소거법에서 피벗원소 $a_{kk}^{(k)}$를 택할 때, $a_{lk}^{(k)} \neq 0$인 가장 작은 정수 $l\,(k+1 \leq l \leq n)$에 대하여 k번째 식과 l번째 식을 바꾸는 연산이 필요하다. 실제로 피벗원소가 0이 아닌 경우에도, 최대의 정확성과 최소의 마무리 오차를 얻기 위해 행의 교환연산이 필요할 때가 있다.

예제 3.1 방정식

$$\begin{aligned} 0 \times x_1 + x_2 &= 1 \\ x_1 + x_2 &= 2 \end{aligned}$$

을 풀 때, 첫 번째 방정식과 두 번째 방정식을 바꾸어

$$\begin{aligned} x_1 + x_2 &= 2 \\ 0 \times x_1 + x_2 &= 1 \end{aligned}$$

를 계산한다. 그러나 ε이 아주 작은 수인 경우, 방정식

$$\begin{aligned} \varepsilon x_1 + x_2 &= 1 \\ x_1 + x_2 &= 2 \end{aligned} \tag{3.7}$$

을 Gauss 소거법으로 풀면

$$\begin{aligned} \varepsilon x_1 + \qquad\qquad x_2 &= 1 \\ \left(1 - \frac{1}{\varepsilon}\right) x_2 &= 2 - \frac{1}{\varepsilon} \end{aligned}$$

이므로 후진대입법에 의해

$$x_2 = \frac{2 - \dfrac{1}{\varepsilon}}{1 - \dfrac{1}{\varepsilon}}, \qquad x_1 = \frac{1 - x_2}{\varepsilon}$$

이다. 만약 위의 계산이 일정한 자릿수를 갖는 컴퓨터에 의해 계산되면, 작은 ε에 대하여 $2 - \frac{1}{\varepsilon}$과 $1 - \frac{1}{\varepsilon}$은 둘 다 $-\frac{1}{\varepsilon}$로 계산된다. 예를 들면 16자리까지 계산하는 컴퓨터에서 8자리의 유효숫자를 택한다면, $\varepsilon = 10^{-9}$일 때, $\frac{1}{\varepsilon} = 10^9$이다. 즉, $2 - \frac{1}{\varepsilon}$을 계산하기 위해 컴퓨터는 먼저

$$\begin{aligned} \frac{1}{\varepsilon} &= 10^9 &&= 0.100\,000\,000\,000 \times 10^{10} \\ 2 & &&= 0.0000\,0000\,0200 \times 10^{10} \end{aligned}$$

을 계산하고, $2 - \frac{1}{\varepsilon}$은 먼저 $0.0999\,9999\,9800\,0000 \times 10^{10}$으로 계산한 뒤에 반올림하여 $2 - \frac{1}{\varepsilon} = 0.1000\,0000 \times 10^{10} = \frac{1}{\varepsilon}$이 된다. 따라서 ε이 충분히 0에 가까우면

$$x_2 = 1, \qquad x_1 = 0$$

이 된다. 그러나 정확한 해는

$$x_1 = \frac{1}{1-\varepsilon} \cong 1, \qquad x_2 = \frac{1-2\varepsilon}{1-\varepsilon} \cong 1$$

이므로 x_1에 대한 오차는 무려 100%가 된다.

실제로 위의 연립방정식의 해를 올바르게 구하기 위해서는 방정식을 서로 바꾸어

$$\begin{aligned} x_1 + x_2 &= 2 \\ \varepsilon x_1 + x_2 &= 1 \end{aligned}$$

을 풀면 된다. 첫번째 방정식에 ε을 곱하여 두 번째 방정식에서 빼면

$$\begin{aligned} x_1 \quad + \qquad\qquad x_2 &= 2 \\ (1-\varepsilon)x_2 &= 1-2\varepsilon \end{aligned}$$

이고, 후진대입법에 의해

$$x_2 = \frac{1-2\varepsilon}{1-\varepsilon} \cong 1, \qquad x_1 = 2 - x_2 \cong 1$$

을 얻는다.

앞 예제의 방정식을 풀 때의 어려움은 ε이 작기 때문이라기 보다는, 같은 방정식에서 다른 미지수의 계수보다 상대적으로 작기 때문이다.

예제 3.2 다음 방정식을 생각한다.

$$\begin{aligned} x_1 \quad + \quad \frac{1}{\varepsilon}x_2 &= \frac{1}{\varepsilon} \\ x_1 \quad + \quad x_2 &= 2 \end{aligned} \tag{3.8}$$

앞 예제의 연립방정식 (3.7)과 (3.8)은 동치이다. 따라서 Gauss 소거법을 시행하면

$$\begin{aligned} x_1 \quad + \qquad \frac{1}{\varepsilon}x_2 &= \frac{1}{\varepsilon} \\ \left(1-\frac{1}{\varepsilon}\right)x_2 &= 2-\frac{1}{\varepsilon} \end{aligned}$$

이 된다. 다시 후진대입법에 의해

$$x_2 = \frac{2 - \dfrac{1}{\varepsilon}}{1 - \dfrac{1}{\varepsilon}} \cong 1, \qquad x_1 = \frac{1}{\varepsilon} - \frac{1}{\varepsilon} x_2 \cong 0$$

을 얻는다.

위의 예제에서처럼 Gauss 소거법에서는 미지수를 소거하는 순서가 중요하다. Gauss 소거법에서는 방정식 (3.8)에서 x_1을 소거하기 위해 처음 방정식을 사용하고, 다시 처음 방정식에서 x_2를 소거하기 위해 두 번째 방정식을 이용하였다. 이렇게 미지수를 소거할 때, 중심이 되는 방정식을 **피벗 방정식**(pivot equation)이라 한다. 또한 이와 같은 문제점을 해결하는 방법을 **피벗팅 전략**(pivoting strategy)이라 한다.

일반적으로 피벗원소가 피벗방정식의 계수 및 피벗 방정식 다음에 나오는 식의 계수에 비해 작을 경우 연립방정식의 해에 큰 마무리 오차가 발생할 수 있다는 것이다. 이런 경우 방정식의 위치나 미지수의 순서를 바꾸어 피벗원소를 적절히 선택함으로써 마무리 오차가 확대되지 않도록 해야 한다. 그 방법에는 다음과 같은 방법들이 있다.

피벗 방정식에 대하여 대각원소 아래에 있는 절대값이 가장 큰 원소를 갖는 행을 택하는 방법을 **부분피벗법**(partial pivoting)이라 한다. 즉, 피벗원소 $a_{kk}^{(k)}$에 대하여

$$|a_{pk}^{(k)}| = \max_{k \le i \le n} |a_{ik}^{(k)}|$$

을 만족하는 가장 작은 p를 결정하여 k번째 행과 p번째 행을 서로 바꾸는 것이다.

예제 3.3 선형 연립방정식

$$\begin{aligned} 0.003x_1 \;+\; 91.21x_2 &= 91.24 \\ 4.151x_1 \;-\; 6.09x_2 &= 35.42 \end{aligned}$$

에 대하여 x_1의 계수 중 두 번째 식의 값이 크므로 두 식을 바꾸면

$$\begin{aligned} 4.151x_1 \quad - \quad 6.09x_2 &= \quad 35.42 \\ 0.003x_1 \quad + \quad 91.21x_2 &= \quad 91.24 \end{aligned} \tag{3.9}$$

을 얻는다.

$$m_{21} = \frac{a_{21}^{(1)}}{a_{11}^{(1)}} = 0.0007225$$

이므로, (3.9)의 두 번째 행에 m_{21}을 곱하여 첫번째 행에서 빼면

$$\begin{aligned} 4.151x_1 \quad - \quad 6.09x_2 &= \quad 35.42 \\ 91.21x_2 &= \quad 91.21 \end{aligned}$$

이고, 후진대입법을 사용하면 해

$$x_2 = 1.0000, \qquad x_1 = 10.0000$$

을 얻는다.

부분피벗법은 대개의 경우 만족스러운 해답을 줄 수 있으나, 이 방법은 경우에 따라 적당하지 못할 수도 있다. 예를 들어, 연립방정식

$$\begin{aligned} 30.00x_1 \quad + \quad 912,100x_2 &= \quad 912,400 \\ 4.151x_1 \quad - \quad 6.09x_2 &= \quad 35.42 \end{aligned}$$

를 부분피벗법으로 풀면

$$\begin{aligned} 30.00x_1 \quad + \quad 912,100x_2 &= \quad 912,400 \\ - \quad 126,200x_2 &= \quad -126,300 \end{aligned}$$

이고, $x_2 = 1.001$, $x_1 = -20$이다. 이것은 정답과는 거리가 멀다.

이러한 경우, 부분피벗법을 수정한 **축척에 의한 부분피벗법**(scaled column pivoting)을 사용한다. 즉, 주어진 각 방정식의 미지수의 계수 중 절대값이 최대인 것을

$$S_i = \max_{1 \le j \le n} |a_{ij}|, \qquad (i = 1, 2, \cdots, n)$$

이라 한다. 만약 x_k를 소거할 때, 각 방정식의 선행 계수 $a_{ik}^{(k-1)}$ $(k \le i \le n)$을 해당 방정식의 S_i로 축적하여 $\frac{a_{ik}^{(k-1)}}{S_i}$의 절대값이 최대가 되는 p, 즉,

$$\left|\frac{a_{pk}^{(k-1)}}{S_i}\right| = \max_{k\le i\le n}\left|\frac{a_{ik}^{(k-1)}}{S_i}\right|$$

을 만족하는 p를 찾은 다음에 이 p번째 방정식을 피벗 방정식으로 한다. 앞의 예의 경우 $S_1 = 912.100$, $S_2 = 6.09$이므로 선행계수는 30.00, 4.151이다. 결국

$$\frac{30.00}{912.100} = 0.03289 < \frac{4.151}{6.09} = 0.6816$$

이므로, 첫 번째 식과 두 번째 식을 바꾸어 풀면 정확한 답 $x_1 = 10$, $x_2 = 1$을 구할 수 있다.

예제 3.4 연립방정식

$$\begin{aligned} 0.003x_1 &+ 59.14x_2 = 59.17 \\ 5.291x_1 &- 6.130x_2 = 46.78 \end{aligned}$$

을 풀어라.(유효자릿수 4자리)

풀이 이 예제는 컴퓨터에서 수의 표현이 정확하지 않다는 사실로부터 생기는 수치해석에서의 하나의 문제이다. 먼저 $\frac{5.291}{0.003} = 1764.0$임을 염두에 둔다.

```
> with(linalg):
> Digits := 4:
> A := matrix([[0.003, 59.14, 59.17], [5.291, -6.130, 46.78]]);
```

$$A := \begin{bmatrix} 0.003 & 59.14 & 59.17 \\ 5.291 & -6.130 & 46.78 \end{bmatrix}$$

p를 피벗 행, c를 피벗 열로, r은 소거되는 행으로 한다.

```
> p:=1: c:=1: r:=2:
```

```
> A[r, c]/A[p, c];
```

$$1764.0$$

행렬 A의 $p = 1$행에 -1764.0하여 $r = 2$행에 더한 행렬을 만든다.

```
> A := addrow(A, p, r, -A[r,c]/A[p,c] );
```

$$A := \begin{bmatrix} 0.003 & 59.14 & 59.17 \\ -0.001 & -104300.0 & -104400.0 \end{bmatrix}$$

```
> n := 2:
> x[n] := A[n, n+1]/A[n, n];
```

$$x_2 := 1.001$$

```
> x[n-1] := (A[n-1, n+1] - x[n]*A[n-1, n])/A[n-1, n-1];
```

$$x_1 := -10.00$$

해는 $x_1 = -10.00$, $x_2 := 1.001$이다.

다음은 주어진 연립방정식을 첫 번째 방정식과 두 번째 방정식을 바꾸어 해를 구한다.

```
> A := matrix([ [5.291, -6.130, 46.78], [0.003, 59.14, 59.17]]);
```

$$A := \begin{bmatrix} 5.291 & -6.130 & 46.78 \\ 0.003 & 59.14 & 59.17 \end{bmatrix}$$

```
> A[r,c]/A[p,c];
```

$$0.0005670$$

```
> A := addrow(A, p, r, -A[r,c]/A[p,c] );
```

$$A := \begin{bmatrix} 5.291 & -6.130 & 46.78 \\ 0 & 59.14 & 59.14 \end{bmatrix}$$

```
> x[n] := A[n, n+1]/A[n, n];
```

$$x_2 := 1.000$$

```
> x[n-1] := (A[n-1, n+1] - x[n]*A[n-1, n])/A[n-1, n-1];
```

$$x_1 := 10.00$$

즉, 정확한 해는 $x_1 := 10$, $x_2 := 1$이다.

방정식의 순서는 물론 미지수의 순서를 바꾸어 가면서 피봇 원소를 선정하는 **완전 피벗법**도 생각할 수 있다.

제 4 절 LU 분해

Gauss 소거법과 Gauss-Jordan 소거법에 의해 선형 연립방정식은 확대행렬을 체계적으로 변형함으로써 풀리게 된다. 이 절에서는 계수행렬을 하삼각행렬과 상삼각행렬의 곱으로 인수분해하는데 그 기초를 둔 방법을 설명한다. 이 방법은 Gauss 소거법에서 생기는 피벗 방정식을 택하는 번거로움을 생략할 수 있다.

정리 4.1 **LU 분해**

Gauss 소거 과정에서 행을 바꾸지 않고 $A\mathbf{x} = \mathbf{b}$에 대한 연산이 시행되었다면

$$A = LU$$

와 같이 하삼각행렬 $L = (l_{ij})$와 상삼각행렬 $U = (u_{ij})$의 곱으로 분해할 수 있다. 여기서

$$l_{ij} = \begin{cases} 0 & (i = 1, 2, \cdots, j-1) \\ 1 & (i = j) \\ m_{ij} & (i = j+1, j+2, \cdots, n) \end{cases},$$

$$u_{ij} = \begin{cases} a_{ij}^{(i)} & (i = 1, 2, \cdots, j) \\ 0 & (i = j+1, j+2, \cdots, n) \end{cases}$$

이다.

만일 Gauss 소거법에서 행의 변화가 있었다면 U는 정리4.1에서와 같이 상삼각행렬이고, L은 하삼각행렬과 다른 형태로서 A가 LU로 표시될 수 있다.

L을 하삼각행렬, U를 상삼각행렬이라 할 때, n차 정사각 행렬 A가 $A = LU$형태의 인수분해될 때, **LU 분해**(LU-decomposition) 또는 A의 **삼각분해**(triangular decomposition)라 한다.

다음은 행렬 A가 하삼각행렬과 상삼각행렬의 곱으로 인수분해되었다면 선형 연립방정식 $A\mathbf{x} = \mathbf{b}$가 어느정도 쉽게 풀리는가를 설명한다. 만약 $A = LU$로 인수분해된다면 선형 연립방정식 $A\mathbf{x} = \mathbf{b}$는 다음과 같이 풀린다.

단계 1 : 선형 연립방정식 $A\mathbf{x} = \mathbf{b}$를

$$LU\mathbf{x} = \mathbf{b}$$

로 바꾼다. 양변은 $n \times 1$ 행렬이 된다.

단계 2 : 새로운 $n \times 1$ 행렬을

$$U\mathbf{x} = \mathbf{y}$$

로 정의한다.

$$\begin{aligned}
u_{11}x_1 + u_{12}x_2 + \cdots + u_{1n}x_n &= y_1 \\
u_{22}x_2 + \cdots + u_{2n}x_n &= y_2 \\
\ddots \qquad & \quad \vdots \\
u_{nn}x_n &= y_n
\end{aligned}$$

단계 3 : 2단계의 $U\mathbf{x} = \mathbf{y}$를 사용하여 $LU\mathbf{x} = \mathbf{b}$를 $L\mathbf{y} = \mathbf{b}$로 고쳐 쓰고, 이 연립방정식을 $\mathbf{y}$에 관해 푼다. 즉,

$$\begin{aligned}
l_{11}y_1 \qquad\qquad\qquad &= b_1 \\
l_{21}y_1 + l_{22}y_2 \qquad\quad &= b_2 \\
\ddots \qquad\qquad & \quad \vdots \\
l_{n1}y_1 + l_{n2}y_2 + \cdots + l_{nn}y_n &= b_n
\end{aligned}$$

이 된다. 따라서 y_1, y_2, $\cdots$, y_n은 **전진대입법**(forward substitution process)으로 구할 수 있다.

단계 4 : 2단계의 $U\mathbf{x} = \mathbf{y}$에 $\mathbf{y}$를 대입하여 $\mathbf{x}$에 관해 푼다. 즉, 3단계에서 구한 y_1, y_2, $\cdots$, y_n으로 2단계에서 후진대입법으로 x_1, x_2, $\cdots$, x_n은 쉽게 구할 수 있다.

이 방법은 하나의 연립방정식 $A\mathbf{x} = \mathbf{b}$를 두 개의 연립방정식 $L\mathbf{y} = \mathbf{b}$와 $U\mathbf{x} = \mathbf{y}$로 푸는 문제로 바뀌지만, 뒤의 연립방정식들은 계수행렬이 삼각행렬이므로 쉽게 풀린다.

일반적으로 행렬식을 계산하기 위해서는 많은 연산조작이 필요하다. 그러나 삼각행렬의 행렬식은 보다 쉽게 계산할 수 있다. 즉, n차 정사각 행렬 $A = (a_{ij})$가 상삼각 혹은 하삼각행렬이면

$$|A| = \prod_{i=1}^{n} a_{ii}$$

이 성립한다.

다음은 $A = LU$인 상삼각행렬 U와 L을 구하는 방법을 알아 본다. 행렬 A가 다음과 같이 L과 U로 분해 된다고 하자.

$$\begin{pmatrix} a_{11} & a_{12} & \cdots & a_{1n} \\ a_{21} & a_{22} & \cdots & a_{2n} \\ \vdots & \vdots & \ddots & \vdots \\ a_{n1} & a_{n2} & \cdots & a_{nn} \end{pmatrix}$$

$$= \begin{pmatrix} l_{11} & 0 & \cdots & 0 \\ l_{21} & l_{22} & \ddots & \vdots \\ \vdots & & \ddots & 0 \\ l_{n1} & l_{n2} & \cdots & l_{nn} \end{pmatrix} \begin{pmatrix} u_{11} & u_{12} & \cdots & u_{1n} \\ 0 & u_{22} & \cdots & u_{2n} \\ \vdots & \ddots & \ddots & \vdots \\ 0 & \cdots & 0 & u_{nn} \end{pmatrix}.$$

행렬 A의 원소의 개수는 n^2이고, L과 U의 미지의 개수는 각각 $\dfrac{n^2+n}{2}$이므로 모두 n^2+n이다. 따라서 L과 U의 원소를 일의적으로 결정할 수 있기 위해서는 미지수에 관한 n개의 관계식이 추가되어야 한다. 즉, L과 U를 계산

하는 방법은 추가적으로 필요한 n개의 방정식을 어떻게 지정하는가에 의해 다음 두 가지 방법으로 나눈다.

(1) 하삼각행렬 L의 주각선원소를 모두 1로 택한다. 즉,

$$l_{11} = l_{22} = \cdots = 1. \tag{3.10}$$

(2) 상삼각행렬과 하삼각행렬의 주대각선 원소를 같게 한다. 즉,

$$l_{11} = u_{11},\ l_{22} = u_{22},\ \cdots,\ l_{nn} = u_{nn}. \tag{3.11}$$

조건 (3.10)을 이용하여 LU분해를 구하는 방법을 **Doolittle 방법**, 조건 (3.11)을 이용한 방법을 **Cholesky 분해**라 한다. 또한 Doolittle 방법 대신에 U의 주각선원소를 모두 1로 택하는 **Crout 방법**도 있다.

다음은 위 방법들을 다룰 때 유용하게 쓰이는 정의와 정리들을 소개한다.

정의 4.1 **양의 정부호 행렬(positive definite matrix)**

n차원 벡터 ${}^t\mathbf{x}$를 $\mathbf{x}$의 전치벡터라 할 때, 조건

$${}^t\mathbf{x}A\mathbf{x} > 0, \qquad \mathbf{x} \neq \mathbf{0}$$

을 만족하는 정사각 행렬 $A = (a_{ij})$를 **양의 정부호 행렬**(혹은 양정치 행렬)이라 한다.

연산 ${}^t\mathbf{x}A\mathbf{x}$에 의해 만들어진 1×1 행렬은 그것의 유일한 원소에 대하여

양의 값을 갖는다. 즉,

$$ {}^t\mathbf{x}A\mathbf{x} = (x_1\ x_2\ \cdots\ x_n)\begin{pmatrix} a_{11} & a_{12} & \cdots & a_{1n} \\ a_{21} & a_{22} & \cdots & a_{2n} \\ \vdots & \vdots & \ddots & \vdots \\ a_{n1} & a_{n2} & \cdots & a_{nn} \end{pmatrix}\begin{pmatrix} x_1 \\ x_2 \\ \vdots \\ x_n \end{pmatrix} $$

$$ = (x_1\ x_2\ \cdots\ x_n)\begin{pmatrix} \sum_{j=1}^n a_{1j}x_j \\ \sum_{j=1}^n a_{2j}x_j \\ \vdots \\ \sum_{j=1}^n a_{nj}x_j \end{pmatrix} = \sum_{i=1}^n\sum_{j=1}^n a_{ij}x_j $$

이다.

예제 4.1 3차 정사각 행렬

$$ A = \begin{pmatrix} 3 & 1 & -2 \\ 1 & 3 & 1 \\ -2 & 1 & 3 \end{pmatrix} $$

은 양의 정부호 행렬임을 보여라.

풀이 영벡터가 아닌 3차 열벡터 $\mathbf{x}$에 대하여

$$ {}^t\mathbf{x}A\mathbf{x} = (x_1\ x_2\ x_3)\begin{pmatrix} 3 & 1 & -2 \\ 1 & 3 & 1 \\ -2 & 1 & 3 \end{pmatrix}\begin{pmatrix} x_1 \\ x_2 \\ x_3 \end{pmatrix} $$

$$ = (x_1\ x_2\ x_3)\begin{pmatrix} 3x_1 + x_2 - 2x_3 \\ x_1 + 3x_2 + x_3 \\ -2x_1 + x_2 + 3x_3 \end{pmatrix} $$

$$ = (x_1 + x_2)^2 + x_2^2 + (x_2 + x_3)^2 + 2(x_1 - x_3)^2 > 0 $$

이므로 양의 정부호 행렬이다.

Maple에서 주어진 행렬이 양의 정부호 행렬인가 아닌가는 **linalg** 패키지의 옵션 **positive_def**를 사용하면 알 수 있다.

```
> with(linalg):
> A := matrix(2,2, [2,1,17,3]);
```

$$A := \begin{bmatrix} 2 & 1 \\ 17 & 3 \end{bmatrix}$$

```
> definite(A, 'positive_def');
```

$$true$$

```
> B := matrix(3,3, [4,2,14, 2,17,-5, 14,-5,3]);
```

$$B := \begin{bmatrix} 4 & 2 & 14 \\ 2 & 17 & -5 \\ 14 & -5 & 3 \end{bmatrix}$$

```
> definite(B, 'positive_def');
```

$$false$$

즉, 양의 정부호 행렬이면 $true$, 양의 정부호 행렬이 아니면 $false$를 출력한다.

정리 4.2 **양의 정부호 행렬의 정칙성**

n차 정사각 행렬 A가 양의 정부호 행렬이이면 A는 정칙행렬이다.

증명 영벡터가 아닌 벡터 $\mathbf{x}$에 대하여 $A\mathbf{x} \neq \mathbf{0}$이면 ${}^t\mathbf{x}A\mathbf{x} = \mathbf{0}$이므로 A가 양의 정부호 행렬이라는 것에 모순이다. 따라서 $A\mathbf{x} \neq \mathbf{0}$은 유일한 해 $\mathbf{0}$을 갖고, A는 정칙행렬이다.

위 정리로부터 선형 연립방정식 $A\mathbf{x} = \mathbf{b}$에 대하여 A가 양의 정부호 행렬이면 Gauss 소거법에서 행이나 열의 교환없이 유일한 해를 구할 수 있다.

1. Doolittle 방법

다음과 같이 3차 정사각 행렬 A에 대하여

$$\begin{pmatrix} a_{11} & a_{12} & a_{13} \\ a_{21} & a_{22} & a_{23} \\ a_{31} & a_{32} & a_{33} \end{pmatrix} = \begin{pmatrix} 1 & 0 & 0 \\ l_{21} & 1 & 0 \\ l_{31} & l_{32} & 1 \end{pmatrix} \begin{pmatrix} u_{11} & u_{12} & u_{13} \\ 0 & u_{22} & u_{23} \\ 0 & 0 & u_{33} \end{pmatrix}$$

과 같이 쓰고, L의 첫 번째 행과 U의 각 열을 곱하여 행렬 A의 첫 번째 행과 비교하면

$$a_{11} = u_{11}, \quad a_{12} = u_{12}, \quad a_{13} = u_{13}$$

이고, L의 두 번째 행과 U의 각 열을 곱하여 행렬 A의 두번째 행과 비교하면

$$a_{21} = l_{21}u_{11}, \quad a_{22} = l_{21}u_{12} + u_{22}, \quad a_{23} = l_{21}u_{13} + u_{23}$$

이고, L의 세번째 행과 U의 각 열을 곱하여 행렬 A의 세 번째 행과 비교하면

$$a_{31} = l_{31}u_{11}, \quad a_{32} = l_{31}u_{12} + l_{32}u_{22}, \quad a_{33} = l_{31}u_{13} + l_{32}u_{23} + u_{33}$$

이다. 따라서 $u_{11} \neq 0$, $u_{22} \neq 0$이면 위 방정식을 풀어 행렬 L과 행렬 U를 구할 수 있다.

예제 4.2 다음 행렬 A의 LU분해를 구하고 $A\mathbf{x} = \mathbf{b}$의 해를 구하여라.

$$A = \begin{pmatrix} 2 & -1 & 0 \\ 4 & 3 & -3 \\ 8 & -14 & 5 \end{pmatrix}, \qquad \mathbf{b} = \begin{pmatrix} 6 \\ 9 \\ 29 \end{pmatrix}$$

풀이 주어진 행렬에 대하여 L과 행렬 U를 구하는 과정을 적용하면

$$u_{11} = a_{11} = 2, \quad u_{12} = a_{12} = -1, \quad u_{13} = a_{13} = 0,$$
$$l_{21} = \frac{a_{21}}{u_{11}} = 2, \quad l_{31} = \frac{a_{31}}{u_{11}} = 4, \quad l_{32} = \frac{a_{32} - l_{31}u_{12}}{u_{22}} = -2,$$
$$u_{22} = a_{22} - l_{21}u_{12} = 5, \quad u_{23} = a_{23} - l_{21}u_{13} = -3,$$
$$u_{33} = a_{33} - l_{31}u_{13} + l_{32}u_{23} = -1$$

이므로 행렬 A의 LU분해는

$$\begin{pmatrix} 2 & -1 & 0 \\ 4 & 3 & -3 \\ 8 & -14 & 5 \end{pmatrix} = \begin{pmatrix} 1 & 0 & 0 \\ 2 & 1 & 0 \\ 4 & -2 & 1 \end{pmatrix} \begin{pmatrix} 2 & -1 & 0 \\ 0 & 5 & -3 \\ 0 & 0 & -1 \end{pmatrix}$$

이다. 따라서 $L\mathbf{y} = \mathbf{b}$, 즉

$$\begin{pmatrix} 1 & 0 & 0 \\ 2 & 1 & 0 \\ 4 & -2 & 1 \end{pmatrix} \begin{pmatrix} y_1 \\ y_2 \\ y_3 \end{pmatrix} = \begin{pmatrix} 6 \\ 9 \\ 29 \end{pmatrix}$$

의 해를 전진대입법으로 구하면

$$y_1 = 6, \quad y_2 = -3, \quad y_3 = -1$$

이고, $U\mathbf{x} = \mathbf{y}$, 즉

$$\begin{pmatrix} 2 & -1 & 0 \\ 0 & 5 & -3 \\ 0 & 0 & -1 \end{pmatrix} \begin{pmatrix} x_1 \\ x_2 \\ x_3 \end{pmatrix} = \begin{pmatrix} 6 \\ -3 \\ -1 \end{pmatrix}$$

의 해를 후진대입법으로 구하면

$$x_3 = 1, \quad x_2 = 0, \quad x_1 = 3$$

이다.

일반적으로 n차 정사각 행렬에 대한 Doolittle 방법은 다음과 같다.

$$\begin{aligned}
u_{1k} &= a_{il}, \qquad (k = 1,\, 2,\, \cdots,\, n) \\
u_{jk} &= a_{jk} - \sum_{s=1}^{j-1} l_{js}u_{sk}, \qquad (k = j,\, \cdots,\, n\ (j \geq 2)) \\
l_{j1} &= \frac{a_{j1}}{u_{11}}, \qquad (j = 2,\, \cdots,\, n) \\
l_{jk} &= \frac{1}{u_{kk}}\left(a_{jk} - \sum_{s=1}^{j-1} l_{js}u_{sk}\right), \qquad (j = k+1,\, \cdots,\, n\ (k \geq 2)).
\end{aligned}$$

다음은 $A = LU$일 때, 임의의 대각행렬 D에 대하여

$$L_1 = LD, \qquad U_1 = D^{-1}U$$

라 정의하면 $L_1 = LD$는 하삼각행렬이고, $U_1 = D^{-1}U$는 상삼각행렬이다. 또한

$$L_1U_1 = LD(D^{-1}U) = L(DD^{-1})U = LU = A$$

이다. 따라서 행렬 A의 하삼각행렬 L과 상삼각행렬 U로 분해하는 방법은 유일하지 않다는 것을 보여준다.

또한 임의의 행렬 A의 LU 분해를 구하기 위한 Doolittle 방법과 Gauss 소거법에 의한 방법은 계산횟수는 비슷하지만, Doolittle 방법은 마무리 오차를 크게 줄일 수 있다.

예제 4.3 다음 행렬 A의 LU분해를 구하고 $A\mathbf{x} = \mathbf{b}$의 해를 구하여라.

$$A = \begin{pmatrix} 3 & 5 & 2 \\ 0 & 8 & 2 \\ 6 & 2 & 8 \end{pmatrix}, \qquad \mathbf{b} = \begin{pmatrix} 8 \\ -7 \\ 3 \end{pmatrix}$$

풀이 먼저 행렬 A를 정의한다.

```
> with(linalg):
> A := matrix(3,3, [3,5,2, 0,8,2, 6,2,8]):
> n := 3:
```

Maple의 내장 루프에서는 「:」과 「;」 사이의 작용을 구별하지 못하므로 **printlevel** 명령어를 사용하면 이 문제가 해결된다.

```
> printlevel := 5:
> for j from 2 to n do
      for k from j to n do
        U[j,k] := A[j,k] – sum(L[j,s]*U[s,k], s=1..j–1);
        for p from k+1 to n do
          L[p,k]:=(A[p,k]–sum(L[p,s]*U[s,k], s=1..k–1))/U[k,k];
        od;
```

```
        od;
    od;
```

$$U[2,\ 2] := 8$$
$$L[3,\ 2] := -1$$
$$U[2,\ 3] := 2$$
$$U[3,\ 3] := 6$$

즉, 상삼각행렬 U와 하삼각행렬 L은 다음과 같다.

```
> printlevel := 0:
> evalm(U);
```

$$\begin{bmatrix} 3 & 5 & 2 \\ 0 & 8 & 2 \\ 0 & 0 & 6 \end{bmatrix}$$

```
> evalm(L);
```

$$\begin{bmatrix} 1 & 0 & 0 \\ 0 & 1 & 0 \\ 2 & -1 & 1 \end{bmatrix}$$

전진 대입법으로 연립방정식 $L\mathbf{y} = \mathbf{b}$를 푼다.

```
> y := linsolve(L, vector([8, -7, 26]));
```

$$y := [8, -7, 3]$$

후진 대입법으로 연립방정식 $U\mathbf{x} = \mathbf{y}$를 푼다.

```
> x := linsolve(U, y);
```

$$x := \left[4,\ -1,\ \frac{1}{2}\right]$$

즉, 연립방정식 $A\mathbf{x} = \mathbf{b}$의 해는 $x_1 = 4,\ x_2 = -1,\ x_3 = \dfrac{1}{2}$이다.

2. Cholesky 분해

LU 분해에서 $l_{ii} = u_{ii}$ $(i = 1, 2, \cdots, n)$와 같이 두는 방법은 계수행렬 A가 양의 정부호 행렬이면 하삼각행렬 L과 그 전치행렬 ${}^tL$의 곱으로 분해할 수 있으므로 특히 유용하다.

정리 4.3 **Cholesky 방법**

n차 정사각 행렬 $A = (a_{ij})$가 양의 정부호 행렬이고, L이 하삼각행렬일 때

$$A = L\,{}^tL$$

과 같이 분해할 수 있다.

증명 A가 양의 정부호 행렬이므로 정리 4.1과 정리 4.2에 의해, 하삼각행렬 L과 상삼각행렬 U의 곱 $A = LU$로 분해할 수 있다. 또한 A가 양의 정부호 행렬이면 $a_{ii} > 0$이다.

먼저 $l_{11} = u_{11} = \sqrt{a_{11}}$이고, A가 대칭행렬이므로 각 $j = 2, 3, \cdots, n$에 대하여

$$l_{j1} = \frac{a_{j1}}{u_{11}} = \frac{a_{j1}}{l_{11}}$$

이며 U의 첫 번째 행의 원소들은 L의 첫 번째 열에 대응하는 원소들과 같다. 즉, 수학적귀납법에 의해 $k < n$일 때, U의 k번째 행의 원소들이 L의 k번째 열에 대응하는 원소들과 일치한다고 가정한다. 만약 U의 $(k+1)$번째 행의 원소들이 L의 $(k+1)$번째 열에 대응하는 원소와 같다면 증명된다. L과 U는 각각 하삼각, 상삼각 행렬이므로 $j = 1, 2, \cdots, k$에 대하여

$$l_{j,k+1} = 0 = u_{k+1,j}$$

이다.

$$l_{k+1,k+1} = u_{k+1,k+1} = \sqrt{a_{k+1,k+1} - \sum_{j=1}^{k} l_{k+1,j}^2}$$

이라면 이것은 실수이다.

A가 대칭행렬이고 각 $i = 1, 2, \cdots, k$, $j = 1, 2, \cdots, n$에 대하여

$$l_{j,k+1} = \frac{1}{u_{k+1,k+1}}\left(a_{j,k+1} - \sum_{j=1}^{k} l_{ji}u_{i,k+1}\right)$$
$$= \frac{1}{l_{k+1,k+1}}\left(a_{k+1,j} - \sum_{i=1}^{k} u_{ji}l_{k+1,i}\right) = u_{k+1,j}$$

이다.

위 정리와 같이 양의 정부호 행렬 $A = L^tL$인 하삼각행렬 L을 구할 수 있다. 이 방법을 **Cholesky 방법**이라 하고, 위 정리의 증명과정이 **Cholesky 알고리즘**이다. Cholesky 방법의 계산상의 이점은 n 제곱근들의 값을 결정하는데 필요한 연산들의 수에 의존한다.

예제 4.4 대칭행렬

$$A = \begin{pmatrix} 4 & -4 & 6 \\ -4 & 5 & -10 \\ 6 & -10 & 27 \end{pmatrix}$$

에 대하여 Cholesky 분해를 이용하여 LU 분해를 구하여라.

풀이 Cholesky 알고리즘을 적용하면 하삼각행렬 L의 원소는

$$l_{11} = \sqrt{a_{11}} = \sqrt{4} = 2,$$
$$l_{21} = \frac{a_{21}}{l_{11}} = \frac{-4}{2} = -2, \qquad l_{31} = \frac{a_{31}}{l_{11}} = \frac{6}{2} = 3,$$
$$l_{22} = \sqrt{a_{22} - l_{21}^2} = \sqrt{5-4} = 1,$$
$$l_{32} = \frac{a_{32} - l_{31}l_{21}}{l_{22}} = (-10 - 3\cdot(-2)) = -4,$$
$$l_{33} = \sqrt{a_{33} - l_{31}^2 - l_{32}^2} = \sqrt{26 - 9 - 16} = 1,$$
$$l_{12} = l_{13} = l_{23} = 0$$

이므로 하삼각행렬 L과 $U = {}^tL$은

$$L = \begin{pmatrix} 2 & 0 & 0 \\ -2 & 1 & 0 \\ 3 & -4 & 1 \end{pmatrix}, \qquad U = {}^tL = \begin{pmatrix} 2 & -2 & 3 \\ 0 & 1 & -4 \\ 0 & 0 & 1 \end{pmatrix}$$

이다. 따라서 $A = LU$이다.

예제 4.5 다음과 같이 정의된 대칭행렬 A에 대하여 Cholesky 분해를 이용하여 LU 분해를 구하고, $A\mathbf{x} = \mathbf{b}$의 해를 구하여라.

$$A = \begin{pmatrix} 4 & 2 & 14 \\ 2 & 17 & -5 \\ 14 & -5 & 83 \end{pmatrix}, \qquad \mathbf{b} = \begin{pmatrix} 14 \\ -101 \\ 155 \end{pmatrix}$$

풀이 먼저 행렬 A를 정의한다.

```
> A := matrix(3,3, [4,2,14, 2,17,-5, 14,-5,83]):
>n := 3:
```

하삼각행렬 L의 첫 번째 열을 구한다.

```
> L := matrix(n, n, 0 );
```

$$L := \begin{bmatrix} 0 & 0 & 0 \\ 0 & 0 & 0 \\ 0 & 0 & 0 \end{bmatrix}$$

```
> L[1,1] := sqrt(A[1,1]);
```

$$L[1,\ 1] := 2$$

```
> printlevel :=5:
> for j from 2 to n do
        L[j,1]:=A[j,1]/L[1,1]:
  od;
```

$$L[2,\ 1] := 1$$
$$L[3,\ 1] := 7$$

하삼각행렬 L의 (2, 2), (3, 2), (3, 3) 원소를 구한다.

```
> for j from 2 to n do
      L[j,j] := sqrt( A[j,j] - sum(L[j,s]^2, s=1..j-1));
      for p from j+1 to n do
         L[p,j] := (A[p,j]-sum(L[j,s]*L[p,s], s=1..j-1))/L[j,j];
      od;
      printlevel := 0:
  od;
```

$$L[2,2] := 4$$
$$L[3,\ 2] := -3$$
$$L[3,\ 3] := 5$$

즉, 하삼각행렬

$$L = \begin{pmatrix} 2 & 0 & 0 \\ 1 & 4 & 0 \\ 7 & -3 & 5 \end{pmatrix}$$

를 구하였다.

다음은 연립방정식 $L\mathbf{y} = \mathbf{b}$를 푼다.

```
> y := linsolve(L, vector([14, -101, 155]));
```

$$y := [7,\ -27,\ 5]$$

다음은 $U\mathbf{x} = {}^tL\mathbf{x} = \mathbf{b}$를 푼다.

```
> x := linsolve( transpose(L), y );
```

$$x := [3,\ -6,\ 1]$$

따라서 $A\mathbf{x} = \mathbf{b}$의 해는 $x_1 = 3$, $x_2 = -6$, $x_3 = 1$이다.

3. 삼중대각행렬의 LU 분해

분해 알고리즘은 정상적인 형태에서 이러한 행렬들에 나타나는 많은 해들 때문에 다음에서 정의한 띠행렬의 경우 매우 간단하게 될 수 있다. 이런 경우, Doolittle 혹은 Crout 방법의 형태를 적용하면 편리하다.

정의 4.2 **띠행렬**

n차 정사각 행렬 A에 대하여

$$i + p \leq j \qquad\qquad j + q \leq i$$

일 때, $a_{ij} = 0$을 만족하는 정수 p, q $(1 < p, q < n)$가 존재한다면 A를 **띠행렬**(band matrix)이라 한다. 이 형태의 행렬에 관해 **띠넓이**(band width)를 $w = p + q - 1$로 정의한다.

띠행렬의 정의는 대각선에 관하여 0이 아닌 원소를 집중시키는데 있다. 특히, 띠나비가 3의 $p = q = 2$인 행렬은 4장의 3차 Spline 근사값을 구할 때 유용하게 사용된다. 즉, $a_{ij} = 0$, $(|i - j| > 1)$인 행렬

$$\begin{pmatrix} a_{11} & a_{12} & 0 & \cdots & \cdots & 0 \\ a_{21} & a_{22} & a_{23} & \ddots & & \vdots \\ 0 & a_{32} & a_{33} & a_{34} & \ddots & 0 \\ \vdots & \ddots & \ddots & \ddots & \ddots & 0 \\ \vdots & & \ddots & \ddots & \ddots & a_{n-1,n} \\ 0 & \cdots & \cdots & 0 & a_{n-1,n} & a_{nn} \end{pmatrix}$$

을 **삼중대각행렬**(tridiagonal matrix)이라 부른다.

삼중대각행렬에 의해 계수행렬 A는 $(3n - 2)$개의 0이 아닌 원소를 갖기 때문에 LU 분해의 행렬 L과 U의 행렬들을 결정하기 위해 적용될 수 있는

조건은 $(3n-2)$개뿐이다. 따라서 LU 분해가

$$L = \begin{pmatrix} 1 & 0 & 0 & \cdots & 0 \\ l_{21} & 1 & 0 & \cdots & 0 \\ 0 & l_{32} & 1 & & 0 \\ \vdots & \ddots & \ddots & \ddots & \\ 0 & \cdots & 0 & l_{n-1,n} & 1 \end{pmatrix}, \; U = \begin{pmatrix} u_{11} & u_{12} & 0 & \cdots & 0 \\ 0 & u_{22} & u_{23} & \cdots & 0 \\ 0 & 0 & u_{33} & \ddots & 0 \\ \vdots & \vdots & \ddots & \ddots & u_{n-1,n} \\ 0 & 0 & \cdots & 0 & u_{nn} \end{pmatrix}$$

과 같은 형태라고 하자. L의 미지의 원소 개수는 $(n-1)$이고, U의 미지의 원소개수는 $(2n-1)$이다.

L의 각 행에 U의 열들을 곱하는 과정으로 행렬의 곱셈을 하여 행렬 A의 대응되는 원소와 동치가 되도록하면 다음과 같다.

$$\begin{aligned} a_{11} &= u_{11}, \\ a_{i,i+1} &= u_{i,i+1}, \qquad (i = 1,\, 2,\, \cdots,\, n-1) \\ a_{i,i-1} &= l_{i,i-1}\, u_{i-1,i-1}, \qquad (i = 2,\, 3,\, \cdots,\, n) \\ a_{ii} &= l_{i,i-1}\, u_{i-1,i} + u_{ii}, \qquad (i = 2,\, 3,\, \cdots,\, n) \end{aligned}$$

위와 같은 LU 분해를 이용하여 연립방정식 $A\mathbf{x} = \mathbf{b}$를 풀기 위해서는 두 개의 방정식

$$U\mathbf{x} = \mathbf{y}, \qquad L\mathbf{y} = \mathbf{b}$$

를 풀면 된다. 먼저 $L\mathbf{y} = \mathbf{b}$에 전진대입법을 사용하면

$$\begin{aligned} y_1 &= b_1, \\ y_i &= b_i - l_{i,i-1}\, y_{i-1}, \qquad (i = 2,\, 3,\, \cdots,\, n) \end{aligned}$$

이고, $U\mathbf{x} = \mathbf{y}$에 후진대입법을 적용하여 해를 구하면

$$\begin{aligned} x_n &= \frac{y_n}{u_{nn}}, \\ x_{n-i} &= \frac{y_{n-i} - a_{n-i,n+1}\, x_{n+1-i}}{u_{n-i,n-i}}, \qquad (i = 1,\, 2,\, \cdots,\, n-1). \end{aligned}$$

이다. 즉, 삼중대각행렬의 LU 분해를 구하기 위해 $(2n-2)$번의 곱셈(나눗셈)과 $(n-1)$번의 덧셈(뺄셈)이 필요하며, 두 개의 방정식 $U\mathbf{x} = \mathbf{y}$, $L\mathbf{y} = \mathbf{b}$을 풀기 위해 $(3n-2)$번의 곱셈(나눗셈)과 $(2n-2)$번의 덧셈(뺄셈)이 필요하다. 따라서 전부 $(5n-4)$번의 곱셈(나눗셈)과 $(3n-3)$번의 덧셈(뺄셈)이 필요하다. 이것은 Gauss 소거법과 비교하면 매우 적은 연산횟수이다.

정의 4.3 **강대각지배 행렬**

n차 정사각 행렬 $A = (a_{ij})$가 $i = 1, 2, \cdots, n$에 대하여

$$|a_{ii}| > \sum_{\substack{j=1 \\ j \neq i}}^{n} |a_{ij}|$$

일 때, A를 **강대각지배**(strictly diagonal dominant)라 한다.

예를 들어, 다음의 행렬 A와 그 전치행렬 ${}^tA$는

$$A = \begin{pmatrix} 7 & 2 & 0 \\ 3 & 5 & -1 \\ 0 & 5 & -6 \end{pmatrix}, \qquad {}^tA = \begin{pmatrix} 7 & 3 & 0 \\ 2 & 5 & 5 \\ 0 & -1 & -6 \end{pmatrix}$$

은 각각 삼중대각행렬이고, 행렬 A는 $|7| > |2| + |0|$, $|5| > |3| + |-1|$, $|-6| > |0| + |5|$이므로 강대각지배이지만, 그 전치행렬 ${}^tA$는 강대각지배가 아님을 주의한다.

정리 4.4 **강대각지배 행렬의 정칙성**

n차 정사각 행렬 $A = (a_{ij})$가 강대각지배 행렬이라면 A는 정칙행렬이다. 또한 $A\mathbf{x} = \mathbf{b}$를 Gauss 소거법으로 행이나 열의 교환없이 유일한 해를 얻을 수 있고, 마무리 오차의 증가에 관해 안정되어 있다.

삼중대각행렬의 LU 분해를 적용할 수 있는 경우는 연립방정식의 계수행렬이 양의 정부호행렬 혹은 강대각지배 행렬일 때이다.

제 5 절 반복 계산법

직접 계산법은 방정식의 개수가 15~20개 정도의 비교적 작은 연립방정식에 응용될 때, 매우 정확한 해를 구할 수 있는 방법이다. 그러나 이 방법은 미지수의 세제곱에 비례하는만큼의 산술연산을 하여야 하므로 미지수의 개수가 많은 연립방정식에서는 부적합하다. 또한 각 연산에서 발생하는 마무리 오차가 누적되어 부정확한 해를 얻을 수도 있다.

반면에 반복 계산법은 정확한 해에 대한 근사값으로부터 시작하여 요구하는 정확한 값을 얻기 위해 필요한 만큼 계산을 반복함으로써 보다 정확한 근사값을 얻는 방법이다. 크기가 큰 연립방정식의 해를 구하기 위한 방법으로서, 이론적으로는 산술연산의 횟수가 무한이지만 실제로는 직접해법에서 요구하는 것보다 작은 연산으로 연립방정식의 해를 구할 수 있기 때문에 계산시간을 절약할 수 있다. 즉, 0이 많은 계수행렬에 대하여 주로 사용된다. 또한 문제에 따라서는 직접계산법에 비해 계산에 요구되는 컴퓨터 기억용량이 훨씬 줄어든다는 이점이 있다.

반복 계산법은 $A\mathbf{x} = \mathbf{b}$의 해를 계산 초기단계에서 임의로 가정하고, 이것을 반복계산 알고리즘을 통해 단계적으로 개선하여 가면서 연립방정식의 근사해를 구하는 방법이다.

계수행렬 A가 정칙, 즉 $\mathbf{x} = A^{-1}\mathbf{b}$일 때, A를 적당히 변환하여

$$\mathbf{x} = B\mathbf{x} + C \tag{3.12}$$

의 형태로 표시할 수 있다. A가 정칙이므로 (3.12)의 유일한 해 $\mathbf{x}$가 존재한다. 초기해 $\mathbf{x}^{(0)}$을 임의로 택하고 반복법

$$\mathbf{x}^{(p)} = B\mathbf{x}^{(p-1)} + C \tag{3.13}$$

에 의해 벡터의 수열 $\{\mathbf{x}^{(m)}\}$을 얻는다.

반복 계산법이 유용한 해법이 되기 위해서는 (3.12)에 의해 얻어지는 근사해 $\mathbf{x}^{(p)}$가 정해에 수렴해야 한다. 즉, $\mathbf{x}^{(p)}$가 정해 $\mathbf{x}^{(\infty)} = A^{-1}b$로 수렴해

야 하고, 어느 단계에서 $\mathbf{x}^{(\infty)}$가 구해지면 그 다음 단계에서는 $x^{(\infty)}$만 구해져야 한다. 즉, $\mathbf{x}^{(\infty)} = B\mathbf{x}^{(\infty)} + C$를 만족해야 한다.

먼저 수렴성을 조사한다. 즉, $j = 1, 2, \cdots, n$에 대하여 극한

$$\lim_{m\to\infty} x_j^{(m)}$$

이 존재하는가를 조사한다. 이를 위해

$$\varepsilon^{(m)} = \mathbf{x}^{(m)} - \mathbf{x}, \qquad (m \geq 0)$$

이라 하면 $\varepsilon^{(m)}$은 m번째 반복에서 얻어진 $\mathbf{x}^{(m)}$과 해 $\mathbf{x}$와의 오차벡터이다. 또한

$$\varepsilon^{(m+1)} = B(\mathbf{x}^{(m)} - \mathbf{x}) = B\varepsilon^{(m)}$$

이므로

$$\varepsilon^{(m)} = B\varepsilon^{(0)}$$

임을 알 수 있다.

임의의 원소 j에 대하여 $\lim_{m\to\infty} \varepsilon_j^{(m)}$이 존재할 필요충분조건은 $\lim_{m\to\infty} x_j^{(m)} = x_j$이다. 또한 $\lim_{m\to\infty} x_j^{(m)} = x_j$일 필요충분조건은 $\lim_{m\to\infty} \varepsilon_j^{(m)} = 0$이므로 오차벡터 $\varepsilon^{(m)}$이 0이 될 조건을 찾으면 된다. 즉, 임의의 오차 $\varepsilon^{(0)}$에 대하여

$$\lim_{m\to\infty} B^m \varepsilon^{(0)} = 0$$

일 조건을 찾으면 된다. 따라서

$$\lim_{m\to\infty} B^m = \mathbf{0}$$

일 조건을 찾는 것과 같다. 이를 위해 다음과 같은 개념들이 필요하다.

n차원 열벡터 $\mathbf{x}$에 대하여 **벡터 노름(Vector norm)**은 일반적으로 길이를 의미하고, $||\mathbf{x}||$와 같이 표시하고, 다음과 같은 4가지 성질로 정의된다.

$\mathbf{x}$와 $\mathbf{y}$가 n차원 열벡터라 하면

(1) $\mathbf{x} = \mathbf{0}$이면 $||\mathbf{x}|| = 0$,

(1) $\mathbf{x} \neq \mathbf{0}$이면 $||\mathbf{x}|| > 0$, 즉 음이 아닌 실수,

(2) c가 임의의 상수일 때, $||c\mathbf{x}|| = |c|\,||\mathbf{x}||$,

(3) $||\mathbf{x} + \mathbf{y}|| \leq ||\mathbf{x}|| + ||\mathbf{y}||$

임을 쉽게 알 수 있다. 일반적으로 자주 사용하는 벡터 노름은 각 성분의 제곱의 합에 제곱근을 취한 **Euclid 노름**

$$||\mathbf{x}|| = \sqrt{x_1^2 + x_2^2 + \cdots + x_n^2}$$

이다. 즉, n차원 공간에서 벡터의 길이이다.

정의 5.1 **벡터의 수렴**

두 벡터 $\mathbf{x} = (x_1, x_2, \cdots, x_n)$, $\mathbf{x}^{(m)} = (x_1^{(m)}, x_2^{(m)}, \cdots, x_n^{(m)})$에 대하여

$$\lim_{m \to \infty} x_j^{(m)} = x_j, \qquad (j = 1, 2, \cdots, n)$$

가 성립하면 수열 $\{\mathbf{x}^{(m)}\}$은 $\mathbf{x}$에 수렴한다고 한다. 즉, $\mathbf{x}^{(0)}, \mathbf{x}^{(1)}, \mathbf{x}^{(2)}, \cdots$가 수렴할 필요충분조건은

$$||\mathbf{x}^{(m)} - \mathbf{x}|| \longrightarrow 0, \qquad (m \to \infty)$$

이다.

A가 $n \times n$행렬일 때, $\mathbf{x} \neq \mathbf{0}$에 대하여

$$A\mathbf{x} = \lambda\mathbf{x}$$

가 성립하는 상수 λ를 A의 **고유치**(eigenvalue)라 한다. 이 때, $\mathbf{x}$를 고유치 λ에 대응하는 **고유벡터**(eigenvector)라 한다. 또한

$$(A - \lambda E)\mathbf{x} = \mathbf{0}$$

을 만족하는 영벡터가 아닌 벡터 $\mathbf{x}$가 존재한다. $|A - \lambda E| = 0$이므로 고유값 λ는 λ에 대한 n차 방정식 $|A - \lambda E| = 0$의 해이다. 대수학의 기본정리에

의해 n차 방정식은 n개의 해를 가지므로, 임의의 $n \times n$행렬 A의 고유치는 n개이다. A의 모든 고유값의 집합을 **Spectral**(스펙트럼)이라 한다.

정의 5.2 **Spectral radius(스펙트럼 반지름)**

n차 정사각 행렬 A의 고유치를 $\lambda_1, \lambda_2, \cdots, \lambda_n$이라 할 때,

$$\rho(A) = \max_{1 \le i \le n} |\lambda_i|$$

를 행렬 A의 **Spectral radius(스펙트럼 반지름)**라 한다.

n차 정사각 행렬 A, n차원 벡터 $\mathbf{x}$에 대하여 $A\mathbf{x}$는 n개의 성분을 갖는 벡터이다. 벡터 노름 $||\mathbf{x}||$와 $||A\mathbf{x}||$에 대하여

$$||A\mathbf{x}|| \le c||\mathbf{x}||$$

와 같이 A에 의존하는 수 c가 존재한다. $\mathbf{x} \neq \mathbf{0}$이면 $||\mathbf{x}|| > 0$이고,

$$\frac{||A\mathbf{x}||}{||\mathbf{x}||} \le c$$

이다. 좌변이 최대가 되도록 모든 $\mathbf{x}(\neq \mathbf{0})$에 대하여 가능한한 작은 c를 얻는다. 가장 작은 c를 결과적으로 벡터로부터 생긴 A의 **행렬 노름**(matrix norm)이라 하고 $||A||$로 나타내면

$$||A|| = \max \frac{||A\mathbf{x}||}{||\mathbf{x}||}, \qquad (\text{단}, \ \mathbf{x} \neq \mathbf{0})$$

이다. $||A||$가

$$||A|| = \sqrt{\sum_{i=1}^{n} \sum_{j=1}^{n} |a_{ij}|^2}$$

이면 $||A||$를 **Frobenius 노름**이라 한다.

또한 가능한 한 가장 작은 c를 택하면

$$||A\mathbf{x}|| \le ||A|| \, ||\mathbf{x}||$$

이 된다. n차 행렬 A에 대하여

$$||A|| = \sup_{\mathbf{x}\neq\mathbf{0}} \frac{||A\mathbf{x}||}{||\mathbf{x}||}$$

를 행렬 A의 **Spectral norm(스펙트럼 노름)**이라 한다.

다음은 연립방정식 $A\mathbf{x} = \mathbf{b}$의 오차의 변화에 대하여 살펴보자. $A\mathbf{x} = \mathbf{b}$의 우변의 $\mathbf{b}$를 약간 변화시켰을 때 해 $\mathbf{x}$에 어떠한 영향을 미치는지 조사한다. $\hat{\mathbf{b}}$를 $\mathbf{b}$를 약간 변화시킨 값이라 하고

$$A\hat{\mathbf{x}} = \hat{\mathbf{b}}$$

의 해를 $\hat{\mathbf{x}}$라 한다.

예제 5.1 연립방정식

$$7x_1 + 8x_2 = 0.5$$
$$8x_1 + 9x_2 = 1$$

의 해는 $x_1 = 3.5$, $x_2 = -3.0$이다. 변형된 연립방정식

$$7\hat{x}_1 + 8\hat{x}_2 = 0.51$$
$$8\hat{x}_1 + 9\hat{x}_2 = 0.99$$

의 해는 $\hat{x}_1 = 3.33$, $\hat{x}_2 = -2.85$이다.

정리 5.1

n차 정칙행렬 A에 대한 연립방정식 $A\mathbf{x} = \mathbf{b}$와 $A\hat{\mathbf{x}} = \hat{\mathbf{b}}$의 해는

$$\frac{1}{||A||\,||A^{-1}||}\frac{||\mathbf{b}-\hat{\mathbf{b}}||}{||\mathbf{b}||} \le \frac{||\mathbf{x}-\hat{\mathbf{x}}||}{||\mathbf{x}||} \le ||A||\,||A^{-1}||\frac{||\mathbf{b}-\hat{\mathbf{b}}||}{||\mathbf{b}||}$$

를 만족한다.

증명 연립방정식 $A\mathbf{x} = \mathbf{b}$에서 변형된 방정식 $A\hat{\mathbf{x}} = \hat{\mathbf{b}}$를 빼면 A가 정칙행렬이므로

$$\mathbf{x} - \hat{\mathbf{x}} = A^{-1}(\mathbf{b} - \hat{\mathbf{b}})$$

이다. 양변에 노름을 취하면

$$||\mathbf{x} - \hat{\mathbf{x}}|| = ||A^{-1}(\mathbf{b} - \hat{\mathbf{b}})|| \le ||A^{-1}||\,||\mathbf{b} - \hat{\mathbf{b}}||$$

를 얻는다. 양변을 $\mathbf{x}$로 나누면

$$\frac{||\mathbf{x} - \hat{\mathbf{x}}||}{||\mathbf{x}||} \le \frac{||A^{-1}||\,||\mathbf{b} - \hat{\mathbf{b}}||}{||\mathbf{x}||} = ||A||\,||A^{-1}||\frac{||\mathbf{b} - \hat{\mathbf{b}}||}{||A||\,||\mathbf{x}||}$$

이다. $A\mathbf{x} = \mathbf{b}$이므로

$$||\mathbf{b}|| = ||A\mathbf{x}|| \le ||A||||\mathbf{x}||$$

이다. 따라서

$$\frac{||\mathbf{x} - \hat{\mathbf{x}}||}{||\mathbf{x}||} \le ||A||\,||A^{-1}||\frac{||\mathbf{b} - \hat{\mathbf{b}}||}{||\mathbf{b}||} \tag{3.14}$$

이다. 마찬가지로

$$\frac{1}{||A||\,||A^{-1}||}\frac{||\mathbf{b} - \hat{\mathbf{b}}||}{||\mathbf{b}||} \le \frac{||\mathbf{x} - \hat{\mathbf{x}}||}{||\mathbf{x}||}$$

임을 증명할 수 있다.

(3.14)를 이용하여 $\hat{\mathbf{x}}$의 상대오차와 $\hat{\mathbf{b}}$의 상대오차를 비교할 수 있다. 만약 $||A||\,||A^{-1}||$이 매우 크면 $\hat{\mathbf{x}}$에서의 상대오차 $\dfrac{||\mathbf{x} - \hat{\mathbf{x}}||}{||\mathbf{x}||}$는 $\hat{\mathbf{b}}$의 상대오차 $\dfrac{||\mathbf{b} - \hat{\mathbf{b}}||}{||\mathbf{b}||}$보다 매우 커질 수가 있다. 다음 수

$$\kappa(A) = ||A||\,||A^{-1}||$$

을 행렬 A의 **조건수**(condition number)라 한다. 따라서 조건수가 매우 커지면 연립방정식 $A\mathbf{x} = \mathbf{b}$의 해는 $\hat{\mathbf{b}}$의 작은 변화에도 민감해진다. 큰 조건수를 갖는 연립방정식을 **불량조건**(ill-conditioned)을 가진다고 하고, 반면에 작은 조건수를 갖는 연립방정식을 **안정적**(well-posed)이라 한다.

예제 5.2 Hilbert 행렬 $H_n = (a_{ij})$는 널리 알려진 불량조건 행렬이다. 단,

$$a_{ij} = \frac{1}{i+j-1}, \qquad (1 \le i,\, j \le n)$$

이다. 예를 들어,

$$H_3 = \begin{pmatrix} 1 & \frac{1}{2} & \frac{1}{3} \\ \frac{1}{2} & \frac{1}{3} & \frac{1}{4} \\ \frac{1}{3} & \frac{1}{4} & \frac{1}{5} \end{pmatrix}$$

의 역행렬은

$$H_3^{-1} = \begin{pmatrix} 9 & -36 & 30 \\ -36 & 192 & -180 \\ 30 & -180 & 180 \end{pmatrix}$$

과 같이 대칭행렬이다. H_3의 조건수는

$$\kappa(H_3) = ||H_3||\,||H_3^{-1}|| = 748$$

이다.

예제 5.3 Maple에서 행렬 노름과 조건수는 다음과 같이 구한다.

```
> with(linalg):
> A := matrix(3,3, [-1,1,2, 3,-1,1, -1,3,4]);
```

$$A := \begin{bmatrix} -1 & 1 & 2 \\ 3 & -1 & 1 \\ -1 & 3 & 4 \end{bmatrix}$$

Frobenius 노름을 계산한다.

```
> evalf( norm(A, frobenius) );
```

$$6.557438524$$

행렬 노름을 계산한다.

```
> evalf( norm(A) );
```

$$8.0$$

```
> invA := inverse(A);
```

$$invA := \begin{bmatrix} -\frac{7}{10} & \frac{1}{5} & \frac{3}{10} \\ -\frac{13}{10} & -\frac{1}{5} & \frac{7}{10} \\ \frac{4}{5} & \frac{1}{5} & -\frac{1}{5} \end{bmatrix}$$

행렬 A의 Frobenius 노름과 역행렬 A^{-1}의 노름의 곱셈을 계산한다.

```
> evalf( norm(A, frobenius)*norm(invA, frobenius) );
```

12.37255026

행렬 A의 조건수를 계산한다.

```
> evalf( norm(A)*norm(invA) );
```

17.60000000

제 6 절 Jacobi 방법과 Gauss-Seidel 방법

연립방정식 $A\mathbf{x} = \mathbf{b}$의 계수행렬 A를 대각행렬 D, 하삼각행렬 L 및 상삼각행렬 U의 합

$$A = D + L + U$$

로 나타내면 $A\mathbf{x} = \mathbf{b}$는

$$(D + L + U)\mathbf{x} = \mathbf{b}$$

로부터

$$D\mathbf{x} = -(L + U)\mathbf{x} + \mathbf{b}$$

이고

$$\mathbf{x} = -D^{-1}(L + U)\mathbf{x} + D^{-1}\mathbf{b}$$

로 쓸 수 있다. 계속하여 $B = -D^{-1}(L + U)$, $C = D^{-1}\mathbf{b}$로 두면

$$\mathbf{x} = B\mathbf{x} + C$$

로 (3.12)와 같은 형태가 된다. 따라서

$$\mathbf{x}^{(p)} = B\mathbf{x}^{(p-1)} + C$$

이고,

$$\mathbf{x}^{(p)} = -D^{-1}(L+U)\mathbf{x}^{(p-1)} + D^{-1}\mathbf{b} \qquad (p = 1,\, 2,\, \cdots) \tag{3.15}$$

와 같은 알고리즘을 작성할 수 있다. **Jacobi 방법**은 (3.15)을 이용하여 연립방정식 $A\mathbf{x} = \mathbf{b}$의 근사해를 구하는 방법이고, $B = -D^{-1}(L+U)$는 Jacobi 법의 반복계산행렬이다. (3.15)는

$$D\mathbf{x}^{(p)} + (L+U)\mathbf{x}^{(p-1)} = \mathbf{b} \qquad (p = 1,\, 2,\, \cdots) \tag{3.16}$$

와 같고, 이것을 표현하여 보면

$$\begin{array}{rcl}
a_{11}x_1^{(p)} + a_{12}x_2^{(p-1)} + a_{13}x_3^{(p-1)} + \cdots + a_{1n}x_n^{(p-1)} & = & b_1 \\
a_{21}x_1^{(p-1)} + a_{22}x_2^{(p)} + a_{23}x_3^{(p-1)} + \cdots + a_{2n}x_n^{(p-1)} & = & b_2 \\
a_{31}x_1^{(p-1)} + a_{32}x_2^{(p-1)} + a_{33}x_3^{(p)} + \cdots + a_{3n}x_n^{(p-1)} & = & b_3 \\
\ddots & & \vdots \\
a_{n1}x_1^{(p-1)} + a_{n2}x_2^{(p-1)} + a_{n3}x_3^{(p-1)} + \cdots + a_{nn}x_n^{(p)} & = & b_n
\end{array} \tag{3.17}$$

이다. 여기서 $x^{(p)}$는 현단계의 해이고, $x^{(p-1)}$는 전단계의 해이다. 즉,

$$\begin{aligned}
a_{11}x_1^{(p)} &= -\left(a_{12}x_2^{(p-1)} + a_{13}x_3^{(p-1)} + \cdots + a_{1n}x_n^{(p-1)}\right) + b_1 \\
&= -\sum_{\substack{j=1 \\ j\neq 1}}^{n} a_{1j}x_j^{(p-1)} + b_1
\end{aligned}$$

이므로

$$x_1^{(p)} = \frac{1}{a_{11}}\left(-\sum_{\substack{j=1 \\ j\neq 1}}^{n} a_{1j}x_j^{(p-1)} + b_1\right)$$

이다. 또한

$$\begin{aligned}
a_{22}x_2^{(p)} &= -\left(a_{21}x_2^{(p-1)} + a_{23}x_3^{(p-1)} + \cdots + a_{2n}x_n^{(p-1)}\right) + b_2 \\
&= -\sum_{\substack{j=1 \\ j\neq 2}}^{n} a_{2j}x_j^{(p-1)} + b_2
\end{aligned}$$

이므로

$$x_2^{(p)} = \frac{1}{a_{22}}\left(-\sum_{\substack{j=1\\j\neq 2}}^{n} a_{2j}x_j^{(p-1)} + b_2\right)$$

이다. 이와 같이 반복계산하면

$$x_n^{(p)} = \frac{1}{a_{nn}}\left(-\sum_{\substack{j=1\\j\neq n}}^{n} a_{nj}x_j^{(p-1)} + b_n\right)$$

을 얻는다. 따라서 $i = 1, 2, \cdots, n$에 대하여

$$x_i^{(p)} = \frac{1}{a_{ii}}\left(-\sum_{\substack{j=1\\j\neq i}}^{n} a_{ij}x_j^{(p-1)} + b_i\right)$$

이다.

(3.17)은 각 식이 단 하나의 미지수만 포함하기 때문에 식의 순서에 관계없이 동시에 풀 수 있다. 위의 계산 알고리즘은 $i = 1, 2, \cdots, n$에 대하여 $a_{ii} \neq 0$인 경우에만 성립하므로 만일 이 조건이 성립하지 않을 경우에는 연립방정식을 다시 배치하여 대각성분이 0이 되지 않도록 만들어 사용한다. 그리고 반복법은 이론상 무한정 반복되므로 계산시간 관계상 $x^{(p)}$가 정해에 어느 정도 수렴한다면 계산을 중단시켜야 한다. 즉, ε을 허용오차라 하면

$$||x^{(p)} - x_i^{(p-1)}|| \leq \varepsilon \qquad \frac{||x^{(p)} - x_i^{(p-1)}||}{||x^{(p)}||} \leq \varepsilon$$

과 같은 판단식을 이용한다.

예제 6.1 Jacobi 법으로 연립방정식

$$4x_1 - x_2 - 2x_3 = 3.0$$
$$-2x_1 + 4x_2 - x_3 = 0.3$$
$$-x_1 - 2x_2 + 4x_3 = -0.8$$

의 해를 구하여라.

풀이 먼저

$$\begin{aligned}
4x_1^{(p)} - x_2^{(p-1)} - 2x_3^{(p-1)} &= 3.0 \\
-2x_1^{(p-1)} + 4x_2^{(p)} - x_3^{(p-1)} &= 0.3 \\
-x_1^{(p-1)} - 2x_2^{(p-1)} + 4x_3^{(p)} &= -0.8
\end{aligned}$$

과 초기해를 $\mathbf{x}^{(0)} = {}^t(1.0,\ 1.0,\ 1.0)$이라 하면 $p = 1$일 때

$$\begin{aligned}
x_1^{(1)} &= \frac{1}{4}\left[3.0 + x_2^{(0)} + 2x_3^{(0)}\right] = \frac{1}{4}[3.0 + 1.0 + 2.0 \cdot 1.0] = 1.50 \\
x_2^{(1)} &= \frac{1}{4}\left[0.3 + 2x_1^{(0)} + x_3^{(0)}\right] = \frac{1}{4}[0.3 + 2.0 \cdot 1.0 + 1.0] = 0.825 \\
x_3^{(1)} &= \frac{1}{4}\left[-0.8 + x_1^{(0)} + 2x_2^{(0)}\right] = \frac{1}{4}[-0.8 + 1.0 + 2.0 \cdot 1.0] = 0.55
\end{aligned}$$

이고, $p = 2$일 때

$$\begin{aligned}
x_1^{(2)} &= \frac{1}{4}\left[3.0 + x_2^{(1)} + 2x_3^{(1)}\right] = \frac{1}{4}[3.0 + 0.825 + 2.0 \cdot 0.55] = 1.23125 \\
x_2^{(2)} &= \frac{1}{4}\left[0.3 + 2x_1^{(1)} + x_3^{(1)}\right] = \frac{1}{4}[0.3 + 2.0 \cdot 1.5 + 0.55] = 0.9625 \\
x_3^{(2)} &= \frac{1}{4}\left[-0.8 + x_1^{(1)} + 2x_2^{(1)}\right] = \frac{1}{4}[-0.8 + 1.5 + 2.0 \cdot 0.825] = 0.5875
\end{aligned}$$

와 같이 계속하여 $p = 3,\ 4,\ \cdots$ 라 두고 반복계산하면 원하는 근사해를 구할 수 있다.

(3.17)의 Jacobi 방법에서 $x_2^{(p)}$를 계산할 때, 이미 $x_1^{(p)}$가 구하여져 있음에도 불구하고 $x_1^{(p-1)}$을 사용하여 계산하고, $x_3^{(p)}$을 계산할 때에도 $x_1^{(p)}$, $x_2^{(p)}$가 구하여져 있음에도 불구하고 $x_1^{(p-1)}$, $x_2^{(p-1)}$을 사용하는데, 이것은 반복계산법에서 p단계에서의 근사해가 $p-1$ 단계에서 계산한 근사해보다 정해에 더 가까운 해일 것이라는 일반적인 기대에 어긋나는 것이다. 따라서 Jacobi 방법을 변형한 형태로서 p단계 계산에서 $x_1^{(p)}$가 먼저 구하여지면 이것을 $x_2^{(p)}$를 계산할 때 사용하고, $x_1^{(p)}$, $x_2^{(p)}$가 구하여지면 이것을 $x_3^{(p)}$를 계산할 때 사용하는 방법을 생각한다. 이것은 (3.17)의 계산 알고리즘을 다음과 같이 수정하여 얻을 수 있다.

$$
\begin{aligned}
a_{11}x_1^{(p)} + a_{12}x_2^{(p-1)} + a_{13}x_3^{(p-1)} + \cdots + a_{1n}x_n^{(p-1)} &= b_1 \\
a_{21}x_1^{(p)} + a_{22}x_2^{(p)} + a_{23}x_3^{(p-1)} + \cdots + a_{2n}x_n^{(p-1)} &= b_2 \\
\ddots \qquad\qquad &\quad \vdots \\
a_{n1}x_1^{(p)} + a_{n2}x_2^{(p)} + a_{n3}x_3^{(p)} + \cdots + a_{nn}x_n^{(p)} &= b_n
\end{aligned} \tag{3.18}
$$

으로부터

$$x_1^{(p)} = \frac{1}{a_{11}}\left(-\sum_{j=2}^{n} a_{1j}x_j^{(p-1)} + b_1\right)$$

이다. 따라서 $i = 1, 2, \cdots, n$에 대하여

$$x_i^{(p)} = \frac{1}{a_{ii}}\left(-\sum_{j=1}^{i-1} a_{ij}x_j^{(p)} - \sum_{j=i+1}^{n} a_{ij}x_j^{(p-1)} + b_i\right) \tag{3.19}$$

와같이 p단계에서의 근사해 $x_1^{(p)}, x_2^{(p)}, \cdots, x_n^{(p)}$를 순서대로 구할 수 있다. 이 방법을 **Gauss-Seidel 방법**이라 한다.

Jacobi 반복계산 알고리즘에서 $(p-1)$단계에서의 근사해를 알면 n개의 방정식 모두를 순서에 관계없이 동시에 풀 수 있었다. 그러나 Gauss-Seidel 반복계산 알고리즘에서는 n개의 방정식을 풀 수 없고, $x_1^{(p)}, x_2^{(p)}, \cdots, x_n^{(p)}$의 순서대로 n개의 방정식을 하나씩 풀 수 밖에 없다.

(3.18)을 행렬로 표시하면

$$(D+L)x^{(p)} + Ux^{(p-1)} = b$$

로부터

$$x^{(p)} = -(D+L)^{-1}Ux^{(p-1)} + (D+L)^{-1}b$$

이다. 이 식은 $x^{(p)} = Bx^{(p-1)} + C$와 같은 형태이므로

$$C = -(D+L)^{-1}$$

이 Gauss-Seidel 방법의 **반복계산행렬**이다.

예제 6.2 Gauss-Seidel 법으로 연립방정식

$$4x_1 - x_2 - 2x_3 = 3.0$$
$$-2x_1 + 4x_2 - x_3 = 0.3$$
$$-x_1 - 2x_2 + 4x_3 = -0.8$$

의 해를 구하여라.

풀이 먼저 다음과 같은 형태로 변형하고

$$\begin{aligned} 4x_1^{(p)} - x_2^{(p-1)} - 2x_3^{(p-1)} &= 3.0 \\ -2x_1^{(p)} + 4x_2^{(p)} - x_3^{(p-1)} &= 0.3 \\ -x_1^{(p)} - 2x_2^{(p)} + 4x_3^{(p)} &= -0.8, \end{aligned}$$

이로부터

$$\begin{aligned} x_1^{(p)} &= \frac{1}{4}\left[3.0 + x_2^{(p-1)} + 2x_3^{(p-1)}\right] \\ x_2^{(p)} &= \frac{1}{4}\left[0.3 + 2x_1^{(p)} + x_3^{(p-1)}\right] \\ x_3^{(p)} &= \frac{1}{4}\left[-0.8 + x_1^{(p)} + 2x_2^{(p)}\right] \end{aligned}$$

이다. 초기해를 $\mathbf{x}^{(0)} = {}^t(1.0,\ 1.0,\ 1.0)$이라 하면 $p = 1$일 때

$$\begin{aligned} x_1^{(1)} &= \frac{1}{4}\left[3.0 + x_2^{(0)} + 2x_3^{(0)}\right] = \frac{1}{4}[3.0 + 1.0 + 2.0 \cdot 1.0] = 1.50 \\ x_2^{(1)} &= \frac{1}{4}\left[0.3 + 2x_1^{(1)} + x_3^{(0)}\right] = \frac{1}{4}[0.3 + 2.0 \cdot 1.50 + 1.0] = 1.075 \\ x_3^{(1)} &= \frac{1}{4}\left[-0.8 + x_1^{(1)} + 2x_2^{(1)}\right] = 0.7125 \end{aligned}$$

이고, $p = 2$일 때

$$\begin{aligned} x_1^{(2)} &= \frac{1}{4}\left[3.0 + x_2^{(1)} + 2x_3^{(1)}\right] = \frac{1}{4}[3.0 + 1.075 + 2.0 \cdot 0.7125] = 1.375 \\ x_2^{(2)} &= \frac{1}{4}\left[0.3 + 2x_1^{(2)} + x_3^{(1)}\right] = \frac{1}{4}[0.3 + 2.0 \cdot 1.375 + 0.7125] = 0.940625 \\ x_3^{(2)} &= \frac{1}{4}\left[-0.8 + x_1^{(2)} + 2x_2^{(2)}\right] = 0.614063 \end{aligned}$$

과 같이 계속하여 구할 수 있다.

예제 6.3 Gauss-Seidel 법으로 연립방정식

$$\begin{array}{rrrrl} x_1 & -0.25x_2 & -0.25x_3 & & = 50 \\ -0.25x_1 & +x_2 & & -0.25x_4 & = 50 \\ -0.25x_1 & & +x_3 & -0.25x_4 & = 25 \\ & -0.25x_2 & -0.25x_3 & +x_4 & = 25 \end{array}$$

의 해를 구하여라.

풀이 먼저 계수행렬을 정의한다.

```
> with(linalg):
> A := matrix(4,4, [1,-0.25,-0.25,0, -0.25,1,0,-0.25, -0.25,0,1,-0.25, 0,
-0.25,-0.25,1]);
```

$$A := \begin{bmatrix} 1 & -0.25 & -0.25 & 0 \\ -0.25 & 1 & 0 & -0.25 \\ -0.25 & 0 & 1 & -0.25 \\ 0 & -0.25 & -0.25 & 1 \end{bmatrix}$$

```
> b := vector([50, 50, 25, 25]):
> x := vector([1,1,1,1]):
> n:=4: N:=7: k:='k': K:='K':
> for m from 0 to N-1 do
      for j from 1 to n do
         S := sum(A[j,k]*x[k], k=1..j-1) + sum(A[j,K]*x[K], K=j+1..n);
         x[j] := evalf( -(S-b[j])/A[j,j] );
      od;
      print(x);
   od;
```

[50.50, 62.8750, 37.8750, 50.187500]

[75.187500, 81.34375000, 56.34375000, 59.42187500]

[84.42187500, 85.96093750, 60.96093750, 61.73046876]

[86.73046876, 87.11523438, 62.11523438, 62.30761720]

[87.30761720, 87.40380860, 62.40380860, 62.45190430]

[87.45190430, 87.47595216, 62.47595216, 62.48797608]

[87.48797608, 87.49398804, 62.49398804, 62.49699402]

정확한 해는 $x_1 = x_2 = 87.5$, $x_3 = x_4 = 62.5$이다.

정리 6.1 **Gauss-Seidel 방법의 수렴**

Gauss-Seidel 반복법은 반복계산행렬 C의 모든 고유값의 절대값이 1보다 작으면 초기치 $x^{(0)}$에 수렴한다.

반복계산행렬 C를 구하기 위해서는 먼저 A의 행을 a_{ij}로 나누면 주대각선은 1, 1, $\cdots$, 1이 된다. C의 Spectral 반경의 최대 절대값이 작으면 빠르게 수렴한다.

수렴의 충분조건은

$$||C|| \leq 1$$

이고, 여기서 $||C||$가 행렬 노름으로 Frobenius

$$||C|| = \sqrt{\sum_{j=1}^{n}\sum_{k=1}^{n} |c_{jk}|^2}$$

와 같다.

예제 6.4 연립방정식

$$2x_1 + x_2 + x_3 = 4$$
$$x_1 + 2x_2 + x_3 = 4$$
$$x_1 + x_2 + 2x_3 = 4$$

에 대하여 Gauss-Seidel 반복법이 수렴하는가를 조사하여라.

풀이 주어진 행렬을 다시 쓰면

$$x_1 = 2 - 1/2x_2 - 1/2x_3$$
$$x_2 = 2 - 1/2x_1 - 1/2x_3$$
$$x_3 = 2 - 1/2x_1 - 1/2x_2$$

이다.

```
> with(linalg):
> A := matrix(3,3, [2,1,1, 1,2,1, 1,1,2]);
```

$$A := \begin{bmatrix} 2 & 1 & 1 \\ 1 & 2 & 1 \\ 1 & 1 & 2 \end{bmatrix}$$

계수 행렬 A와 주대각선이 전부 $\frac{1}{2}$인 행렬을 곱하고 $A1$이라 한다.

```
> A1 := evalm( diag(1/2, 1/2, 1/2)&*A );
```

$$A1 := \begin{bmatrix} 1 & 1/2 & 1/2 \\ 1/2 & 1 & 1/2 \\ 1/2 & 1/2 & 1 \end{bmatrix}$$

이 행렬로부터 $D+L$을 알 수 있다. $B=D+L$라 한다.

```
> B := matrix(3,3, [1,0,0, 1/2,1,0, 1/2,1/2,1]);
```

$$B := \begin{bmatrix} 1 & 0 & 0 \\ 1/2 & 1 & 0 \\ 1/2 & 1/2 & 1 \end{bmatrix}$$

또한 주대각선이 전부 0인 상삼각행렬 U를 알 수 있다.

```
> U := matrix(3,3, [0,1/2,1/2, 0,0,1/2, 0,0,0]);
```

$$U := \begin{bmatrix} 0 & 1/2 & 1/2 \\ 0 & 0 & 1/2 \\ 0 & 0 & 0 \end{bmatrix}$$

다음은 반복계산행렬 $C=(D+L)^{-1}=B^{-1}U$를 계산한다.

```
> C := evalm(–inverse(B)&*U);
```

$$C := \begin{bmatrix} 0 & -1/2 & -1/2 \\ 0 & 1/4 & -1/4 \\ 0 & 1/8 & 3/8 \end{bmatrix}$$

고유값을 계산한다.

> eigenvC := [eigenvals(C)];

$$eigenvC := \left[0,\ \frac{5}{16}+\frac{1}{16}\sqrt{-1}\sqrt{7},\ \frac{5}{16}-\frac{1}{16}\sqrt{-1}\sqrt{7}\right]$$

예를 들어, 두 번째 고유값 $\frac{5}{16}+\frac{1}{16}\sqrt{-1}\sqrt{7}$의 절대값을 구하여 보면 1보다 작다는 것을 알 수 있다.

> evalf(abs(eigenvC[2]));

$$0.3535533905$$

제 7 절 SOR 방법

앞의 수렴률 식에 의하면 반복계산행렬 B의 Spectral 반경이 1보다 작으면 작을수록 수렴률이 커지고 근사해 $\mathbf{x}^{(p)}$가 정해에 수렴하는 속도가 빨라진다. 따라서 계산시간을 절약하기 위해서는 반복계산 행렬 B의 Spectral 반경이 되도록이면 최소가 되는 반복계산 알고리즘을 생각한다.

임의의 초기값 $\mathbf{x}^{(0)}$을 Gauss-Seidel 방법

$$\bar{x_i}^{(p)} = \frac{1}{a_{ii}}\left[-\sum_{j=1}^{i-1} a_{ij}x_j^{(p)} - \sum_{j=i+1}^{n} a_{ij}x_j^{(p-1)} + b_i\right]$$

에 적용하여 $\bar{x_i}^{(p)}$를 구한다. 이를 위해 매개변수 w를 도입한 새로운 수치해 $x_i^{(p)}$를

$$x_i^{(p)} = x_i^{(p-1)} + w\left\{\bar{x_i}^{(p)} - x_i^{(p-1)}\right\} = (1-w)x_i^{(p-1)} + w\,\bar{x_i}^{(p)} \tag{3.20}$$

라 하면 Gauss-Seidel 방법에 의한 해 $\bar{x_i}^{(p)}$를 (3.20)에 대입하면

$$x_i^{(p)} = (1-w)x_i^{(p-1)} + \frac{w}{a_{ii}}\left[-\sum_{j=1}^{i-1} a_{ij}x_j^{(p)} - \sum_{j=i+1}^{n} a_{ij}x_j^{(p-1)} + b_i\right]$$

이고, 이를 다시 쓰면

$$a_{ii}\,x_i^{(p)} + w\sum_{j=1}^{i-1} a_{ij}x_j^{(p)} = (1-w)a_{ii}x_i^{(p-1)} - w\sum_{j=i+1}^{n} a_{ij}x_j^{(p-1)} + w\,b_i$$

이다. 즉, 행렬을 이용하여 표시하면

$$D\mathbf{x}^{(p)} + wL\mathbf{x}^{(p)} = (1-w)D\mathbf{x}^{(p-1)} - wU\mathbf{x}^{(p-1)} + wb \tag{3.21}$$

이다. 여기서 행렬 S, U는

$$L = \begin{pmatrix} 0 & 0 & 0 & \cdots & 0 \\ a_{21} & 0 & 0 & \ddots & \vdots \\ a_{31} & a_{32} & 0 & \ddots & 0 \\ \vdots & \vdots & \vdots & \ddots & \vdots \\ a_{n1} & a_{n2} & a_{n3} & \cdots & 0 \end{pmatrix}, \qquad U = \begin{pmatrix} 0 & a_{12} & a_{13} & \cdots & a_{1n} \\ 0 & 0 & a_{23} & \ddots & a_{2n} \\ 0 & 0 & 0 & \ddots & a_{3n} \\ \vdots & \vdots & \vdots & \ddots & \vdots \\ 0 & 0 & 0 & \cdots & 0 \end{pmatrix}$$

이다. 행렬 D는 $D + A - (L+U)$이다. 행렬 S_w를

$$S_w = (D+wL)^{-1}[(1-w)D - wU]$$

로 정의하면 (3.21)은 $p = 1, 2, \cdots$에 대하여

$$\mathbf{x}^{(p)} = S_w\mathbf{x}^{(p)} + w(D+wL)^{-1}\mathbf{b} \tag{3.22}$$

가 된다. (3.22)를 SOR(Successive Overrelaxation) 방법이라 한다. SOR 방법에서 사용되는 w를 **이완매개변수**(relaxation parameter)라 하며 S_w를 **SOR 행렬**이라 한다. 특히 $w = 1$이면 SOR 방법은 Gauss-Seidel 방법이다. $0 < w < 1$일 때, Gauss-Seidel 방법으로 수렴되지 않는 선형방정식의 근을 구할 수도 있다. $1 < w < 2$로 택하면 Gauss-Seidel 방법의 수렴속도를 더 빠르게 할 수 있다.

정리 7.1 **Ostrowski-Reich 정리**

선형방정식 $A\mathbf{x} = \mathbf{b}$의 행렬 A가 양의 정부호 행렬이면 임의의 초기값 $\mathbf{x}^{(0)}$에 대하여 $0 < w < 2$일 때 SOR 방법은 수렴한다.

SOR 법에서 가장 좋은 수렴성을 갖는 이완매개변수 w의 값을 구하는 것은 쉽지 않다.

정리 7.2 **SOR 법의 수렴**

선형방정식 $A\mathbf{x} = \mathbf{b}$의 행렬 A가 삼중대각행렬이고, 양의 정부호 행렬이면 SOR 방법의 수렴속도가 가장 빠른 이완매개변수는

$$w = \frac{2}{1+\sqrt{1-\rho(T)^2}}$$

이다. 여기서 $T = D^{-1}(L+U)$이고 $\rho(T)$는 Spectral 반경이다.

예제 7.1 연립방정식

$$\begin{aligned} 5x_1 - x_2 &= 7 \\ -x_1 + 5x_2 - 2x_3 &= 12 \\ -x_2 + 5x_3 &= 11 \end{aligned}$$

에 대하여 최적의 이완매개변수를 구하여라.

풀이 $A = L + D + U$에서 각 행렬 L, D, U는

$$L = \begin{pmatrix} 0 & 0 & 0 \\ -1 & 0 & 0 \\ 0 & -2 & 0 \end{pmatrix}, \quad D = \begin{pmatrix} 5 & 0 & 0 \\ 0 & 5 & 0 \\ 0 & 0 & 5 \end{pmatrix}, \quad U = \begin{pmatrix} 0 & -1 & 0 \\ 0 & 0 & -2 \\ 0 & 0 & 0 \end{pmatrix}$$

이다. 따라서

$$T = D^{-1}(L+U) = \frac{1}{5}\begin{pmatrix} 1 & 0 & 0 \\ 0 & 1 & 0 \\ 0 & 0 & 1 \end{pmatrix}\begin{pmatrix} 0 & -1 & 0 \\ -1 & 0 & -2 \\ 0 & -2 & 0 \end{pmatrix}$$

$$= \begin{pmatrix} 0 & -0.2 & 0 \\ -0.2 & 0 & -0.4 \\ 0 & -0.4 & 0 \end{pmatrix}$$

이다. 행렬 T에 대한 특성다항식은 $-\lambda(\lambda^2 - 0.2) = 0$이므로 $\rho(T) = \sqrt{0.2}$이다. 결국 SOR 방법의 가장 빠르게 수렴하는 이완매개변수는

$$w = \frac{2}{1+\sqrt{1-0.2}} \simeq 1.0557$$

이다.

예제 7.2 연립방정식

$$4x_1 - x_2 - 2x_3 = 3.0$$
$$-2x_1 + 4x_2 - x_3 = 0.3$$
$$-x_1 - 2x_2 + 4x_3 = -0.8$$

에 대하여 $w = 1.2$, $\mathbf{x}^{(0)}\,{}^t(1.0,\ 1.0,\ 1.0)$일 때, SOR 방법으로 해를 구하여라.

풀이 다음과 같은 형태로 변형한다.

$$x_1^{(p)} = (1-w)x_1^{(p-1)} + \frac{w}{4}\left[3.0 + x_2^{(p-1)} + 2x_3^{(p-1)}\right]$$
$$x_2^{(p)} = (1-w)x_2^{(p-1)} + \frac{w}{4}\left[0.3 + 2x_1^{(p)} + x_3^{(p-1)}\right]$$
$$x_3^{(p)} = (1-w)x_3^{(p-1)} + \frac{w}{4}\left[-0.8 + x_1^{(p)} + 2x_2^{(p)}\right]$$

위 식에 주어진 조건을 대입하여 계산하면

$$x_1^{(1)} = 1.6, \quad x_2^{(1)} = 1.15, \quad x_3^{(1)} = 0.73$$
$$x_1^{(2)} = 1.363, \quad x_2^{(2)} = 0.8968, \quad x_3^{(2)} = 0.56098$$
$$\vdots \qquad \vdots \qquad \vdots$$

와 같다.

제 8 절 연습문제

1. Gauss 소거법으로 주어진 연립방정식을 풀어라.

(1)
$$\begin{aligned} x_1 - 4x_2 &= -2 \\ 3x_1 + x_2 &= 7 \end{aligned}$$
(답: $x_1 = 2$, $x_2 = 1$.)

(2)
$$\begin{aligned} 5x_1 + 2x_2 &= -1.5 \\ 12x_1 - 3x_2 &= 12 \end{aligned}$$
(답: $x_1 = \frac{1}{2}$, $x_2 = -2$.)

(3)
$$\begin{aligned} 3.0x_1 &+ x_2 + 2.0x_3 = 0 \\ -2.5x_1 &- 0.5x_2 - 11.0x_3 = 0 \\ 1.8x_1 &+ 2.8x_2 + 4.0x_3 = 16.1 \end{aligned}$$

(답: $x_1 = -2.5$, $x_2 = 7.0$, $x_3 = 0.25$.)

2. 연립방정식
$$\begin{aligned} 0.003x_1 &+ 65.35x_2 = 65.38 \\ 5.618x_1 &- 9.130x_2 = 47.05 \end{aligned}$$
에 대하여 피벗 방정식을 바꾸어 해를 구하여라.

(답: $x_1 = -13.33$, $x_2 = 1.001$; $x_1 = 10.00$, $x_2 = 1.000$.)

3. Gauss 소거법으로 주어진 연립방정식을 풀고, 해가 존재하지 않으면 이유를 설명하여라.
$$\begin{aligned} x_1 + x_2 + x_3 &= 3 \\ 4x_1 + 2x_2 - x_3 &= 5 \\ 9x_1 + 5x_2 - x_3 &= 13 \end{aligned} \quad , \quad \begin{aligned} x_1 + x_2 + x_3 &= 3 \\ 4x_1 + 2x_2 - x_3 &= 5 \\ 9x_1 + 5x_2 - x_3 &= 12 \end{aligned}$$

(답: $x_1 = x_2 = x_3 = 1$; 해가 아님.)

4. Gauss-Jordan 방법으로 주어진 행렬의 역행렬을 구하여라.

(1) $\begin{pmatrix} 2 & -0.5 \\ -1 & 1.5 \end{pmatrix}$ (답: $\begin{pmatrix} 0.6 & 0.2 \\ 0.4 & 0.8 \end{pmatrix}$.)

(2) $\begin{pmatrix} 0.5 & -0.5 \\ -0.7 & 0.2 \end{pmatrix}$ (답: $\begin{pmatrix} -0.8 & -2.0 \\ -2.8 & -2.0 \end{pmatrix}$.)

(3) $\begin{pmatrix} 0 & -\frac{2}{3} & \frac{1}{3} \\ \frac{1}{6} & \frac{1}{6} & -\frac{1}{6} \\ -\frac{1}{3} & \frac{2}{3} & 0 \end{pmatrix}$ (답: $\begin{pmatrix} 6 & 12 & 3 \\ 3 & 6 & 3 \\ 9 & 12 & 6 \end{pmatrix}$.)

5. Doolittle 방법으로 주어진 연립방정식을 풀어라. 또한 LU 분해를 구하여라.

(1) $$\begin{aligned} 3x_1 &+ 4x_2 = 18 \\ 18x_1 &+ 17x_2 = 123 \end{aligned}$$

(답: $x_1 = 4,\ x_2 = 3,\ \begin{pmatrix} 1 & 0 \\ 6 & 1 \end{pmatrix},\ \begin{pmatrix} 3 & 2 \\ 0 & 5 \end{pmatrix}$.)

(2) $$\begin{aligned} 4x_1 &- 6x_2 = -17 \\ 8x_1 &- 7x_2 = -26.5 \end{aligned}$$

(답: $x_1 = -2,\ x_2 = 1.5,\ \begin{pmatrix} 1 & 0 \\ 2 & 1 \end{pmatrix},\ \begin{pmatrix} 4 & -6 \\ 0 & 5 \end{pmatrix}$.)

(3) $$\begin{aligned} 5x_1 &+ 4x_2 + x_3 = 3.4 \\ 10x_1 &+ 9x_2 + 4x_3 = 8.8 \\ 10x_1 &+ 13x_2 + 15x_3 = 19.2 \end{aligned}$$

(답: $x_1 = 0.2,\ x_2 = 0.4,\ x_3 = 0.8,\ \begin{pmatrix} 1 & 0 & 0 \\ 2 & 1 & 0 \\ 2 & 5 & 1 \end{pmatrix},\ \begin{pmatrix} 5 & 4 & 1 \\ 0 & 1 & 2 \\ 0 & 0 & 3 \end{pmatrix}$.)

(4) $$\begin{aligned} 3x_1 &+ 9x_2 + 6x_3 = 23 \\ 18x_1 &+ 48x_2 + 39x_3 = 136 \\ 9x_1 &- 27x_2 + 42x_3 = 45 \end{aligned}$$

(답: $x_1 = \frac{1}{3},\ x_2 = \frac{4}{3},\ x_3 = 2,\ \begin{pmatrix} 1 & 0 & 0 \\ 6 & 1 & 0 \\ 3 & 9 & 1 \end{pmatrix},\ \begin{pmatrix} 3 & 9 & 6 \\ 0 & -6 & 3 \\ 0 & 0 & -3 \end{pmatrix}$.)

6. Cholesky 방법으로 주어진 연립방정식을 풀어라.

(1) $$\begin{aligned} 9x_1 &+ 6x_2 + 12x_3 = 174 \\ 6x_1 &+ 13x_2 + 11x_3 = 236 \\ 12x_1 &+ 11x_2 + 26x_3 = 306 \end{aligned}$$

(답: $x_1 = 6,\ x_2 = 12,\ x_3 = 5,\ \begin{pmatrix} 3 & 0 & 0 \\ 2 & 3 & 0 \\ 4 & 1 & 3 \end{pmatrix},\ \begin{pmatrix} 3 & 2 & 4 \\ 0 & 3 & 1 \\ 0 & 0 & 3 \end{pmatrix}$.)

$$(2)\quad \begin{aligned} 4x_1 &+ 6x_2 &+ 8x_3 &= 0 \\ 6x_1 &+ 34x_2 &+ 52x_3 &= -160 \\ 8x_1 &+ 52x_2 &+ 129x_3 &= -452 \end{aligned}$$

(답: $x_1 = 6$, $x_2 = 12$, $x_3 = 5$, $\begin{pmatrix} 2 & 0 & 0 \\ 3 & 5 & 0 \\ 4 & 8 & 7 \end{pmatrix}$, $\begin{pmatrix} 2 & 3 & 4 \\ 0 & 5 & 8 \\ 0 & 0 & 7 \end{pmatrix}$.)

7. 행렬 노름의 정의를 사용하여 $||A||\,||A^{-1}|| \geq 1$이 성립함을 보여라.

8. 행렬 $A = \begin{pmatrix} 6 & 6 & 3.00001 \\ 10 & 8 & 4.00003 \\ 6 & 4 & 2.00002 \end{pmatrix}$에 대하여

(1) $\mathbf{b} = {}^t(30,\ 42,\ 22)$일 때, 방정식 $A\mathbf{x} = \mathbf{b}$의 해를 구하여라.

(답: $x_1 = 1$, $x_2 = 4$, $x_3 = 0$.)

(2) $\mathbf{b} = {}^t(30.00002,\ 42.00006,\ 22.00004)$일 때, 방정식 $A\mathbf{x} = \mathbf{b}$의 해를 구하여라.

(답: $x_1 = 1$, $x_2 = 3$, $x_3 = 2$.)

9. 다음 연립방정식에 Gauss-Seidel 반복법을 적용시켜라. $\mathbf{x}^{(0)t}(1.0,\ 1.0,\ 1.0)$으로부터 시작하여 5단계를 수행하여라.

$$(1)\quad \begin{aligned} 4x_1 + 2x_2 + x_3 &= 14 \\ x_1 + 5x_2 - x_3 &= 10 \\ x_1 + x_2 + 8x_3 &= 20 \end{aligned}$$

(답: $x_1 = x_2 = x_3 = 2$.)

$$(2)\quad \begin{aligned} 6x_1 + x_2 + x_3 &= 107 \\ x_1 + 9x_2 - 2x_3 &= 36 \\ 2x_1 - x_2 + 8x_3 &= 121 \end{aligned}$$

(답: $x_1 = 15$, $x_2 = 5$, $x_3 = 12$.)

$$(3)\quad \begin{aligned} 10x_1 + x_2 + x_3 &= 6 \\ x_1 + 10x_2 + x_3 &= 6 \\ x_1 + x_2 + 10x_3 &= 6 \end{aligned}$$

(답: $x_1 = x_2 = x_3 = 0.5$.)

(4)
$$\begin{aligned} 8x_1 + x_2 + x_3 - x_4 &= 8 \\ -2x_1 + 12x_2 - x_3 &= -7 \\ 2x_1 + 16x_3 + 2x_4 &= 54 \\ x_2 + 2x_3 - 20x_4 &= -14 \end{aligned}$$

(답: $x_1 = 2$, $x_2 = 0$, $x_3 = 3$, $x_4 = 1$.)

제 4 장

보간법

미지 함수 f에 대한 정보자료로써 $(n+1)$개의 서로 다른 점 $x_0, x_1, \cdots, x_n$에서의 함수값 $f(x_0), f(x_1), \cdots, f(x_n)$을 알고 있을 때, 각 점 x_i와 다른 점 x에서 함수 $f(x)$의 값을 추정하는 문제를 생각한다.

먼저 $f(x)$를 $(n+1)$개의 알려진 함수 $g_k(x)$ $(k = 0, 1, \cdots, n)$의 1차결합

$$f(x) \cong P(x) = \sum_{k=0}^{n} a_k g_k(x) \tag{4.1}$$

와 같이 정의되는 $P(x)$로 근사시키는 것을 생각한다. 여기서 $g_k(x)$ 를 기저함수(basis function)라 한다.

(4.1)의 다항식 $P(x)$는 $(n+1)$개의 미지의 상수 $a_0, a_1, \cdots, a_n$을 포함하고 있으므로 $P(x)$를 $f(x)$에 대한 근사적인 함수로 사용하기 위해서는 이들 미지의 상수를 정해야 하기 때문에, **보간법**(interpolation)에서는 각 분점(knots) x_i에서 $P(x)$와 $f(x)$가 일치한다는 조건, 즉

$$f(x_i) = P(x_i) = \sum_{k=0}^{n} a_k g_k(x_i), \ (i = 0, 1, \cdots, n) \tag{4.2}$$

를 가정한다. (4.2)는 $(n+1)$개의 미지의 상수 $a_0, a_1, \cdots, a_n$에 대한 $(n+1)$개의 연립1차 대수방정식(algebraic polynomial)을 구성한다. 따라서 이들 연립1차방정식으로부터 미지의 상수 $a_k (0 \le k \le n)$의 값을 결정할 수 있으므

로 보간 다항식(interpolation polynomial) $P(x)$가 결정되게 된다. 보간법은 위와 같이 $P(x)$를 구성함으로써 분점과는 다른 점 x에서 $f(x)$를 추정하는 것이다.

제 1 절 다항식 보간법

(4.1)의 기저함수에는 $x^k, \cos ks, e^{ks}$와 같은 여러 가지 형태를 생각할 수 있다. 다항식 보간법(polynomial interpolation)에서 자주 사용되는 기저함수는 x^k이고 $g_k(x) = x^k$라 하면 보간 다항식은

$$P(x) = a_0 + a_1x + a_2x^2 + \cdots + a_nx^n \tag{4.3}$$

과 같은 대수다항식이 된다.

Maple에는 보간 다항식을 구하는 **interp** 명령어가 있다. 즉 $(x_1, f(x_1))$, $(x_2, f(x_2)), \cdots, (x_{n+1}, f(x_{n+1}))$을 보간하는 n차 이하의 보간 다항식을 구하기 위해 $(n+1)$개의 자료를

> interp($x_i, f(x_i)$, var);

와 같이 입력하면 된다. 여기서 var는 다항식에서 사용하는 변수를 의미하고, 각 x_i는 서로 다른 값이어야 한다.

예를 들어, 4개의 자료 $(0,0), (1,3), (2,1), (3,3)$을 보간하는 보간 다항식은 다음과 같다.

> interp([0, 1, 2, 3], [0, 3, 1, 3], z);

$$\frac{3}{2}z^3 - 7z^2 + \frac{17}{2}z$$

또한 다음의 5개의 자료를 보간하는 보간 다항식은 3차이다.

> interp([1, 2, 3, 4, 5], [3, 2, 3, 5, 7], x);

$$-\frac{1}{6}x^3 + 2x^2 - \frac{35}{6}x + 7$$

interp 명령어로 구한 보간 다항식도 플롯할 수 있다.

> plot(%, x = -2..10);

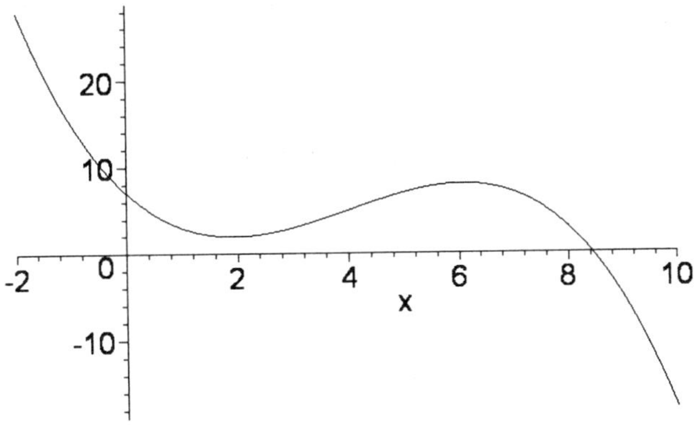

다항식이 많이 쓰이고, 중요한 이유는 연속인 함수에 평등수렴하기 때문이다. 즉, 폐구간에서 정의된 임의의 연속인 함수 $f(x)$에 대하여 이 함수와 매우 밀접한(근사) 다항식이 존재한다는 것이다.

정리 1.1 **(Weierstrass 정리)**
$f(x)$가 $[a, b]$에서 정의된 연속인 함수라 할 때, 임의의 $\epsilon > 0$에 대하여

$$|f(x) - P(x)| < \epsilon, (x \in [a, b])$$

를 만족하는 다항식 $P(x)$가 존재한다.

Weierstrass 정리는 이론적으로는 매우 중요하지만 근사다항식을 구하는 구체적인 방법을 제시하지는 않는다.

(4.2)에 의해 (4.3)과 같은 대수다항식으로 근사하는 보간법을 다항식 보간법이라 한다. 특히 (4.3)과 같은 형태의 근사다항식을 사용하는 방법을 **Lagrange 보간법**이라 하고,

$$\begin{aligned} P_n(x) =& a_0 + a_1(x - b_0) + a_2(x - b_0)(x - b_1) + a_3(x - b_0)(x - b_1)(x - b_2) \\ &+ \cdots + a_n(x - b_0)(x - b_1)\cdots(x - b_{n-1}) \end{aligned}$$

인 형태의 근사다항식을 사용하는 방법을 **Newton 보간법**이라 한다.

근사다항식 중에서 **Taylor 다항식**이 자주 쓰인다.

예제 1.1 $x_0 = 0$근방에서 최고 차수가 3인 $f(x) = \sin x$의 근사다항식을 구하고, $\sin 0.5$의 근사값을 구하여라.

풀이 $x_0 = 0$을 중심으로 최고 차수가 3인 $f(x) = \sin x$의 근사다항식은 (4.3)과 같은 대수다항식

$$P(x) = a_0 + a_1 x + a_2 x^2 + a_3 x^3$$

이라 두고,

$$P(0) = f(0),\ P'(0) = f'(0),\ P''(0) = f''(0),\ P^{(3)}(0) = f^{(3)}(0)$$

을 만족하는 $a_0,\ a_1,\ a_2,\ a_3$은

$$a_0 = P(0),\ a_1 = P'(0),\ a_2 = \frac{1}{2}P''(0),\ a_3 = \frac{1}{6}P^{(3)}(0)$$

이다. 또한

$$f(0) = \sin 0 = 0,\ f'(0) = \cos 0 = 1,$$

$$f''(0) = -\sin 0 = 0,\ f^{(3)}(0) = -\cos 0 = -1$$

이므로

$$a_0 = 0,\ a_1 = 1,\ a_2 = 0,\ a_3 = -\frac{1}{6}$$

이다. 따라서 차수가 3이하인 근사다항식은

$$P(x) = x - \frac{1}{6}x^3$$

임을 알 수 있다.

또한 위의 근사다항식으로 $\sin 0.5 = .4794255386$의 근사값

$$\sin 0.5 = f(0.5) \approx P(0.5) = 0.5 - \frac{1}{6} \times 0.5^3 = 0.4791666667$$

을 구할 수 있다.

위 예제의 다항식은 x_0에서 전개된 함수 $f(x)$에 관한 3차 Taylor 다항식이다. 즉 Taylor 다항식을 사용하여 매우 정확한 근사값을 얻을 수 있다. 예를 들어, $\sin x$와 그 3차, 4차 Taylor 다항식을 플롯하여 보면 알 수 있다.

> plot({sin(x), x − 1/6 ∗ x^3, x − 1/6 ∗ x^3 + 1/120 ∗ x^5}, x = −5..5, y = −3..3);

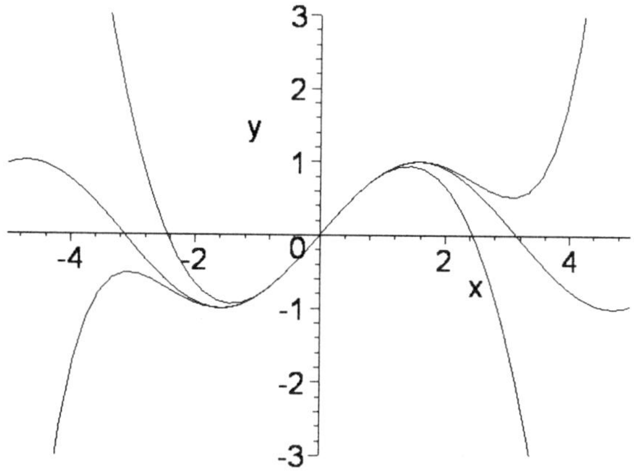

예제 1.2 (1) $f(x) = \sqrt{1+x}$에 대하여 $x_0 = 0$ 근처에서 3차 Taylor 근사다항식을 구하여라.

(2) (1)의 다항식을 이용하여 $\sqrt{1.1}$의 근사값을 구하여라.

풀이 (1) Maple에서 Taylor 급수전개는 **taylor** 명령어를 사용한다. 즉, $\sqrt{1+x}$의 3차 Taylor 근사다항식은 다음과 같다.

> taylor(sqrt(1 + x), x = 0, 3);

$$1 + \frac{1}{2}x - \frac{1}{8}x^2 + O(x^3)$$

오차 항을 포함하고 있으므로 **convert** 명령어와 옵션 **polynom**을 사용하여 다항식으로 만든다.

> poly := convert(%, polynom);

$$poly := 1 + \frac{1}{2}x - \frac{1}{8}x^2$$

다음은 주어진 함수와 Taylor 다항식을 동시에 플롯한다. 구간 $[0, 2]$에서 두 함수의 그래프는 거의 차이가 없음을 알 수 있다.

> plot({sqrt(1 + x), poly}, x = 0..2);

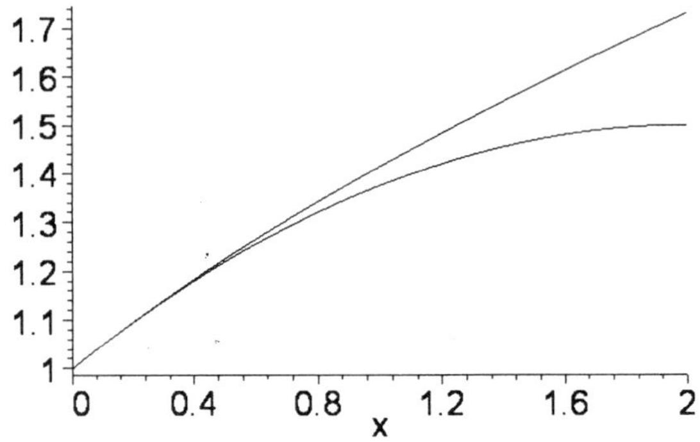

(2) 위에서 구한 다항식에 0.1을 대입하여 근사값을 구한다.

> evalf(1 + 1/2 * 0.1 − 1/8 * 0.1^2);

1.048750000

$\sqrt{1.1}$의 실제 값은 1.048808848이다.

> evalf(sqrt(1.1));

1.048808848

제 2 절 Lagrange 보간법

Taylor 다항식과 같이 주어진 함수와 그 도함수가 일치하는 근사다항식을 생각할 수 있다. 이러한 다항식은 작은 구간에서 도함수가 존재하고 쉽게 구할 수 있는 경우에 유용하다. 그러나 항상 이러한 경우만을 생각할 수는 없다. 이 절에서는 평면의 주어진 n개의 점을 지나는 근사다항식을 다룬다.

1. 선형 보간법

서로 다른 두 점 $(x_0, f(x_0)), (x_1, f(x_1))$을 지나는 1차 다항식을 결정하는 문제를 생각한다. 이 것은 주어진 점에서 $f(x)$의 값과 일치하는 1차 다항식을 구하여 이 다항식을 $f(x)$의 근사함수로 사용하는 것이다. 즉,

$$f(x) \cong P(x) = ax + b$$

에서

$$f(x_0) \cong P(x_0) = ax_0 + b,\ f(x_1) \cong P(x_1) = ax_1 + b$$

라 하면

$$a = \frac{f(x_0) - f(x_1)}{x_0 - x_1}, b = f(x_1) - \frac{f(x_0) - f(x_1)}{x_0 - x_1}x_1$$

이다. 따라서 1차 다항식

$$P(x) = \frac{x - x_1}{x_0 - x_1}f(x_0) + \frac{x - x_0}{x_1 - x_0}f(x_1)$$

을 구할 수 있다. 여기서 $x = x_0$과 $x = x_1$일 때, 각각

$$P(x_0) = 1 \cdot f(x_0) + 0 \cdot f(x_1) = f(x_0),\ P(x_1) = 0 \cdot f(x_0) + 1 \cdot f(x_1) = f(x_1)$$

이므로 $P(x)$는 구하려는 근사다항식이 된다.

이와 같이 두 점 x_0과 x_1사이에 있는 $\hat{x}$에서 $f(\hat{x})$의 근사함수로 사용하는 직선 $P(\hat{x})$를 **선형 Lagrange 보간 다항식**(linear Lagrange interpolation polynomial)이라 한다.

예제 2.1 $f(x) = \frac{1}{x}$에 대하여 $x_0 = 2,\ x_1 = 3$에서 선형 Lagrange 보간 다항식을 이용하여 $f(2.7) = \frac{1}{2.7} = 0.370370$의 근사값을 구하여라.

풀이 $x_0 = 2,\ x_1 = 3$에 대한 선형 Lagrange 보간 다항식은

$$P(x) = \frac{1}{2}\frac{x - 3}{2 - 3} + \frac{1}{3}\frac{x - 2}{3 - 2} = -\frac{x - 3}{2} + \frac{x - 2}{3}$$

이므로 $\hat{x} = 2.7$에의 근사값은

$$P(3) = \frac{0.3}{2} + \frac{0.7}{3} = 0.150000 + 0.233333 = 0.383333$$

이고, 오차는 0.012963이다.

2. 고차 Lagrange 보간법

선형 Lagrange 보간법을 일반화한 고차 Lagrange 보간법은 서로 다른 $(n+1)$개의 점

$$(x_0, f(x_0)), (x_1, f(x_1)), \cdots, (x_n, f(x_n))$$

을 지나고, $i = 0, 1, 2, \cdots, n$에 대하여 $f(x_i) = P(x_i)$를 만족하는 n차 다항식 $P(x)$을 구하는 방법이다. 즉, 보간 다항식을

$$\begin{aligned} f(x) \approx P(x) &= L_{n,0}(x)f(x_0) + L_{n,1}(x)f(x_1) + \cdots + L_{n,n}(x)f(x_n) \\ &= \sum_{k=0}^{n} L_{n,k}(x)f(x_k) \end{aligned} \tag{4.4}$$

와 같이 정의한다. 여기서 $L_{n,k}(x)$는 $i = 0, 1, 2, \cdots, n$에 대하여

$$L_{n,k}(x_i) = \delta_{ki} = \begin{cases} 1 & (i = k) \\ 0 & (i \neq k) \end{cases}$$

을 만족하는 n차 Lagrange 다항식이라 하면

$$P(x_i) = \sum_{k=0}^{n} L_{n,k}(x_i)f(x_k) = \sum_{k=0}^{n} \delta_{ki}f(x_k) = \delta_{ii}f(x_i) = f(x_i)$$

이다.

다음은 $L_{n,k}(x)$를 구하여 본다. (4.4)에서 $L_{n,k}(x_i) = 0 (i \neq k)$이기 위해서는 n차 다항식 $L_{n,k}(x)$는 $(x - x_i)(i \neq k)$의 변수를 가지고 있어야 하므로 임의의 상수 C에 대하여

$$\begin{aligned} L_{n,k}(x) &= C(x - x_0)(x - x_1)\cdots(x - x_{k-1})(x - x_{k+1})\cdots(x - x_n) \\ &= C \prod_{i=0, i\neq k}^{n} (x - x_i) \end{aligned}$$

이고, $x = x_k$일 때

$$L_{n,k}(x_k) = C \prod_{i=0, i \neq k}^{n} (x_k - x_i) = 1$$

이다. 따라서

$$C = \frac{1}{\displaystyle\prod_{i=0, i \neq k}^{n} (x_k - x_i)}$$

이다. 결국 계수 다항식(Lagrange 다항식)

$$L_{n,k}(x) = \prod_{i=0, i \neq k}^{n} (x - x_i) \Big/ \prod_{i=0, i \neq k}^{n} (x_k - x_i) = \prod_{i=0, i \neq k}^{n} \frac{x - x_i}{x_k - x_i}$$

를 얻을 수 있다. 이것을 (4.4)식과 결합하면 n차 Lagrange 보간 다항식 $P(x)$가 구해진다.

예제 2.2 다음 표를 이용하여

(1) 3차 Lagrange 계수 다항식을 구하여라.

(2) $f(2.0)$을 3차 Lagrange 보간 다항식으로 구하여라.

x_i	1.5	2.5	3.0	4.0
$f(x_i)$	0.176091	0.397940	0.477121	0.602060

풀이 (1) $x_0 = 1.5,\ x_1 = 2.5,\ x_2 = 3.0, x_3 = 4.0$이라 두고 각 계수 다항식을 구한다.

$$\begin{aligned} L_{3,0}(x) &= \frac{(x - x_1)(x - x_2)(x - x_3)}{(x_0 - x_1)(x_0 - x_2)(x_0 - x_3)} = \frac{(x - 2.5)(x - 3.0)(x - 4.0)}{(1.5 - 2.5)(1.5 - 3.0)(1.5 - 4.0)} \\ &= -\frac{1}{3.75}(x - 2.5)(x - 3.0)(x - 4.0), \end{aligned}$$

$$L_{3,1}(x) = \frac{(x - x_0)(x - x_2)(x - x_3)}{(x_1 - x_0)(x_1 - x_2)(x_1 - x_3)} = \frac{1}{0.75}(x - 1.5)(x - 3.0)(x - 4.0),$$

$$L_{3,2}(x) = \frac{(x - x_0)(x - x_1)(x - x_3)}{(x_2 - x_0)(x_2 - x_1)(x_2 - x_3)} = -\frac{1}{0.75}(x - 1.5)(x - 2.5)(x - 4.0),$$

$$L_{3,3}(x) = \frac{(x-x_0)(x-x_1)(x-x_2)}{(x_3-x_0)(x_3-x_1)(x_3-x_2)} = \frac{1}{3.75}(x-1.5)(x-2.5)(x-3.0),$$

(2) (1)로부터 3차 Lagrange 보간 다항식은

$$P(x) = L_{3,0}(x)f(1.5) + L_{3,1}(x)f(2.5) + L_{3,2}(x)f(3.0) + L_{3,3}(x)f(4.0)$$

이고,

$$\begin{aligned} & f(2.0) \simeq P(2.0) \\ =& L_{3,0}(2)f(1.5) + L_{3,1}(2)f(2.5) + L_{3,2}(2)f(3.0) + L_{3,3}(2)f(4.0) \\ =& 0.299601 \end{aligned}$$

이다.

예제 2.3 $\ln 9.0 = 2.197224577$, $\ln 9.5 = 2.251291799$, $\ln 11 = 2.397895273$을 사용하여 $\ln 9.2$를 2차 Lagrange 보간 다항식으로 구하여라.

풀이 각 계수 다항식을 구한다.

> $L0 := \text{expand}(((x-9.5)*(x-11.0))/((9.0-9.5)*(9.0-11.0)));$

$$L0 := 1.000000000x^2 - 20.50000000x + 104.5000000$$

> $L1 := \text{expand}(((x-9.0)*(x-11.0))/((9.5-9.0)*(9.5-11.0)));$

$$L1 := -1.333333333x^2 + 26.66666666x - 132.0000000$$

> $L2 := \text{expand}(((x-9.0)*(x-9.5))/((11.0-9.0)*(11.0-9.5)));$

$$L2 := .3333333333x^2 - 6.166666666x + 28.50000000$$

계수 다항식들을 동시에 플롯한다.

> plot({L0, L1, L2}, $x = 8.5..11.5$);

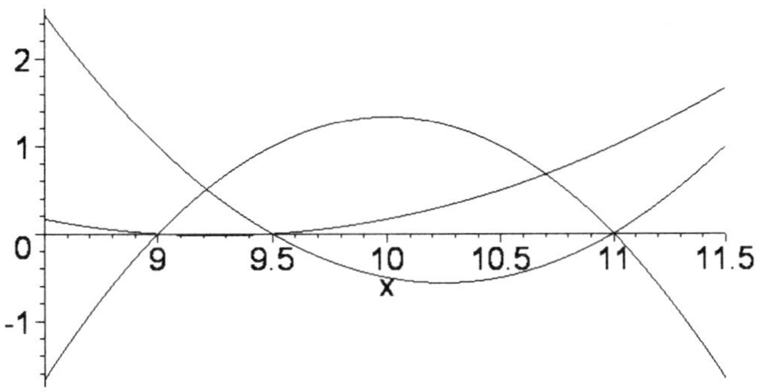

즉, 각 다항식은 세 점 $x = 9.0, 9.5, 11.0$중에 두 점에서 0임을 알 수 있다. 소수점 이하 10자리까지 정확한 값은 다음과 같다.

> ans:=evalf(subs(x=9.2, L0 * ln(9)+L1 * ln(9.5)+L2 * ln(11)));

$$ans := 2.219163243$$

예제 2.4 $x = 0, 1, 2, 3$일 때, 3차 Lagrange 보간 다항식이 어떻게 작용하는지 계수 다항식을 플롯하여 확인하여라.

풀이 > $L0 :=$ expand$(((x-1)*(x-2)*(x-3))/((0-1)*(0-2)*(0-3)))$;

$$L0 := -\frac{1}{6}x^3 + x^2 - \frac{11}{6}x + 1$$

> $L1 :=$ expand$((x*(x-2)*(x-3))/((1-0)*(1-2)*(1-3)))$;

$$L1 := \frac{1}{2}x^3 - \frac{5}{2}x^2 + 3x$$

> $L2 :=$ expand$((x*(x-1)*(x-3))/((2-0)*(2-1)*(2-3)))$;

$$L2 := -\frac{1}{2}x^3 + 2x^2 - \frac{3}{2}x$$

> $L3 := \text{expand}((x*(x-1)*(x-2))/((3-0)*(3-1)*(3-2)));$

$$L3 := \frac{1}{6}x^3 - \frac{1}{2}x^2 + \frac{1}{3}x$$

> plot({L0(x), L1(x), L2(x)}, $x = -0.5..3.5$);

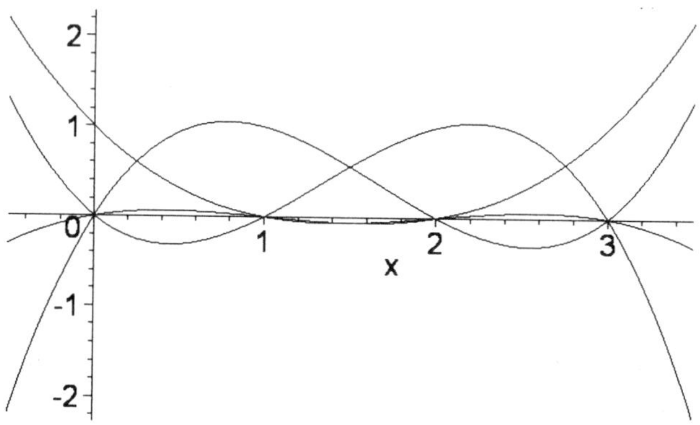

다음은 $(n+1)$개의 점 $(x_i, f(x_i))(i = 0, 1, \cdots, n)$를 지나는 n차 보간 다항식이 (4.3)과 같이 정의되었다면, 각 i에 대하여 $P(x_i) = f(x_i)$이므로 $(n+1)$원 연립방정식

$$\begin{aligned} a_0 + a_1x_0 + a_2x_0^2 + \cdots + a_nx_0^n &= f(x_0) \\ a_0 + a_1x_1 + a_2x_1^2 + \cdots + a_nx_1^n &= f(x_1) \\ &\vdots \\ a_0 + a_1x_n + a_2x_n^2 + \cdots + a_nx_n^n &= f(x_n) \end{aligned} \tag{4.5}$$

을 얻는다. $(n+1)$개의 방정식 (4.5)에 행렬을 적용하면

$$\begin{pmatrix} 1 & x_0 & x_0^2 & \cdots & x_0^n \\ 1 & x_1 & x_1^2 & \cdots & x_1^n \\ \vdots & \vdots & \vdots & \ddots & \vdots \\ 1 & x_n & x_n^2 & \cdots & x_n^n \end{pmatrix} \begin{pmatrix} a_0 \\ a_1 \\ \vdots \\ a_n \end{pmatrix} = \begin{pmatrix} f(x_0) \\ f(x_1) \\ \vdots \\ f(x_n) \end{pmatrix} \tag{4.6}$$

으로 나타낼 수 있다. 즉, $(n+1)\times(n+1)$ 행렬 V와 $(n+1)$차 열벡터 a, f로 표시하면 $Va = f$이다. 특히 행렬 V를 **Vandermonde 행렬**이라 하고, 행렬식값이

$$\det(V) = \prod_{j>i}(x_j - x_i)$$

이다. 또한 $i = 0, 1, 2, \cdots, n$에 대하여 실수 x_i는 서로 같지 않으므로 $\det(V) \neq 0$이다. 따라서 (4.6)으로부터 계수 $a_0, a_1, \cdots, a_n$을 구하면 보간 다항시식 $P(x)$를 구할 수 있다.

정리 2.1 **Lagrange 보간 다항식의 유일성**

$(n+1)$개의 점$(x_i, f(x_i))$ $(i = 0, 1, \cdots, n)$를 지나는 주어진 함수 $f(x)$의 n차 보간 다항식은 유일하게 존재한다.

증명 $P(x)$와 $Q(x)$를 정리의 조건을 만족하는 n차 보간 다항식이라 하면

$$P(x_i) = Q(x_i) = f(x_i), \ \ (i = 0, 1, 2, \cdots, n)$$

가 성립하고, $P(x_i) - Q(x_i) = 0$이므로 n차 다항식 $P(x_i) - Q(x_i)$는 서로 다른 근을 갖는다. 즉, n차 다항식은 많아야 n개의 근을 갖고, 또한 대수학의 기본정리로부터 모든 x에 대하여 $P(x) - Q(x) = 0$이므로 $P(x) = Q(x)$이다.

3. Lagrange 보간 다항식의 오차

함수 $f(x)$가 폐구간$[a, b]$에서 정의되고, n차 보간 다항식 $P(x)$를 $[a, b]$안의 $(n+1)$개의 서로 다른 점 $x_0, x_1, \cdots, x_n$에서 f를 지나는 $f(x)$의 Lagrange 보간 다항식이라 하면 오차를

$$E(x) = f(x) - P(x)$$

와 같이 정의하고, 오차 $E(x)$에 대하여 생각한다. 즉,

$$f(x) = P(x) + E(x)$$

이고, 또한 $i = 0, 1, 2, \cdots, n$에 대하여 $f(x_i) = P(x_i)$이므로

$$E(x_i) = 0$$

을 만족한다.

정리 2.2 **Lagrange 보간 다항식의 오차**

함수 $f(x)$가 폐구간$[a,b]$에서 정의되고, $(n+1)$번 미분가능이라 하면 임의의 점 $x \in [a,b]$에 대하여 오차는

$$E(x) = (x - x_0)(x - x_1)\cdots(x - x_n)\frac{f^{(n+1)}(\xi)}{(n+1)!} \quad (a < \xi < b)$$

와 같이 주어진다.

증명 임의의 함수 $S(x)$에 대하여 오차를

$$E(x) = (x - x_0)(x - x_1)\cdots(x - x_n)S(x)$$

와 같이 정의하면 주어진 함수는

$$f(x) = P(x) + (x - x_0)(x - x_1)\cdots(x - x_n)S(x) \tag{4.7}$$

와 같이 쓸 수 있다. $k = 0, 1, 2, \cdots, n$에 대하여 $x \neq x_k$인 분점들의 최소구간 $[a,b]$의 임의의 t에 대한 함수를

$$g(t) = f(t) - P(t) - (t - x_0)(t - x_1)\cdots(t - x_n)S(x)$$

와 같이 정의하면, $t = x_k$일 때, $f(x_k) = P(x_k)$이고 $(x_k - x_k) = 0$이므로

$$g(x_k) = 0$$

이고, 또한 $t = x$이면 (4.7)에 의해

$$\begin{aligned} g(x) =& f(x) - P(x) - (x - x_0)(x - x_1)\cdots(x - x_n)S(x) \\ =& f(x) - P(x) - [f(x) - P(x)] = 0 \end{aligned}$$

이다. 따라서 $g(x)$는 $[a, b]$에서 $(n+1)$번 미분가능인 함수이고 $(n+2)$개의 서로 다른값 $x, x_0, x_1, \cdots, x_n$에서 0이다.

위의 $g(x)$에 Rolle 정리를 적용시키면

$$g^{(n+1)}(\xi) = 0 \ (a < \xi < b)$$

을 만족하는 ξ가 존재하고,

$$g^{(n+1)}(\xi) = f^{(n+1)}(\xi) - 0 - (n+1)!S(x) = 0$$

이다. 따라서

$$S(x) = \frac{f^{(n+1)}(\xi)}{(n+1)!}$$

이므로 오차함수 $E(x)$는

$$E(x) = (x - x_0)(x - x_1) \cdots (x - x_n) \frac{f^{(n+1)}(\xi)}{(n+1)!} \ (a < \xi < b)$$

이다.

오차함수 $E(x)$는 이론적으로는 중요하지만 실제로는 도함수가 유계인 (도함수가 존재하는)함수에 대해서만 사용할 수 있다.

예제 2.5 예제 2.4에서 오차의 범위를 구하여라. 단, 예제 2.4의 표는 $f(x) = \log_{10} x$에서 유도된 것이다.

풀이 $x = 2$

$$\begin{aligned} E =& f(2.0) - P(2.0) \\ =& (2.0 - x_0)(2.0 - x_1)(2.0 - x_2)(2.0 - x_3)\frac{f^{(4)}(\xi)}{4!} \end{aligned}$$

이다. 또한

$$f(x) = \log_{10} x = \frac{\log x}{\log 10}, \quad f^{(4)}(x) = -\frac{3!}{x^4 \log 10}$$

이므로

$$f^{(4)}(\xi) = -\frac{3!}{\xi^4 \log 10}$$

이다. 따라서

$$\frac{f^{(4)}(\xi)}{4!} = -\frac{1}{4\xi^4 \log 10} = -\frac{\log_{10} e}{4\xi^4} - \frac{0.108574}{\xi^4}$$

이다. 또한 ξ가 구간 $(1.5, 4.0)$안에 있으므로

$$\begin{aligned}|E| =& |\frac{0.108574}{\xi^4}||(2.0-1.5)(2.0-2.5)(2.0-3.0)(2.0-4.0)| \\ <& \frac{0.108574}{(1.5)^4} \times 0.5 = 0.010723\end{aligned}$$

이 오차의 범위이다.

제 3 절 Newton 보간법

앞 절에서 다룬 Lagrange 보간법은 아래와 같이 두 가지 단점이 있다.

(1) Lagrange 보간법에서의 오차를 추정할 때, 고차 미분계수에 대한 정보가 요구된다. 따라서 함수 $f(x)$의 고차도함수를 알지 못하면 보간 다항식으로 계산한 근사치의 오차를 추정할 수 없고,

(2) $f(x)$에 대한 근사값의 정밀도를 높이기 위해 보간점을 한 점씩 더 추가하며, 보간 다항식의 차수를 순차적으로 높여 갈 때, 낮은 차수에서 수행된 계산 결과를 다음 단계의 높은 차수의 보간 계산에 쓸 수 없다.

이와 같은 단점을 개선한 **Newton 보간법**을 다룬다. 즉, $P_{n-1}(x)$를 분점 $x_0, x_1, \cdots, x_{n-1}$에서의 $f(x)$의 $(n-1)$차 보간 다항식이라 하고, $P_n(x)$는 분점을 하나 더 추가한 $x_0, x_1, \cdots, x_n$에서의 $f(x)$의 n차 보간 다항식이라 하면, 임의의 상수 c에 대하여

$$P_n(x) = P_{n-1}(x) + c\prod_{i=0}^{n-1}(x - x_i) \tag{4.8}$$

와 같이 쓸 수 있다. $i = 0, 1, 2, \cdots, n-1$에 대하여

$$P_n(x_i) = P_{n-1}(x_i) = f(x_i)$$

를 만족한다. $x = x_n$에서는

$$P_n(x_n) = f(x_n)$$

이다. 또한 (4.8)은 $x = x_n$일 때,

$$P_n(x_n) = f(x_n) = P_{n-1}(x_n) + c\prod_{i=0}^{n-1}(x_n - x_i)$$

이므로

$$c = \frac{f(x_n) - P_{n-1}(x_n)}{\displaystyle\prod_{i=0}^{n-1}(x_n - x_i)} \tag{4.9}$$

이다. (4.9)를 (4.8)에 대입하면

$$P_n(x) = P_{n-1}(x) + (f(x_n) - P_{n-1}(x_n))\prod_{i=0}^{n-1}\frac{(x - x_i)}{(x_n - x_i)} \tag{4.10}$$

이고, 일반적인 Newton 다항식을 구할 수 있다. 즉, 다음과 같이 a_i를 정한다. $n = 0$일 때,

$$P_0(x) = f(x_0) = a_0$$

$n = 1$일 때,

$$\begin{aligned} P_1(x) =& P_0(x) + \frac{f(x_1) - P_0(x_1)}{x_1 - x_0}(x - x_0) \\ =& a_0 + a_1(x - x_0) \ (\text{단}, a_1 = \frac{f(x_1) - P_0(x_1)}{x_1 - x_0}) \end{aligned}$$

이고, 마찬가지로 $n = 2$일 때,

$$\begin{aligned} P_2(x) =& P_1(x) + \frac{f(x_2) - P_1(x_2)}{(x_2 - x_0)(x_2 - x_1)}(x - x_0)(x - x_1) \\ =& a_0 + a_1(x - x_0) + a_2(x - x_0)(x - x_1) \ (\text{단}, a_2 = \frac{f(x_2) - P_1(x_2)}{(x_2 - x_0)(x_2 - x_1)}) \end{aligned}$$

이다. 이와 같이 계속 확장해 가면 Newton 보간 다항식

$$\begin{aligned} P_n(x) =& a_0 + a_1(x - x_0) + a_2(x - x_0)(x - x_1) + \cdots \\ &+ a_n(x - x_0)(x - x_1)\cdots(x - x_{n-1}) \end{aligned}$$

을 얻는다. 이 식으로부터 $k = 1, 2, \cdots, n$에 대하여

$$a_0 = f(x_0),\ a_1 = \frac{f(x_1) - P_0(x_1)}{x_1 - x_0}, \cdots, a_k = \frac{f(x_k) - P_{k-1}(x_k)}{\displaystyle\prod_{i=0}^{k-1}(x_k - x_i)}$$

와 같이 계수 $a_0, a_1, \cdots, a_n$이 주어진다.

1. 분할차분

Newton 보간 다항식을 좀 더 쉽게 계산하기 위해 **분할차분** (divided difference)의 개념을 사용한다. 즉, 주어진 함수 $f(x)$와 서로 다른 점 x_i에서의 함수의 제 0 분할차분 $f[x_i]$는

$$f[x_i] = f(x_i)$$

이고, 두 점 x_i, x_j에 관한 함수 f의 제 1 분할차분 $f[x_i, x_j]$는

$$f[x_i, x_j] = \frac{f(x_j) - f(x_i)}{x_j - x_i}$$

이고, 세 점 x_i, x_j, x_k에 관한 함수 f의 제 2 분할차분 $f[x_i, x_j, x_k]$는

$$f[x_i, x_j, x_k] = \frac{f[x_j, x_k] - f[x_i, x_j]}{x_k - x_i}$$

이다. 따라서 제 k 분할차분은

$$f[x_i, x_{i+1}, \cdots, x_{i+k}] = \frac{f[x_{i+1}, x_{i+2}, \cdots, x_{i+k}] - f[x_i, x_{i+1}, \cdots, x_{i+k-1}]}{x_{i+k} - x_i}$$

임을 알 수 있다.

정리 3.1 **분할차분의 성질**

분할차분 $f[x_0, x_1, \cdots, x_n]$은 독립 변수 $x_0, x_1, \cdots, x_n$의 순서에 관계없이 그 값이 같다. 또한 일반적으로 분할차분에 대하여 다음이 성립한다.

$$f[x_0, x_1, \cdots, x_n] = \sum_{j=0}^{n} \frac{f(x_j)}{\prod_{k=0}^{n}(x_j - x_k)},\ (k \neq j).$$

증명 예를 들어,

$$f[x_1, x_0] = \frac{f(x_0) - f(x_1)}{x_0 - x_1} = \frac{f(x_1) - f(x_0)}{x_1 - x_0} = f[x_0, x_1]$$

이고, 또한

$$f[x_0, x_1, x_2] = \frac{f(x_0)}{(x_0 - x_1)(x_0 - x_2)} + \frac{f(x_1)}{(x_1 - x_0)(x_1 - x_2)} + \frac{f(x_2)}{(x_2 - x_0)(x_2 - x_1)}$$

이므로, x_0, x_1, x_2의 순서를 바꾸어도 우변의 각 항의 합은 같다. 일반적인 경우는 복잡하지만 같은 방법으로 보일 수 있다.

다음과 같이 분할차분표를 이용하면 Newton 보간 다항식이 간단히 표기된다.

x_i	$f(x_i)$	제 1분할차분	제 2분할차분	제 3분할차분	제 4분할차분
x_0	$f(x_0)$				
x_1	$f(x_1)$	$f[x_0, x_1]$			
x_2	$f(x_2)$	$f[x_1, x_2]$	$f[x_0, x_1, x_2]$		
x_3	$f(x_3)$	$f[x_2, x_3]$	$f[x_1, x_2, x_3]$	$f[x_0, x_1, x_2, x_3]$	
x_4	$f(x_4)$	$f[x_3, x_4]$	$f[x_2, x_3, x_4]$	$f[x_1, x_2, x_3, x_4]$	$f[x_0, x_1, x_2, x_3, x_4]$

함수 $f(x)$와 n차 Newton 보간 다항식 $P_n(x)$사이의 오차를 $E(x)$라 하면

$$\begin{aligned} f(x) =& P_n(x) + E(x) \\ =& a_0 + a_1(x - x_0) + a_2(x - x_0)(x - x_1) + \cdots \\ &+ a_n(x - x_0)\cdots(x - x_n) + E(x) \end{aligned}$$

와 같이 쓸 수 있고, $i = 0, 1, 2, \cdots, n$에 대하여 $f(x_i) = P_n(x_i)$이므로 각 분점에서의 오차는

$$E(x_i) = 0$$

이다.

정리 3.2 분할차분에 의한 Newton 보간 다항식의 오차

함수 $f(x)$와 n차 Newton 보간 다항식 $P_n(x)$사이의 오차는 다음과 같다.

$$E(x) = f[x, x_n, x_{n-1}, \cdots, x_0](x - x_0)(x - x_1)\cdots(x - x_n).$$

증명 $x = x_0$일 때

$$f(x_0) = P_n(x_0) + E(x_0) = a_0$$

이므로

$$a_0 = f(x_0) = f[x_0]$$

이다. 또한 $x = x_1$일 때

$$f(x_1) = f(x_0) + a_1(x - x_0)$$

이다. 따라서

$$a_1 = \frac{f(x_1) - f(x_0)}{x_1 - x_0} = f[x_1, x_0]$$

이다. 마찬가지로

$$f[x] = f[x_0] + f[x_1, x_0] + a_2(x - x_1) + a_3(x - x_1)(x - x_2) + \cdots + E(x)$$

로부터

$$\begin{aligned}\frac{f[x] - f[x_0]}{x - x_0} =& f[x, x_0] = f[x_1, x_0] + a_2(x - x_1) + a_3(x - x_1)(x - x_2)\\ &+ \cdots + \frac{E(x)}{x - x_0}\end{aligned}$$

이고, $x = x_2$일 때

$$f[x_2, x_0] = f[x_1, x_0] + a_2(x_2 - x_1)$$

이므로

$$a_2 = \frac{f[x_2, x_0] - f[x_1, x_0]}{x_2 - x_1} = f[x_2, x_1, x_0]$$

이다. 따라서

$$\begin{aligned}f[x, x_0] =& f[x_1, x_0] + f[x_2, x_1, x_0](x - x_1)\\ &+ a_3(x - x_1)(x - x_2) + \cdots\\ &+ a_n(x - x_1)(x - x_2)\cdots(x - x_{n-1}) + \frac{E(x)}{x - x_0}\end{aligned}$$

이고,

$$\begin{aligned}\frac{f[x,x_0]-f[x_1,x_0]}{x-x_1} =& f[x,x_1,x_0] \\ =& f[x_2,x_1,x_0]+a_3(x-x_2) \\ &+\cdots+\frac{E(x)}{(x-x_0)(x-x_1)}\end{aligned}$$

이 과정을 계속 반복하면 $k=0,1,2,\cdots,n$에 대하여

$$a_k = f[x_k, x_{k-1}, \cdots, x_0]$$

임을 알 수 있다. 결국

$$f[x,x_{n-1},\cdots,x_0]=f[x_n,x_{n-1},\cdots,x_0]+\frac{E(x)}{(x-x_0)(x-x_1)\cdots(x-x_{n-1})}$$

이다. 즉,

$$\begin{aligned}&\frac{f[x,x_{n-1},\cdots,x_0]-f[x_n,x_{n-1},\cdots,x_0]}{x-x_n} \\ =&\frac{E(x)}{(x-x_0)(x-x_1)\cdots(x-x_{n-1})(x-x_n)}\end{aligned}$$

이다. 따라서 $f(x)$를 $P_n(x)$로 근사했을 때의 오차함수는

$$E(x)=f[x,x_n,x_{n-1},\cdots,x_0](x-x_0)(x-x_1)\cdots(x-x_n)$$

임을 알 수 있다.

Lagrange 보간 다항식의 오차와 Newton 보간 다항식의 오차 사이에는

$$\frac{f^{(n+1)}(c)}{(n+1)!}=f[x,x_n,x_{n-1},\cdots,x_0]$$

이 성립한다. 분할차분을 이용한 Newton 보간 다항식의 오차는 Lagrange 보간 다항식의 오차보다 쉽게 구성할 수 있다. 왜냐하면 $(n+1)$차 도함수를 알 수 없는 경우에도 오차를 추정할 수 있기 때문이다.

결국 분할차분을 이용한 Newton 보간 다항식은

$$\begin{aligned}P_n(x) \;=\;& f[x_0]+f[x_0,x_1](x-x_0)+f[x_0,x_1,x_2](x-x_0)(x-x_1)+ \\ &\cdots+f[x_0,x_1,\cdots,x_n](x-x_0)(x-x_1)\cdots(x-x_{n-1}) \qquad (4.11)\end{aligned}$$

과 같이 쓸 수 있다.

예제 3.1 예제 2.2의 Lagrange 보간 다항식의 예제를 이용하여 분할차분표를 작성하고 Newton 보간법에 의해 $f(2.0)$을 구하여라.

풀이 먼저 분할차분표를 작성한다.

i	x_i	$f[x_i]$	$f[x_i, x_{i+1}]$	$f[x_i, x_{i+1}, x_{i+2}]$	$f[x_i, x_{i+1}, x_{i+2}, x_{i+3}]$
0	1.5	0.176091			
			0.221849		
1	2.5	0.397940		−0.042325	
			0.158362		0.0080172
2	3.0	0.477121		−0.022282	
			0.124939		
3	4.0	0.602060			

$n = 1$일 때

$$\begin{aligned} f(x) \cong P_1(x) =& f[x_0] + f[x_0, x_1](x - x_0) \\ =& 0.176091 + (0.221849)(x - 1.5) = 0.221849x - 0.156683 \end{aligned}$$

이고, $n = 2$일 때

$$\begin{aligned} f(x) \cong P_2(x) =& P_1(x) + f[x_0, x_1, x_2](x - x_0)(x - x_1) \\ =& 0.221849x - 0.156683 + (-0.042325)(x - 1.5)(x - 2.5) \\ =& -0.042325x^2 + 0.391149x - 0.315402 \end{aligned}$$

이고, $n = 3$일 때

$$\begin{aligned} f(x) \cong P_3(x) =& P_2(x) + f[x_0, x_1, x_2, x_3](x - x_0)(x - x_1)(x - x_2) \\ =& (-0.042325x^2 + 0.391149x - 0.315402) \\ & + (0.008017)(x - 1.5)(x - 2.5)(x - 3.0) \\ =& 0.008017x^3 - 0.098444x^2 + 0.517417x - 0.405593 \end{aligned}$$

이다. 위의 각 식에 $x = 2.0$을 대입하면 $f(2.0)$의 근사값은

$$P_1(2.0) = 0.287016,\ P_2(2.0) = 0.297596,\ P_3(2.0) = 0.299600$$

임을 알 수 있다.

예제 3.2 다음 표를 이용하여 $f(9.2)$를 Newton 분할차분으로 구하라.

x_i	8.0	9.0	9.5	11.0
$f(x_i)$	2.079442	2.197225	2.251292	2.397895

풀이 먼저 주어진 자료를 입력한다.

```
>x0:=8.0: x1:=9.0: x2:=9.5: x3:=11.0:
>f0:=2.079442: f1:=2.197225: f2:=2.251292: f3:=2.397895:
```

제 1 분할차분을 계산한다.

```
>a10:=(f1-f0)/(x1-x0);
```

$$a10 := 0.1177830000$$

```
>a11:=(f2-f1)/(x2-x1);
```

$$a11 := 0.1081340000$$

```
>a12:=(f3-f2)/(x3-x2);
```

$$a12 := 0.09773533333$$

제 2 분할차분, 제 3 분할차분을 계산한다.

```
>a20:=(a11-a10)/(x2-x0);
```

$$a20 := -0.006432666667$$

```
>a21:=(a12-a11)/(x3-x1);
```

$$a21 := -0.005199333335$$

```
>a30:=(a21-a20)/(x3-x0);
```

$$a30 := 0.0004111111107$$

분할차분표를 작성하면 다음과 같다.

x_i	$f[x_i]$	$f[x_i, x_{i+1}]$	$f[x_i, x_{i+1}, x_{i+2}]$	$f[x_i, x_{i+1}, x_{i+2}, x_{i+3}]$
8.0	2.079442			
		0.1177830000		
9.0	2.197225		−0.006432666667	
		0.1081340000		0.0004111111107
9.5	2.251292		−0.005199333335	
		0.09773533333		
11.0	2.397895			

다음은 1차 보간 다항식 $P_1(x)$, 2차 보간 다항식 $P_2(x)$, 3차 보간 다항식 $P_3(x)$를 계산한다.

```
>P1(x):=f0+(x-x0)*a10;
```

$$P1(x) := 1.137178000 + 0.1177830000x$$

```
>P2(x):=P1(x)+(x-x0)*(x-x1)*a20;
```

$$P2(x) := 1.137178000 + 0.1177830000x - 0.006432666667(x - 8.0)(x - 9.0)$$

```
>P3(x):=expand(P2(x)+(x-x0)*(x-x1)*(x-x2)*a30);
```

$$P3(x) :=0.3928260003 + 0.3231327777x - 0.01732711110x^2 + 0.0004111111107x^3$$

위에서 구한 보간 다항식들을 동시에 플롯한다.

```
>plot({ P1(x), P2(x),P3(x)}, x=8..11);
```

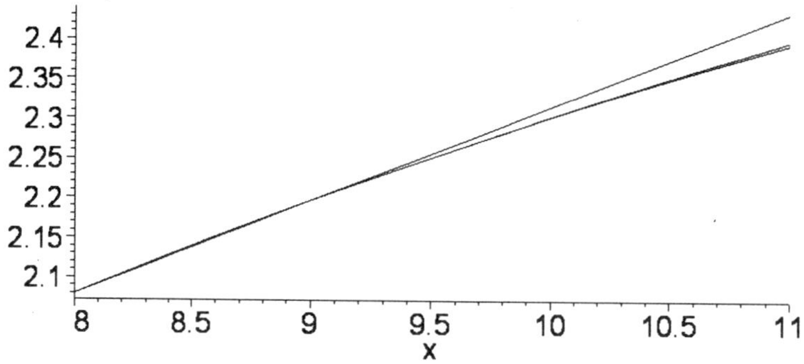

다음 플롯으로부터 차 $P_2(x) - P_1(x)$는 한 번, $P_3(x) - P_1(x)$는 두 번 부

호를 바꾼다는 사실을 알 수 있다.

```
>plot({ P2(x)-P1(x), P3(x)-P2(x)}, x=8..11, y=-0.001..0.002);
```

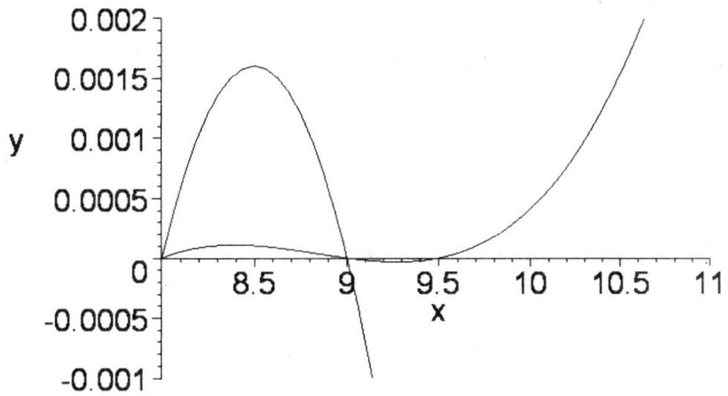

$f(9.2)$의 근사값을 각 차의 다항식에 대하여 구하면 다음과 같다.

```
>evalf (subs(x=9.2, P1(x)));
```

$$2.220781600$$

```
>evalf (subs(x=9.2, P2(x)));
```

$$2.219237760$$

```
>evalf(subs(x=9.2, P3(x)));
```

$$2.219208160$$

2. 전향차분 공식

$x_0, x_1, \cdots, x_n$이 등간격으로 연속적으로 배열되어 있을 때, 분할차분을 이용한 Newton 보간 다항식 (4.11)을 계산상 편리하게 다음과 같이 쓸 수 있다. 즉,

$$x_i = x_0 + ih \quad (i = 0, 1, 2, \cdots)$$

이므로 등간격인 분점의 분할차분은

$$x_{i+1} - x_i = h,\ x_{i+2} - x_i = 2h,\ x_{i+3} - x_i = 3h$$

와 같이 간단히 표현된다.

전향차분(forward difference) 연산자 Δ를

$$\Delta f(x) = f(x+h) - f(x),\ \Delta^0 f(x) = f(x)$$

와 같이 정의하고, 고차의 전향차분은

$$\Delta^n f(x) = \Delta\{\Delta^{n-1} f(x)\}$$

로 정의하면

$$\Delta^2 f(x) = \Delta(\Delta f(x)) = \Delta\{f(x+h) - f(x)\} = f(x+2h) - 2f(x+h) + f(x)$$

이고, 일반적으로 전향차분을

$$\Delta^n f(x) = \sum_{k=0}^{n} (-1)^k \begin{pmatrix} n \\ k \end{pmatrix} f(x + (n-k)h),\ (\begin{pmatrix} n \\ k \end{pmatrix} = \frac{n!}{k!(n-k)!})$$

와 같이 정의할 수 있다.

다음은 전향차분을 분할차분 공식에 적용하면

$$f[x_i, x_{i+1}] = \frac{f[x_{i+1}] - f[x_i]}{x_{i+1} - x_i} = \frac{f(x_{i+1}) - f(x_i)}{h} = \frac{1}{h}\Delta f(x_i),$$

$$f[x_i, x_{i+1}, x_{i+2}] = \frac{f(x_{i+2}) - 2f(x_{i+1}) + f(x_i)}{(x_{i+2} - x_i)(x_{i+1} - x_i)} = \frac{1}{2!h^2}\Delta f(x_i),$$

이고, 일반적으로 $k = 0, 1, 2, \cdots, n$에 대하여

$$\begin{aligned} f[x_0, x_1, x_2, \cdots, x_k] &= \frac{f[x_1, x_2, \cdots, x_k] - f[x_0, x_1, \cdots, x_{k-1}]}{x_k - x_0} \\ &= \frac{1}{k!h^k}\Delta^k f(x_0) \end{aligned}$$

이다. 위의 결과를 이용하여 등간격 h로 배열되어 있는 $(n+1)$개의 분점 $x_i = x_0 + ih (i = 0, 1, 2, \cdots, n)$에 대한 Newton 보간 다항식을 표현한다. 보간점 x에 대하여 $x = x_0 + th$라 하면

$$x - x_i = (t - i)h$$

이므로, Newton 보간 다항식 (4.11)에 위의 사실을 적용하면

$$\begin{aligned} P_n(x) =& f[x_0] + thf[x_0, x_1] + t(t-1)h^2 f[x_0, x_1, x_2] \\ &+ \cdots + t(t-1)\cdots(t-n+1)h^n f[x_0, x_1, \cdots, x_n] \end{aligned}$$

이다. 따라서 Newton 전향차분 공식은

$$\begin{aligned} P_n(x) &= P_n(x_0 + th) \\ &= f(x_0) + t\Delta f(x_0) + \frac{t(t-1)}{2!}\Delta^2 f(x_0) \\ &+ \cdots + \frac{t(t-1)\cdots(t-n+1)}{n!}\Delta^n f(x_0) \\ &= \sum_{k=0}^{n} \binom{t}{k} \Delta^k f(x_0) \end{aligned} \tag{4.12}$$

이다.

예제 3.3 다음 표를 이용하여 $f(1.7)$을 Newton 전향차분 공식으로 구하라.

x_i	1.5	2.0	2.5	3.0
$f(x_i)$	0.176091	0.301030	0.397940	0.477121

풀이 전향차분표는

i	x_i	$f(x_i)$	$\Delta f(x_i)$	$\Delta^2 f(x_i)$	$\Delta^3 f(x_i)$
0	1.5	0.176091			
			0.124939		
1	2.0	0.301030		−0.028029	
			0.096910		0.010300
2	2.5	0.397940		−0.017729	
			0.079181		
3	3.0	0.477121			

이다. $h = 0.5, x_0 = 1.5$이므로 $x = 1.7 = 1.5 + 0.5t$로부터 $t = \frac{2}{5} = 0.4$이므로 Newton 전향차분 공식을 이용하면

$$f(1.7) = f(1.5 + \frac{2}{5} \times 0.5)$$

에 대한 근사다항식은 각각

$$P_1(1.7) = f(1.5) + \frac{2}{5}\Delta f(1.5) = 0.176091 + 0.4 \times 0.124939 = 0.226067,$$
$$P_2(1.7) = f(1.5) + \frac{2}{5}\Delta f(1.5) + \frac{1}{2!}\frac{2}{5}(\frac{2}{5} - 1)\Delta^2 f(1.5) = 0.229430,$$
$$P_3(1.7) = P_2(1.7) + \frac{1}{3!}\frac{2}{5}(\frac{2}{5} - 1)(\frac{2}{5} - 2)\Delta^3 f(1.5) = 0.230089$$

임을 알 수 있다.

예제 3.4 다음 표를 이용하여 $f(0.56)$을 Newton 전향차분 공식으로 구하여라.

x_i	0.5	0.6	0.7	0.8
$f(x_i)$	1.127626	1.185465	1.255169	1.337435

풀이 $x_0 = 0.5, h = 0.1$이므로 $t = \frac{x-x_0}{h} = \frac{x-0.5}{0.1}$과 $f(x_i)$를 입력한다.

```
>t := (x−0.5)/0.1;
```

$$t := 10.0x - 5.0$$

```
>f0:=1.127626: f1:=1.185465: f2:=1.255169: f3:=1.337435:
```

먼저 다음과 같이 1차 전향차분 df0, df1, df2를 구한다.

```
>df0:=f1−f0;
```

$$df0 := 0.057839$$

```
>df1:=f2−f1;
```

$$df1 := 0.069704$$

```
>df2:=f3−f2;
```

$$df2 := 0.082266$$

다음은 2차 전향차분 ddf0, ddf1을 구한다.

>ddf0:=df1−df0;

$$ddf0 := 0.011865$$

>ddf1:=df2−df1;

$$ddf1 := 0.012562$$

다음은 2차 전향차분 dddf0을 구한다.

>dddf0:=ddf1−ddf0;

$$dddf0 := 0.000697$$

따라서 3차 근사다항식 $P_3(0.56)$을 구하면 다음과 같다.

> P$_3$ (x):=expand (f0 + t * df0 + t*(t-1)/2*ddf0 +t* (t -1)* (t-2)/6 * dddf0);

$$P_3(x) := 0.9920110000 + 0.0501133334x + 0.3841499999x^2 + 0.1161666667x^3$$

>Ans:=evalf (subs(x=0.56, P$_3$ (x)));

$$Ans := 1.160944632$$

즉, 전향차분에 의한 $f(0.56)$의 근사값은 $P_3(0.56) = 1.160944632$이다.

3. 후향차분 공식

또한 $x_{-n}, x_{-n+1}, \cdots, x_{-1}, x_0$일 때, Newton 보간 다항식 (4.11)은

$$\begin{aligned} P_n(x) =& f[x_0] + f[x_0, x_{-1}](x - x_0) + f[x_0, x_{-1}, x_{-2}](x - x_0)(x - x_{-1}) \\ &+ \cdots + f[x_0, x_{-1}, \cdots, x_{-n}](x - x_0)(x - x_{-1}) \cdots (x - x_{-n+1}) \end{aligned}$$

이다.

$f(x)$에 **후향차분**(backward difference) 연산자 ∇를 적용하면, $i = -1, -2, \cdots, -n$에 대하여 $x_i = x_0 + ih$라 하면

$$f[x_0, x_{-1}] = \frac{f[x_0] - f[x_{-1}]}{x_0 - x_{-1}} = \frac{f(x_0) - f(x_{-1})}{x_0 - (x_0 - h)} = \frac{1}{h}\nabla f(x_0)$$

이다. 마찬가지로

$$f[x_0, x_{-1}, x_{-2}] = \frac{\frac{1}{h}\nabla f(x_0) - \frac{1}{h}\nabla f(x_{-1})}{x_0 - (x_0 - 2h)} = \frac{1}{2!h^2}\nabla^2 f(x_0)$$

이고, 일반적으로

$$f[x_0, x_{-1}, \cdots, x_{-n}] = \frac{1}{n!h^n}\nabla^n f(x_0)$$

이다. 또한

$$x - x_{-i} = (x_0 + th) - (x_0 - ih) = (t + i)h$$

이라 하면 **Newton의 후향차분 공식**은

$$\begin{aligned} P_n(x) =& f(x_0) + \frac{1}{h}\nabla f(x_0)th + \frac{1}{2!h^2}\nabla^2 f(x_0)t(t+1)h^2 \\ &+ \cdots + \frac{1}{n!h^n}\nabla^n f(x_0)t(t+1)\cdots(t+n-1)h^n \\ =& f(x_0) + t\nabla f(x_0) + \frac{t(t+1)}{2!}\nabla^2 f(x_0) \\ &+ \cdots + \frac{t(t+1)\cdots(t+n-1)}{n!}\nabla^n f(x_0) \end{aligned}$$

이다. 이 후향차분 공식을 Newton-Gregory의 후향차분 공식이라고도 한다.

예제 3.5 앞의 예제에서 $f(0.56)$을 Newton 후향차분으로 구하라.

풀이 $x_0 = 0.5, h = 0.1$이므로 $t = \frac{x - x_3}{h} = \frac{x - 0.8}{0.1}$과 앞 예제의 결과를 이용하여 $P_3(0.56)$을 구한다.

```
>t:=(x-0.8)/0.1;
```

$$t := 10.0x - 8.0$$

```
>P3(x):=expand(f3+t*df2+t*(t+1)/2*df1+t*(t+1) *(t+2)/6*dddf0);
```

$$P3(x) := 0.9920110000 + 0.0501133334x + 0.3841499999x^2 + 0.1161666667x^3$$

```
>evalf (subs (x=0.56, P3 (x)));
```

$$1.160944632$$

즉, 후향차분에 의한 $f(0.56)$의 근사값도 $P_3(0.56) = 1.160944632$이다.

전향(후향)차분법은 표의 중앙부근의 보간점 x에 대한 함수 $f(x)$의 값을 근사하는데에는 적당하지 못하다. 왜냐하면 앞의 예제에서 $f(0.56)$을 근사할 때 $x = 0.56$에 가까이 있는 보간점은 $x_1 = 0.6$이므로, 이 경우 적용 가능한 최고 차수의 보간 다항식은 2차이다. 따라서 주어진 자료를 최대한 활용 할 수 없다는 결함이 있다. 이의 결함을 보완한 것이 다음 절의 Gauss 보간법이다.

제 4 절 Gauss 보간 공식

차분자를 이용한 보간법의 결함은 보간점 x근방에 있는 분점들을 가까운 차례로 활용하여 $P_n(x)$를 구함으로써 개선할 수 있다. 즉

x_0 : 보간점 x에 제일 가까운 분점,

$x_{-1}, x_{-2}, \cdots, x_{-m}, \cdots$: x_0의 좌측에 있는 분점,

$x_1, x_2, \cdots, x_m, \cdots$: x_0의 우측에 있는 분점,

이라 하고, Newton 보간 다항식을 생각하자.

$x_0, x_1, x_{-1}, x_2, x_{-2}, \cdots, x_m, x_{-m}$등 $(2m+1)$개의 분점에서 2m차 Newton 보간 다항식은

$$
\begin{aligned}
P_{2m}(x) =& f[x_0] + f[x_0, x_1](x - x_0) + f[x_0, x_1, x_{-1}](x - x_0)(x - x_1) \\
&+ f[x_0, x_1, x_{-1}, x_2](x - x_0)(x - x_1)(x - x_{-1}) + \cdots \\
&+ f[x_0, x_1, x_{-1}, x_2, x_{-2}, \cdots, x_m, x_{-m}] \\
&(x - x_0)(x - x_1)(x - x_{-1}) \cdots (x - x_m)
\end{aligned}
$$

이다. 위 식의 분할차분은

$$
\begin{aligned}
f[x_0,x_1] &= \frac{1}{h}\Delta f(x_0),\\
f[x_0,x_1,x_{-1}] &= \frac{1}{2h}\left(\frac{1}{h}\Delta f(x_0) - \frac{1}{h}\Delta f(x_{-1})\right) = \frac{1}{2h^2}\Delta^2 f(x_{-1}),\\
f[x_0,x_1,x_{-1},x_2] &= \frac{1}{3h}\left(\frac{1}{2h^2}\Delta^2 f(x_0) - \frac{1}{2h^2}\Delta^2 f(x_{-1})\right) = \frac{1}{3!h^3}\Delta^3 f(x_{-1})
\end{aligned}
$$

이다. 일반적으로

$$
f[x_0,x_1,x_{-1},\cdots,x_m,x_{-m}] = \frac{1}{(2m)!h^{2m}}\Delta^{2m} f(x_{-m}) \tag{4.13}
$$

이다. 따라서 Newton 보간 다항식 $P_{2m}(x)$는

$$
\begin{aligned}
P_{2m}(x) =& P_{2m}(x_0+th)\\
=& f(x_0) + \frac{1}{h}\Delta f(x_0)th + \frac{1}{2h^2}\Delta^2 f(x_{-1})h^2 t(t-1)\\
&+ \frac{1}{3!h^3}\Delta^3 f(x_{-1})h^3 t(t-1)(t+1) + \cdots\\
&+ \frac{1}{(2m)!h^{2m}}\Delta^{2m} f(x_{-m})h^{2m} t(t-1)(t+1)\cdots(t-m)\\
=& f(x_0) + t\Delta f(x_0) + \frac{t(t-1)}{2!}\Delta^2 f(x_{-1})\\
&+ \cdots + \frac{t(t-1)(t+1)\cdots(t-m)}{2m!}\Delta^{2m} f(x_{-m})
\end{aligned}
$$

이 된다. 이 보간 다항식을 **Gauss의 전향차분 공식**이라 한다.

다음은 분점의 순서를 $x_0,x_1,x_{-1},x_2,x_{-2},\cdots,x_m,x_{-m},\cdots$ 와 같이 바꾸어 Newton 보간 다항식에 적용하면

$$
\begin{aligned}
P_{2m}(x) =& f(x_0) + f[x_0,x_{-1}](x-x_0) + f[x_0,x_{-1},x_1](x-x_0)(x-x_{-1}) + \cdots\\
&+ f[x_0,x_{-1},x_1,x_{-2},x_2,\cdots,x_{-m},x_m]\\
&(x-x_0)(x-x_{-1})(x-x_1)\cdots(x-x_{-m})
\end{aligned}
$$

이고, (4.13)에 의해 Gauss의 후향차분 공식

$$
\begin{aligned}
P_{2m}(x) =& f(x_0) + t\Delta f(x_{-1}) + \frac{t(t+1)}{2!}\Delta^2 f(x_{-1}) + \frac{t(t+1)(t-1)}{3!}\Delta^3 f(x_{-2})\\
&+ \cdots + \frac{t(t+1)(t-1)\cdots(t-m+1)(t+m)}{2m!}\Delta^{2m} f(x_{-m})
\end{aligned}
$$

을 얻는다. 또한 Gauss의 전향차분 공식과 Gauss의 후향차분 공식을 산술평균하면 **Stirling 공식**

$$\begin{aligned} P_{2m}(x) =& f(x_0) + \frac{t}{2}\{\Delta f(x_0) + \Delta f(x_{-1})\} + \frac{t^2}{2!}\Delta^2 f(x_{-1}) \\ &+ \frac{t(t^2-1)}{2\times 3!}\{\Delta^3 f(x_{-1}) + \Delta^3 f(x_{-2})\} + \cdots \\ &+ \frac{t^2(t^2-1)\cdots(t^2-(m-1)^2)}{2m!}\Delta^{2m} f(x_{-m}) \end{aligned}$$

얻는다.

예제 4.1 다음 표로부터 Gauss 전향차분 공식을 이용하여 $f(2.2)$를 근사하라.

x_i	1.5	2.0	2.5	3.0
$f(x_i)$	0.176091	0.301030	0.397940	0.477121

풀이 $x = 2.2$는 구간 $[2.0, 2.5]$사이에 있으므로

$$a_0 = 2.0,\ x_1 = 2.5,\ x_2 = 3,\ x_{-1} = 1.5$$

이고, Gauss 전향차분 공식을 이용하면

$$\begin{aligned} f(2.2) \simeq& P_1(2.0 + 5\times\frac{2}{5}) = f(2.0) + \frac{2}{5}\Delta f(2.0) = 0.339794, \\ f(2.2) \simeq& P_2(2.0 + 5\times\frac{2}{5}) = f(2.0) + \frac{2}{5}\Delta f(2.0) + \frac{1}{2}\times\frac{2}{5}(\frac{2}{5}-1)\Delta^2 f(1.5) \\ =& 0.343157, \\ f(2.2) \simeq& P_3(2.0 + 5\times\frac{2}{5}) = P_2(2.0 + 5\times\frac{2}{5}) + \frac{1}{6}\frac{2}{5}(\frac{2}{5}-1)(\frac{2}{5}+1)\Delta^3 f(1.5) \\ =& 0.343157 + \frac{1}{6}\frac{2}{5}(-\frac{3}{5})(\frac{7}{5})\times 0.010300 = 0.342581 \end{aligned}$$

제 5 절 Hermite 보간 다항식

근사하고자 하는 함수 $f(x)$에 대한 정보가 $(n+1)$개의 $f(x_i)$뿐만 아니라 그 미분계수 $f'(x_i)$에 대한 정보도 주어졌을 때, 분점이 아닌 점 x에서 $f(x)$를 추정하는 문제를 생각한다.

$(n+1)$개의 점 $x_0, x_1, \cdots, x_n$을 포함하는 최소구간에서 정의된 다항식으로서 $i = 0, 1, \cdots, n$에 대하여

$$f(x_i) = H(x_i), \;\; f'(x_i) = H'(x_i) \tag{4.14}$$

를 만족하는 최저 차수의 다항식을 **Hermite 보간 다항식**이라 한다.

(4.14)는 $(2n+2)$개의 조건식이므로 이 조건을 만족하는 보간 다항식의 최저차수는 $(2n+1)$이 된다. 따라서 Hermite 보간 다항식은 $(2n+1)$차이므로

$$H_{2n+1}(x) = \sum_{j=0}^{n} H_{n,j}(x) f(x_j) + \sum_{j=0}^{n} \hat{H}_{n,j}(x) f'(x_j) \tag{4.15}$$

와 같이 표시한다. 여기서 $H_{n,j}(x)$, $\hat{H}_{n,j}(x)$가 $k = 0, 1, \cdots, n$에 대하여 각각

$$H_{n,j}(x_k) = \delta_{jk}, \;\; H'_{n,j}(x_k) = 0, \tag{4.16}$$

$$\hat{H}_{n,j}(x_k) = 0, \;\; \hat{H}'_{n,j}(x_k) = \delta_{jk} \tag{4.17}$$

를 만족하면

$$H_{2n+1}(x_i) = \sum_{j=0}^{n} H_{n,j}(x_i) f(x_j) + \sum_{j=0}^{n} \hat{H}_{n,j}(x_i) f'(x_j) = \sum_{j=0}^{n} \delta_{ij} f(x_j) = f(x_i),$$

$$H'_{2n+1}(x_i) = \sum_{j=0}^{n} H'_{n,j}(x_i) f(x_j) + \sum_{j=0}^{n} \hat{H}'_{n,j}(x_i) f'(x_j) = \sum_{j=0}^{n} \delta_{ij} f'(x_j) = f'(x_i),$$

이므로 (4.15)는 Hermite 보간 다항식이 된다. 즉,

정리 5.1 **Hermite 보간 다항식**

함수 $L_{n,j}(x)$가 Lagrange 계수 다항식일 때, Hermite 보간 다항식은

$$H_{2n+1}(x)=\sum_{j=0}^{n}L_{n,j}^2(x)[1-2(x-x_j)L'_{n,j}(x_j)]f(x_j)+\sum_{j=0}^{n}L_{n,j}^2(x)(x-x_j)f'(x_j)$$

과 같이 주어진다.

증명 (4.16)에서 $H_{n,j}(x_i)$와 $H'_{n,j}(x_i)$는 $i\neq j$일 때 0이므로 $H_{n,j}(x)$는 $(x-x_i)^2$ $(i\neq j)$의 인수를 포함해야 한다. 즉, $i\neq j$일 때

$$H_{n,j}(x)=\prod_{i=0}^{n}(x-x_i)^2(ax+b)$$

와 같은 형태이다. 여기서 $i\neq j$에 대하여

$$a=\frac{\alpha}{\prod_{i=0}^{n}(x-x_i)^2},\quad b=\frac{\beta}{\prod_{i=0}^{n}(x-x_i)^2}$$

라 하고, Lagrange 보간 다항식 $L_{n,j}(x)=\prod_{i=0}^{n}\frac{(x-x_i)}{(x_j-x_i)}$를 사용하면

$$H_{n,j}(x)=\prod_{i=0}^{n}\frac{(x-x_i)^2}{(x_j-x_i)^2}(\alpha x+\beta)=L_{n,j}^2(x)(\alpha x+\beta) \tag{4.18}$$

가 된다. $x=x_j$에서 $H_{n,j}(x_j)=1$이고, $H'_{n,j}(x_j)=0$이므로 (4.18)의 α와 β는

$$H_{n,j}(x_j)=L_{n,j}^2(x_j)(\alpha x_j+\beta)=1, \tag{4.19}$$

$$H'_{n,j}(x_j)=2L_{n,j}(x_j)L'_{n,j}(x_j)(\alpha x_j+\beta)+\alpha L_{n,j}^2(x_j)=0, \tag{4.20}$$

을 만족한다. (4.19), (4.20)은 α와 β에 관한 2원 연립방정식이고, 이것을 풀면

$$\alpha=-2L'_{n,j}(x_j),\quad \beta=1+2x_jL'_{n,j}(x_j)$$

이고, (4.18)에 대입하면

$$H_{n,j}(x) = L_{n,j}^2(x)[1 - 2(x - x_j)L'_{n,j}(x_j)] \tag{4.21}$$

이다. 또한 (4.17)에서 $\hat{H}_{n,j}(x_i)$와 $\hat{H}'_{n,j}(x_i)$는 $i \neq j$ 일 때 0이므로 $\hat{H}_{n,j}(x)$는 $(x - x_i)^2, (i \neq j)$의 인수를 가져야 하고, $\hat{H}_{n,j}(x_j)$가 0이므로 $\hat{H}_{n,j}(x)$는 $(x - x_j)$의 인수를 가져야 한다. 따라서 임의의 상수 C에 대하여

$$\hat{H}_{n,j}(x) = C(x - x_0)^2(x - x_1)^2 \cdots (x - x_{j-1})^2(x - x_j)(x - x_{j+1})^2 \cdots (x - x_n)^2$$

이고 x에 관하여 미분하여 $x = x_j$를 대입하면

$$\hat{H}'_{n,j}(x) = C(x_j - x_0)^2(x_j - x_1)^2 \cdots (x_j - x_{j-1})^2(x_j - x_{j+1})^2 \cdots (x_j - x_n)^2$$

임을 알 수 있다. 따라서 (4.17)에 의해 $i \neq j$ 일 때

$$C = \frac{1}{\prod_{i=0}^n (x_j - x_i)^2}$$

이고,

$$\hat{H}_{n,j}(x) = \prod_{i=0}^n \frac{(x - x_i)^2}{(x_j - x_i)^2}(x - x_j) = L_{n,j}^2(x)(x - x_j) \tag{4.22}$$

이다. (4.21), (4.22)로부터 Hermite 보간 다항식이 구하여 진다.

예를 들어, 점 x_i에서 보간 다항식의 도함수 값이 $f(x)$의 도함수 값과 전혀 다른 경우, 어떤 점에서 $f^{(j)}(x_0) = H^{(j)}(x_0)$과 같이 도함수 값이 일치하는 보간 다항식 $H(x)$를 구한다고 하면 연립방정식

$$\begin{aligned}
a_0 + a_1x_0 + a_2x_0^2 + \cdots\cdots\cdots\cdots + a_nx_0^n &= f(x_0) \\
a_1 + 2a_2x_0 + \cdots\cdots\cdots + na_nx_0^{n-1} &= f'(x_0) \\
2a_2 + \cdots + n(n-1)a_nx_0^{n-2} &= f''(x_0) \\
\ddots \qquad &\vdots \\
n!a_n &= f^{(n)}(x_0)
\end{aligned}$$

을 얻는다. 여기서 삼각행렬인 선형연립방정식의 상수행렬은 대각원소가 양수이므로 정칙행렬이다. 따라서 $H(x)$는 유일하다. 실제로 n차 Taylor 다항식

$$Q(x) = f(x_0) + \frac{f'(x_0)}{1!}(x - x_0) + \frac{f''(x_0)}{2!}(x - x_0)^2 + \cdots + \frac{f^{(n)}(x_0)}{n!}(x - x_0)^n$$

은 $Q^{(j)}(x_0) = f^{(j)}(x_0)$을 만족하므로 유일성 정리 4.2에 의해 $Q(x) = H(x)$임을 알 수 있다. n차 Taylor 다항식의 오차는

$$\frac{f^{(n+1)}(c)}{(n+1)!}(x - x_0)^{n+1}$$

이므로 x가 x_0에 가까워질수록 다항식 $H(x)$는 좋은 근사함수가 되고, Lagrange 보간 다항식의 오차와 비슷하다.

함수 $f(x)$의 도함수와 관련된 보간 다항식을 구하는 방법은 많지만

$$f(x_0) = H(x_0),\ f^{(3)}(x_0) = H^{(3)}(x_0),\ f'(x_1) = H'(x_1),\ f''(x_1) = H''(x_1)$$

을 만족하는 3차 다항식 $H(x)$를 구하는 것과 이러한 문제의 특별한 형태인 Hermite 보간 다항식을 다룬다. 이런 형태의 보간법은 근사방법으로서 중요할 뿐 만 아니라, 다음 절에서 다룰 3차 스플라인 보간법을 유도하는 데에도 유용하다.

$j = 0, 1, \cdots, n$에 대하여 조건 (4.14)를 만족하는 $2(n+1)$원 연립방정식을 얻는다. 따라서 (4.14)을 만족하는 $2(n+1)$차 다항식을 구한다.

예제 5.1 $x_0 = a,\ x_1 = b$라 하고, 함수 $f(x)$에 대하여

$$f(a) = y_0,\ f'(a) = y'_0,\ f(b) = y_1,\ f'(b) = y'_1$$

이 성립할 때, (4.14)를 만족하는 3차 다항식을 구하여라.

풀이 $n = 1$이므로 $2n + 1 = 3$이다. 따라서 다항식 3차 $H(x)$를

$$H(x) = a_0 + a_1 x + a_2 x^2 + a_3 x^3$$

이라 하면 (4.14)에 의해

$$\begin{pmatrix} 1 & a & a^2 & a^3 \\ 0 & 1 & 2a & 3a^2 \\ 1 & b & b^2 & b^3 \\ 0 & 1 & 2b & 3b^2 \end{pmatrix} \begin{pmatrix} a_0 \\ a_1 \\ a_2 \\ a_3 \end{pmatrix} = \begin{pmatrix} y_0 \\ y_0' \\ y_1 \\ y_1' \end{pmatrix}$$

와 같은 $Aa = y$형태의 방정식을 생각 할 수 있다.

$$\det(A) = (b-a)^4$$

이므로 $a \neq b$이면 다항식 $H(x)$는 유일하게 존재한다. 위의 연립방정식을 풀면 다항식

$$\begin{aligned} H(x) =& y_0[\frac{(x-b)^2}{(b-a)^2} + 2\frac{(x-a)(x-b)^2}{(b-a)^3}] + y_1[\frac{(x-a)^2}{(b-a)^2} - 2\frac{(x-a)^2(x-b)}{(b-a)^3}] \\ &+ y_0'[\frac{(x-a)(x-b)^2}{(b-a)^2}] + y_1'[\frac{(x-a)^2(x-b)}{(b-a)^2}] \end{aligned}$$

을 얻는다.

제 6 절 3차 스플라인 보간법

앞에서 보간 다항식을 사용하여 주어진 폐구간에서 임의의 함수의 근사값을 구하는 문제를 다루었다. 그러나 실질적인 문제에 있어서 보간 다항식은 근사값을 구하는 데 적절하지 않을 때가 많다. 보간법은 보간 다항식의 차수가 클수록 정확도는 증가한다고 생각되지만 실제로는 그렇지 않다. 다음 예제에서처럼 차수가 증가할 수록 다항식은 진동(oscillation)이 심하게 되고, 유연한 함수에 근사시키기에는 적절하지 못하기 때문이다. 즉, 유연한 함수에 대응하는 보간 다항식의 차수가 증가함에 따라 오차가 커진다는 것을 알 수 있다.

예제 6.1 다항식의 진동에 대한 예제로써 함수

$$f(x) = \begin{cases} 0, & x = -4, -3, -2, -1, 1, 2, 3, 4, \\ 1, & x = 0 \end{cases}$$

에 대하여 $x_0 = -4, h = 1$일 때, $t = \frac{x-x_0}{h} = x + 4$이고 Newton 전향차분 공식 (4.12)에 의한 8차 보간 다항식 $P_8(x)$를 구하고, 플롯하여라.

풀이 분할차분표는 단순하고 (4.12)에서 필요한 $f(x_0)$와 분할차분은 0, 0, 0, 0, 1, −5, 15, −35, 70임을 알 수 있다.

```
>t:=x+4:
>P8:=expand ( expand (binomial(t, 4)−5*binomial(t, 5)
+ 15*binomial(t, 6) −35* binomial(t, 7)+70*binomial(t, 8)));
```

$$P8 := 1 - \frac{5}{96}x^6 + \frac{1}{576}x^8 - \frac{205}{144}x^2 + \frac{91}{192}x^4$$

여기서 binomial은 2항 계수

$$\text{binomial}(t, k) = \begin{pmatrix} t \\ k \end{pmatrix} = \frac{t!}{k!(t-k)!}$$

를 의미한다.

위의 8차 다항식을 다음식에 의해 그려보면

```
>plot (P8(x), x=−4..4);
```

그 그래프가 진동한다는 것을 알 수 있다.

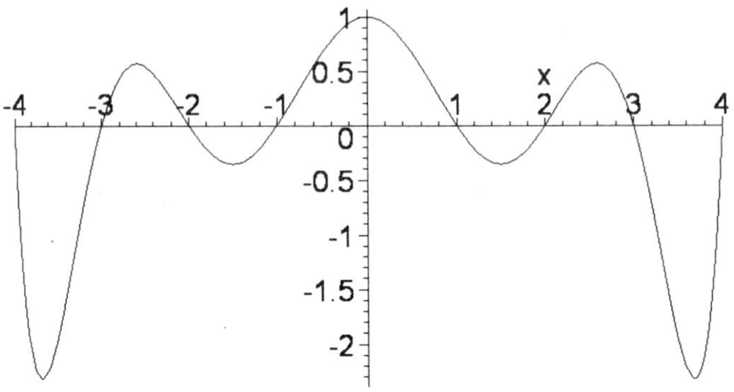

이 절에서는 이러한 결점을 피하기 위해 널리 알려져 있고 중요한 방법인 **스플라인(spline) 보간법**을 다룬다. 스플라인 보간법은 부분 연속구간에서의 다항식에 의한 보간법이다. 주어진 유연성(smoothness)을 가지며 각 구간에서 다항함수로 구성된 스플라인 함수를 생각한다.

먼저 보간함수를 구하기 위해 구간을 부분구간으로 나누고, 각 부분구간에서 주어진 함수의 근사다항식을 만드는 방법을 부분구간 근사다항식(piecewise polynomial approximation)이라 한다. 부분구간 근사다항식에서 가장 간단한 형태는 점의 집합

$$\{(x_0, f(x_0)), (x_1, f(x_1)), \cdots, (x_n, f(x_n))\}$$

에서 인접한 두 점을 직선으로 연결하여 얻어진 함수를 보간 함수로 사용한다. 예를 들어, 각 구간에서 1차 함수인 다각형 함수(polygonal function)는 1차의 스플라인 함수이지만 각 주어진 점에서 미분이 불가능하므로 유연성을 잃는다. 따라서 유연성이 필요하면 고차의 스플라인 함수가 필요하게 된다. 또한 n차 미분이 연속인 스플라인 함수가 필요하다면 스플라인 함수는 각 구간에서 적어도 $(n+1)$차인 다항 함수이어야 한다.

또한 2차 다항식을 부분구간에서 보간 다항식으로 사용할 때에는 전 구간 $[x_0, x_n]$의 양 끝점에서 보간 다항식의 값과 주어진 함수를 일치시키는데 어려움이 있다.

3차 다항식을 부분구간에서 보간 다항식으로 사용하는 방법 중에 가장 널리 쓰이는 3차 스플라인 보간법이 있다. 일반적으로 3차 다항식은 4개의 상수를 가지고 있어서 보간 다항식이 구간에 연속적으로 미분가능할 뿐만 아니라 그 구간에서 연속인 2차 도함수를 갖는다는 것을 보장하므로 충분한 융통성이 있다. 그러나 3차 스플라인 함수를 만들 때에는 주어진 점에서 보간 다항식의 도함수가 그 함수값의 도함수와 일치한다는 것을 가정하지 않는다.

정의 6.1 **3차 스플라인 보간함수**

$f(x)$가 $[a, b]$에서 정의된 연속인 함수이고, $(n+1)$개의 점에서 $a = x_0 < x_1 < \cdots < x_{n-1} < x_n = b$라 할 때, S가 다음 조건들을 만족하면 함수 $f(x)$에 대한 S를 3차 스플라인 보간 함수(cubic spline interpolant function)이라 한다.

(1) S는 부분구간 $[x_j, x_{j+1}]$에서는 S_j로 표시되는 3차 다항식이다.

(2) $j = 0, 1, \cdots, n$에 대하여 $S(x_j) = f(x_j)$

(3) $j = 0, 1, \cdots, n-2$에 대하여 $S_{j+1}(x_{j+1}) = S_j(x_{j+1})$

(4) $j = 0, 1, \cdots, n-2$에 대하여 $S'_{j+1}(x_{j+1}) = S'_j(x_{j+1})$

(5) $j = 0, 1, \cdots, n-2$에 대하여 $S''_{j+1}(x_{j+1}) = S''_j(x_{j+1})$

(6) 다음 경계조건(boundary condition) 중에 하나를 만족한다.

  (i) $S''(x_0) = S''(x_n) = 0$: 자연경계조건(natural boundary condition)

  (ii) $S'(x_0) = f'(x_0), \quad S'(x_n) = f'(x_n)$:(clamped boundary condition)

주어진 함수 $f(x)$에 대하여 3차 스플라인 보간 함수를 구성하기 위해서는 위의 조건을 3차 다항식

$$S_j(x) = a_j + b_j(x - x_j) + c_j(x - x_j)^2 + d_j(x - x_j)^3, (j = 0, 1, 2, \cdots, n)$$

에 적용하면

$$S_j(x_j) = a_j = f(x_j)$$

이다. 만약 조건 (3)을 적용하기 위해 각 $j = 0, 1, \cdots, n$에 대하여

$$\begin{aligned} a_{j+1} =& S_{j+1}(x_{j+1}) = S_j(x_{j+1}) \\ =& a_j + b_j(x_{j+1} - x_j) + c_j(x_{j+1} - x_j)^2 + d_j(x_{j+1} - x_j)^3 \end{aligned}$$

이므로 $h_j = x_{j+1} - x_j, (j = 0, 1, 2, \cdots, n-1)$이라 두고, $a_n = f(x_n)$이라 하면

$$a_{j+1} = a_j + b_j h_j + c_j h_j^2 + d_j h_j^3 \tag{4.23}$$

이 성립한다. 같은 방법으로 $b_n = S'(x_n)$이라 정의하면

$$S_j'(x) = b_j + 2c_j(x - x_j) + 3d_j(x - x_j)^2 \tag{4.24}$$

이므로

$$S_j'(x_j) = b_j, \ (j = 0, 1, 2, \cdots, n-1)$$

이다. 조건 (4)를 적용하기 위해 $j = 0, 1, 2, \cdots, n-1$에 대하여

$$b_{j+1} = S_j'(x_{j+1}) = b_j + 2c_j h_j + 3d_j h_j^2 \tag{4.25}$$

이다. S_j의 계수 사이의 또 다른 관계는

$$c_n = \frac{S''(x_n)}{2}$$

으로 정의함으로써 얻을 수 있고, 정의 6.1의 조건 (5)를 적용시키면
$j = 0, 1, \cdots, n-1$에 대하여

$$c_{j+1} = c_j + 3d_j h_j \tag{4.26}$$

이다. 방정식 (4.26)을 d_j에 관하여 풀고, (4.23)과 (4.25)에 대입하면 새로운 방정식

$$a_{j+1} = a_j + b_j h_j + \frac{h_j^2}{3}(2c_j + c_{j+1}), \tag{4.27}$$

$$b_{j+1} = b_j + h_j(c_j + c_{j+1}) \tag{4.28}$$

을 얻는다. (4.27)을 b_j에 대하여 정리하면

$$b_j = \frac{1}{h_j}(a_{j+1} - a_j) - \frac{h_j}{3}(2c_j + c_{j+1}) \tag{4.29}$$

이므로

$$b_{j-1} = \frac{1}{h_{j-1}}(a_j - a_{j-1}) - \frac{h_{j-1}}{3}(2c_{j-1} + c_j)$$

임을 알 수 있다. 다시 (4.28)에 대입하면

$$\begin{aligned}&\frac{1}{h_j}(a_{j+1} - a_j) - \frac{h_j}{3}(2c_j + c_{j+1})\\ =&\frac{1}{h_{j-1}}(a_j - a_{j-1}) - \frac{h_{j-1}}{3}(2c_{j-1} + c_j) + h_{j-1}(c_{j-1} + c_j)\end{aligned}$$

이고, $j = 1, 2, \cdots, n-1$에 대하여 $(n-1)$원 연립1차방정식

$$\begin{aligned}&h_{j-1}c_{j-1} + 2(h_{j-1} + h_j)c_j + h_jc_{j+1}\\ &= \frac{3}{h_j}(a_{j+1} - a_j) - \frac{3}{h_{j-1}}(a_j - a_{j-1})\end{aligned} \tag{4.30}$$

을 얻는다. 여기서 미지수는 $\{c_j\}_{j=0}^{n}$뿐이다. 왜냐하면 $\{h_j\}_{j=0}^{n-1}$과 $\{a_j\}_{j=0}^{n}$은 $\{x_j\}_{j=0}^{n}$과 $f(x_i)$로부터 구할 수 있기 때문이다.

$\{c_j\}_{j=0}^{n}$을 알 수 있는 경우는 (4.29)에서 상수 $\{b_j\}_{j=0}^{n-1}$ 의 나머지를 구하고 (4.26)에서 상수 $\{d_j\}_{j=0}^{n-1}$의 나머지를 구하여 3차 다항식 $\{S_j\}_{j=0}^{n-1}$을 구성한다.

부분구간 $[x_j, x_{j+1}]$의 3차 다항식

$$S_j(x) = a_j + b_jx + c_jx^2 + d_jx^3,\ (j = 0, 1, 2, \cdots, n-1)$$

에 대하여 각 부분구간에서 구해야 할 미지수의 개수는 4개이고, 부분구간의 개수는 n개이므로 전체구간 $[a, b]$에서 $S(x)$를 구하기 위해서는 $4n$개의 미지수를 결정해야 한다. 정의 6.1의 조건 (2)에 의해 $(n+1)$개의 조건이 생기고, 조건 (3), (4), (5)에 의해 $S(x)$는 $3(n-1)$개의 조건을 얻어 총 조건의

개수는 $(4n-2)$개이므로 두개의 조건이 더 필요하게 되고, 정의 6.1의 조건 (6)의 (i)과 같이 양 끝점에서 자연경계조건

$$S''(x_0) = 0, S''(x_n) = 0$$

을 사용하여 구한 $S(x)$를 **3차 자연스플라인 함수**(natural spline interpolant function)라고한다.

중요한 것은 다항식 $\{S_j\}_{j=0}^{n-1}$을 구성하는 것과 관련하여 (4.30)을 사용하여 $\{c_j\}_{j=0}^{n}$의 값을 구할 수 있는가와 그 값이 유일한가이다.

정의 6.1의 조건 (6)에서 하나를 만족할 때, 위의 존재성과 유일성의 문제는 해결된다.

정리 6.1 **3차 스플라인 보간함수의 존재성과 유일성**

$f(x)$가 $[a, b]$에서 정의된 연속인 함수이고, $(n+1)$개의 점에서 $a = x_0 < x_1 < \cdots < x_{n-1} < x_n = b$라 할 때, 함수 $f(x)$는 $x_0, x_1, \cdots, x_n$에서 스플라인 보간함수는 경계조건 $S''(a) = 0$과 $S''(b) = 0$을 만족하는 유일한 3차 자연스플라인 함수 $S(x)$를 갖는다.

증명 경계조건은 $c_n = \frac{S''(x_n)}{2} = 0$을 포함하고, 또한

$$0 = S''(x_0) = 2c_0 + 6d_0(x_0 - x_0) = 0$$

이므로 $c_0 = 0$이다. 두 방정식 $c_0 = 0, c_n = 0$은 (4.30)의 방정식과 함께 벡터 방정식 $Ax = b$형태로 표현되는 연립방정식을 만든다. 즉,

$$\begin{pmatrix} 1 & 0 & 0 & \cdots & \cdots & 0 \\ h_0 & 2(h_0+h_1) & h_1 & \ddots & & \vdots \\ 0 & h_1 & 2(h_1+h_2) & h_2 & \ddots & 0 \\ \vdots & \ddots & \ddots & \ddots & \ddots & 0 \\ \vdots & & \ddots & h_{n-2} & 2(h_{n-2}+h_{n-1}) & h_{n-1} \\ 0 & \cdots & \cdots & 0 & 0 & 1 \end{pmatrix} \begin{pmatrix} c_0 \\ c_1 \\ c_2 \\ \vdots \\ \vdots \\ c_n \end{pmatrix} = \begin{pmatrix} 0 \\ b_1 \\ b_2 \\ \vdots \\ b_{n-1} \\ 0 \end{pmatrix}$$

이다. 여기서

$$b_j = \frac{3}{h_j}(a_{j+1} - a_j) - \frac{3}{h_{j-1}}(a_j - a_{j-1}),\ (j = 1, 2, \cdots, n-1)$$

이다.

A가 강대각지배행렬이므로, 제 3장 정리 4.1에 의해 선형연립방정식 $Ax = b$는 $c_0, c_1, c_2, \cdots, c_n$에 대하여 유일한 해를 갖는다.

스플라인 함수의 수렴속도를 조사하기 위해 분점 $x_0, x_1, \cdots, x_n$을

$$x_j = a + jh,\ h = \frac{b-a}{n}, (j = 0, 1, 2, \cdots, n)$$

와 같이 놓으면 $(x_j, f(x_j))(j = 0, 1, 2, \cdots, n)$를 지나는 자연스플라인 함수 $S(x)$의 수렴 속도는

$$\max_{a \le x \le b} |f(x) - S(x)| \le Ch^2$$

이다. 여기서 C는 $f''(a), f''(b), f^{(4)}(x)$에 의해 결정된다.

다음은 자연스플라인 함수가 다음 정리를 만족하는 의미의 최소성질을 가진다는 것을 증명한다.

정리 6.2 **자연스플라인 함수의 최소성**

구간 $[a, b]$에서 정의된 연속인 함수이고, 평면상의 $(n+1)$개의 점 $(x_j, f(x_j))$을 지나는 $g(x)$가 연속인 2차 도함수 $g''(x)$를 가지면, 자연스플라인 함수 $S(x)$는

$$\int_a^b \{S''(x)\}^2 dx \le \int_a^b \{g''(x)\}^2 dx$$

를 만족한다.

증명 $g''(x)$와 $S''(x)$가 연속이므로

$$\begin{aligned}
&\int_a^b \{S''(x) - g''(x)\}^2 dx \\
&= \int_a^b \{g''(x)\}^2 dx - 2\int_a^b S''(x)\{g''(x) - S''(x)\} dx - \int_a^b \{S''(x)\}^2 dx
\end{aligned}$$

의 우변의 두 번째 항은 부분적분법에 의해

$$\begin{aligned}&\int_a^b S''(x)\{g''(x)-S''(x)\}dx\\ =&[S''(x)(g'(x)-S'(x))]_a^b-\int_a^b S^{(3)}(x)\{g'(x)-S'(x)\}dx\end{aligned}$$

이고, 우변의 첫째 식은 정의 6.1의 조건 (6)의 (i)에 의해 0이다. 또한 부분구간 $[x_j, x_{j+1}]$에서 $S(x)$는 3차 다항식이므로 $S^{(3)}(x)$는 각 부분구간에서 상수이다. 각 분점에서$g(x_j) = S(x_j)$ 이므로

$$\int_a^b S^{(3)}(x)\{g'(x)-S'(x)\}dx = \sum_{j=0}^{n-1} C_i \int_{x_j}^{x_{j+1}}\{g'(x)-S'(x)\}dx = 0$$

이 성립한다. 따라서

$$\begin{aligned}\int_a^b\{g''(x)\}^2dx &= \int_a^b\{S''(x)\}^2dx+\int_a^b\{S''(x)-g''(x)\}^2dx\\ &\geq \int_a^b\{S''(x)\}^2dx\end{aligned}$$

가 성립한다.

Maple에서 스플라인 함수를 계산하는 명령어 spline을 다음과 같이 사용하여 구할 수 있다.

```
>spline(X, Y, z, d);
```

여기서 자료 X, Y는 두 개의 벡터 혹은 리스트이고, z는 변수이다. 옵션 d는 1차(linear), 2차(quadratic), 3차(cubic)등 다항식의 차수를 지정한다. 즉, 불연속인 X, Y자료에 대한 독립 변수가 z이고, 차수가 d인 근사 다항식을 계산한다. 반드시

```
>readlib(spline);
```

과 같이 호출하여 놓는다.

예를 들어, $\{(0,0),(1,1),(2,4),(3,3)\}$에 대하여 1차(linear) 스플라인 함수는 다음과 같다.

```
>sl:=spline([0, 1, 2,3], [0, 1, 4, 3], x, linear);
```

$$sl := \begin{cases} x, & x < 1, \\ -2+3x, & 1 < x < 2, \\ 6-x, & otherwise \end{cases}$$

그리고 이함수를 다음 명령어에 의해 그려보면

```
>plot(sl,x=-3..7);
```

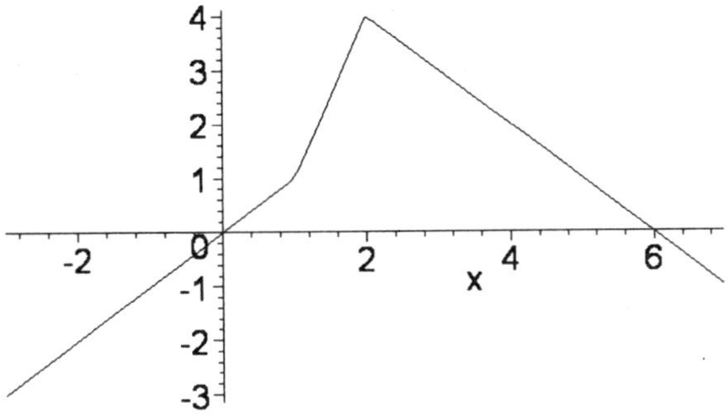

3차(cubic) 스플라인 함수는 다음과 같다.

```
>ssl:=spline([0, 1, 2,3], [0, 1, 4, 3], x, cubic);
```

$$ssl := \begin{cases} \frac{1}{5}x + \frac{4}{5}x^3, & x < 1 \\ \frac{14}{5} - \frac{41}{5}x + \frac{42}{5}x^2 - 2x^3, & 1 < x < 2, \\ -\frac{114}{5} + \frac{151}{5}x - \frac{54}{5}x^2 + \frac{6}{5}x^3, & otherwise \end{cases}$$

그리고 이함수를 다음 명령어에 의해 그려보면

```
>plot(ssl,x=-10..10, y=-10..10);
```

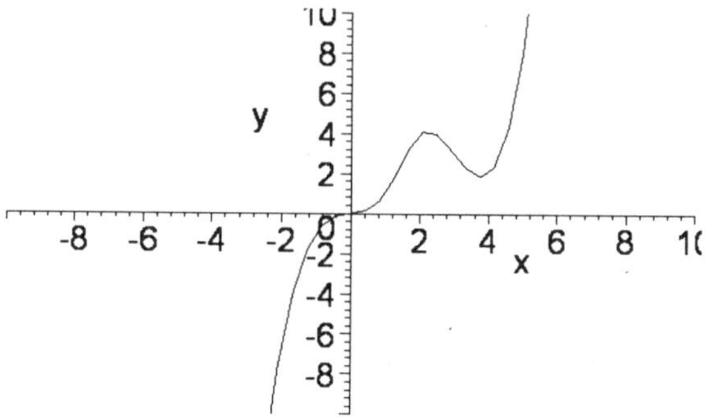

특히 3차 스플라인 함수는 비교적 유연하고, 높은 차수의 다항식 보간법에서 발생하는 진동을 갖지 않고, 컴퓨터에서 사용하기 쉬우므로 자료를 해석적으로 표현하는 일반적인 방법이다. 이는 다항식을 대신하는 것이 아니라 다항식의 유연한 확장이라 할 수 있다.

제 7 절 B-스플라인 함수

앞 절의 3차 스플라인 함수는 각 부분구간에서 정의되었다. 일반적으로 n차 다항식은 $x^0, x^1, x^2, \cdots, x^n$의 1차결합으로 구성된다. 스플라인 함수 $S(x)$가

$$S(x) = c_{-1}B_{-1}(x) + c_0B_0(x) + \cdots + c_nB_n(x) + c_{n+1}B_{n+1}(x) \qquad (4.31)$$

와 같이 유일하게 나타낼 수 있는 함수 $B_{-1}(x), B_0(x), B_1(x), \cdots, B_n(x), B_{n+1}(x)$가 존재하는가에 대하여 생각한다.

$j = 0, 1, \cdots, n$에 대하여

$$x_j = x_0 + jh,\ h = \frac{b-a}{n}$$

를 만족하는 구간 $[a, b]$의 점 x_j와 $x_{-3}, x_{-2}, x_{-1}, x_{n+1}, x_{n+2}, x_{n+3}$이 구간 $[a, b]$밖의 점들이라 하면 구간 $[x_{j-2}, x_{j+2}]$에서

$$c_j(x_{j-2}) = 0,\ c_j(x_{j-1}) = 1,\ c_j(x_j) = 4,\ c_j(x_{j+1}) = 1,\ c_j(x_{j+2}) = 0$$

과

$$c_j''(x_{j-2}) = c_j''(x_{j+2}) = 0$$

을 만족하는 3차 스플라인 함수 $c_j(x)$는

$$c_j(x) = \begin{cases} (x - x_{j-2})^3, \quad x_{j-2} \le x \le x_{j-1} \\ h^3 + 3h^2(x - x_{j-1}) + 3h(x - x_{j-1})^2 - 3(x - x_{j-1})^3, \\ x_{j-1} \le x \le x_j \\ h^3 + 3h^2(x_{j+1} - x) + 3h(x_{j+1} - x)^2 - 3(x_{j+1} - x)^3, \\ x_j \le x \le x_{j+1} \\ (x_{j+2} - x)^3, \quad x_{j+1} \le x \le x_{j+2} \end{cases}$$

와 같다. $c_j'(x_{j-2}) = c_j'(x_{j+2}) = 0$이므로 $j = -1, 0, 1, \cdots, n, n+1$에 대하여 $B_j(x)$를

$$B_j(x) = \begin{cases} c_j(x), & x_{j-2} \le x \le x_{j+2} \\ 0, & x < x_{j-2}, x_{j+2} < x \end{cases} \tag{4.32}$$

와 같이 정의하면 $k = 0, 1, 2$에 대하여

$$B_j^{(k)}(x_{j-2}) = B_j^{(k)}(x_{j+2}) = 0$$

이다. 따라서 $B_j(x)$는 구간 $[a, b]$의 점 $x_j(j = 0, 1, \cdots, n)$에서 3차 스플라인 함수이고, **B-스플라인 함수**(B-spline function)라 한다.

정리 7.1 **B-스플라인 함수의 유일성**

함수 $B_j(x)$가 (4.32)와 같이 정의 하면 임의의 3차 스플라인 함수 (4.31)의 $S(x)$는 유일하게 표시할 수 있다.

증명 각 $j = 0, 1, \cdots, n$에 대하여 $S(x_j) = y_j$라 하고, $S'(x_0) = y_0'$,

$S'(x_n) = y'_n$이라 하면 (4.31)은

$$\begin{aligned} c_{-1}B'_{-1}(x_0) + c_0B'_0(x_0) + \cdots + c_{n+1}B'_{n+1}(x_0) &= y'_0, \\ c_{-1}B_{-1}(x_j) + c_0B_0(x_j) + \cdots + c_{n+1}B_{n+1}(x_j) &= y_j, \\ c_{-1}B'_{-1}(x_n) + c_0B'_0(x_n) + \cdots + c_{n+1}B'_{n+1}(x_n) &= y'_n, \end{aligned} \tag{4.33}$$

이다. 위 식은 $(n+3)$원 연립방정식이고, 계수행렬을 A라 하면

$$\begin{pmatrix} -\frac{3}{h} & 0 & \frac{3}{h} & 0 & \cdots & 0 \\ 1 & 4 & 1 & 0 & \cdots & 0 \\ 0 & 1 & 4 & 1 & \vdots & \\ \vdots & \ddots & \cdots & \cdots & 0 & \\ 0 & \cdots & 0 & 1 & 4 & 1 \\ 0 & \cdots & 0 & -\frac{3}{h} & 0 & \frac{3}{h} \end{pmatrix} \begin{pmatrix} c_{-1} \\ c_0 \\ c_1 \\ \vdots \\ c_n \\ c_{n+1} \end{pmatrix} = \begin{pmatrix} y'_0 \\ y_0 \\ y_1 \\ \vdots \\ y_n \\ y_{n+1} \end{pmatrix}$$

과 같은 대수방정식 $Ac = b$이다. 여기서 계수행렬을 A의 첫 번째 행과 마지막 행 이외에는 대각지배행렬이므로 A는 정칙행렬이다. 따라서 연립방정식 (4.33)의 유일한 해 c_j가 존재한다. 즉, $S(x)$ (4.31)과 같이 유일하게 표시된다.

Maple의 B-스플라인 함수를 계산하는 명령어는 **BSpline**이다. 예를 들면 다음과 같다.

```
>with(CurveFitting):
>bs:=BSpline(2, u);
```

$$bs := \begin{cases} 0, & u < 0 \\ u, & u < 1 \\ 2-u, & u < 2 \\ 0, & 2 \le u \end{cases}$$

간단히 B-스플라인 함수도 플롯할 수 있다.

```
>plot(bs, u=0..2);
```

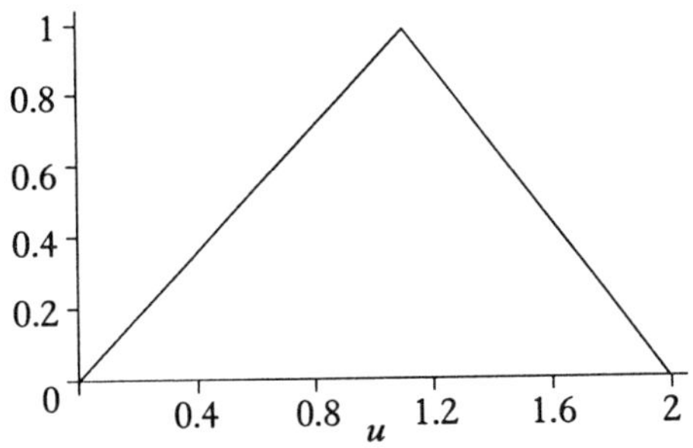

제 8 절 연습문제

1. $f(x) = \sqrt{1+x}$에 대하여 $x_0 = 0$ 근처에서 6차 Taylor 근사다항식을 구하여라.

2. 문제 1의 다항식을 이용하여 $\sqrt{1.1}$의 근사값을 구하고, 오차 한계를 구하여라.

3. 문제 1의 다항식을 이용하여 $\int_0^t \sqrt{1+x}dx$ 의 근사값을 구하고, 이 근사값에 대한 오차 한계를 구하여라.

4. ln9.0=2.1972, ln9.5=2.2513으로부터 1차 Lagrange 보간 다항식을 구하고, ln9.4$\simeq P_1(9.4)$를 계산하여라.

   (답: $P_1(x) = 0.1082x, P_1(9.4) = 2.2405.$)

5. Gamma 함수 $\Gamma(k) = \int_0^\infty e^{-t}t^{k-1}dt,(k > 0)$의 근사값 $\Gamma(1.0) = 1.0$, $\Gamma(1.02) = 0.9888$, $\Gamma(1.04) = 0.9784$에 대하여 2차 Lagrange 보간 다항식을 구하고, $\Gamma(1.01), \Gamma(1.03)$의 근사값을 구하여라.

(답: $P_2(x) = x^2 - 2.58x + 2.58$, $\Gamma(1,01) = 0.9943$, $\Gamma(1,03) = 0.9835$.)

6. 오차함수 $f(x) = \operatorname{erf}(x) = \dfrac{2}{\sqrt{\pi}}\displaystyle\int_0^x e^{-t^2}dt$의 근사값 $f(0.25) = 0.27633$, $f(0.5) = 0.52050$, $f(1) = 0.84270$에 대하여 2차 Lagrange 보간 다항식을 구하고, $f(0.75)$의 근사값을 구하여라.

(답: $P_2(x) = -0.44304x^2 + 1.30896x - 0.02322$, $P_2(0.75) = 1.3116$.)

7. 문제 6의 자료에 대한 Newton 분할차분표를 만들고, 2차 근사다항식을 구하여라.

(답: $P_2(x) = 0.27633 + 0.97678(x - 0.25) - 0.44304(x - 0.25)(x - 0.5)$.)

8. 예제 4.1의 표를 이용하여 $f(1.7)$을 Newton 후향차분 공식으로 구하라.

9. $x = 0, 0.25, 0.75, 1.0$에서 $f(x)$의 값들을 사용하여 $f(x) = e^{-x}$의 근사값을 구하기 위한 자연 3차 스플라인 함수를 만들어라.

10. 문제 9의 스플라인 함수를 구간 [0, 1]에서 적분하고 $\displaystyle\int_0^1 e^{-x}dx$와 비교하여라.

11. 문제 9의 스플라인 함수를 사용하여 $f'(0.5)$와 $f''(0.5)$의 근사값을 구하여라.

제 5 장

수치 미분 · 적분

미분·적분학은 수리과학의 여러 분야에서 기초적인 도구로써 광범위하게 사용되고 있다. 앞 장의 보간법에서는 주어진 함수 $f(x)$에 효과적으로 접근하는 보간 다항식에 대하여 다루었다. 이 장에서는 함수 $f(x)$의 미분이나 적분값을 계산하기 위해 $f(x)$의 근사함수를 이용하는 방법에 대하여 다룬다.

예를 들어, 미지함수 $f(x)$의 함수값이

x_i	x_0	x_1	x_2	$\cdots$	x_n
$f(x_i)$	$f(x_0)$	$f(x_1)$	$f(x_2)$	$\cdots$	$f(x_n)$

과 같이 주어져 있을 때, 임의의 x에 대하여

(1) $f(x)$의 $k(\geq 1)$차 도함수 $f^{(k)}(x)$의 계산:

(2) $f(x)$의 정적분 $\int_0^t f(x)dx$의 계산:

과 같은 문제에서는 $f(x)$가 외형적으로는 정의되어 있지 않고, 독립의 x에 대해서만 그 함수값이 알려져 있다. 따라서 $f(x)$의 도함수나 그 정적분을 구하기 위해 여러 가지 미분과 적분공식을 직접 적용하는 해석적 방법을 채

택할 수 없으며, 수치 미분과 수치 적분과 같은 해석적 방법과는 다른 방법을 생각해야 한다.

함수 $f(x)$의 도함수나 적분을 수치계산에 의해 구하는 방법은 보간 다항식을 이용하는 방법과 차분연산자를 이용하는 방법 등이 있다.

제 1 절 수치 적분

적분(Integral)은 극한의 개념을 기본으로 하는 연산의 하나로, 주어진 함수를 부분구간(작은 구간)으로 분할하여 합을 만들고, 그 극한으로서 정의된다.

폐구간 $[a,b]$에서 연속인 함수 $f(x)$에 대하여 정적분

$$I(f) = \int_a^b f(x)dx$$

를 부동소수점 수 근사에 의해 수치적으로 구하는 문제를 생각한다. 리만(Riemann)적분의 정의는 $a \le x \le b$에서

$$a = x_0 < x_1 < \cdots < x_n = b$$

가 되는 분할점 $\{x_i\}(i = 0, 1, \cdots, n)$에 대하여 $x_{i-1} \le \xi_i \le x_i$인 $\{\xi_i\}$을 택한다. 이 때, n을 증가시키면 각 분할폭 $x_i - x_{i-1}$은 점점 작게 된다는 조건에서 리만합

$$\sum_{i=1}^{n} f(\xi_i)(x_i - x_{i-1})$$

이 $\{\xi_i\}$에 의존하지 않고 일정한 값에 수렴하고, 그 극한값이 정적분 $I(f)$의 값이 된다. 즉, $i = 0, 1, \cdots, n$에 대하여

$$x_i = a + \frac{i}{n}(b-a)$$

라 할 때

$$I(f) = \int_a^b f(x)dx = \lim_{n\to\infty}\{\sum_{i=1}^{n} f(\xi_i)\frac{b-a}{n}\}$$

이 성립한다. 현재의 컴퓨터의 부동소수점 수 계산에서는 극한 연산을 직접 다룰 수 없으므로, 극한 연산을 가감승제의 4칙연산의 유한개의 수열로 치환하여 근사시키고, 수렴의 정의로부터 n을 충분히 크게 하면, 예를 들어 $\xi_i = x_i$라 하면

$$\int_a^b f(x)dx \simeq \sum_{i=1}^{n} f(x_i)\frac{b-a}{n} \tag{5.1}$$

가 성립하므로 정적분 $I(f)$의 근사값을 구할 수 있게 된다.

함수 $f(x)$는 구간 $a \le x \le b$에서 미분 가능이라 하고, $h = \frac{b-a}{n}$라 할 때, 계단 함수(step function)를

$$f_h(x)|_{x_{i-1} \le \xi_i \le x_i} = f(x_i)$$

라 하면 평균값 정리로부터

$$f(x) = f(x_i) + (x - x_i)f'(x_i + \xi(x - x_i))$$

가 성립하므로 $x_{i-1} \le \xi_i \le x_{i-1} + h = x_i$에서는

$$|f(x) - f_h(x)| \le h\{\max_{x_{i-1} \le x \le x_i} |f'(x)|\}$$

이 된다. 따라서 $a \le x \le b$에서는

$$\begin{aligned}\max_{a \le x \le b} |f(x) - f_h(x)| \le& \max_{1 \le i \le n} \{h(\max_{x_{i-1} \le x \le x_i} |f'(x)|)\} \\ \le& h(\max_{a \le x \le b} |f'(x)|)\end{aligned}$$

가 성립하고, $M = \max_{a \le x \le b} |f'(x)|$이라 할 때

$$\left|\int_a^b f(x)dx - \int_a^b f_h(x)dx\right| \le Mh(b-a) \tag{5.2}$$

가 된다. $f_h(x)$는 계단 함수이므로

$$\int_a^b f_h(x)dx = \int_a^b f(x)dx$$

이고, (5.2)에 의해 (5.1)의 오차를 평가할 수 있다.

일반적으로 $a \le x \le b$에서 연속인 함수 $f(x)$에 대하여 $a \le x \le b$에서 적분가능한 함수 $g_\epsilon(x)$가

$$\max_{a \le x \le b} |f(x) - g_\epsilon(x)| \le \epsilon \tag{5.3}$$

즉,

$$g_\epsilon(x) - \epsilon \le f(x) \le g_\epsilon(x) + \epsilon$$

일 때,

$$\int_a^b g_\epsilon(x)dx - \epsilon(b-a) \le \int_a^b f(x)dx \le \int_a^b g_\epsilon(x)dx + \epsilon(b-a)$$

이므로

$$\left|\int_a^b f(x)dx - \int_a^b g_\epsilon(x)\right| \le \epsilon(b-a)$$

임을 알 수 있다. 여기서 $\int_a^b g_\epsilon(x)dx$를 쉽게 계산할 수 있다면, $g_\epsilon(x)$가 $f(x)$의 정적분을 구할 수 있을 뿐만 아니라 위와 같은 오차 평가도 가능하다. $g_\epsilon(x)$가 처음에 만족하는 조건 (5.3)에 의해 주어진 함수 $f(x)$의 그래프를 효과적으로 근사하는 간단한 함수를 찾을 수 있다면 정적분의 근사값도 얻을 수 있게 된다.

위에서 언급한 $f_h(x)$는 함수 $f(x)$의 그래프를 막대 그래프로 근사하는 것이다. 즉, 앞에서처럼 분할폭을 $h = \dfrac{b-a}{n}$이라 하고, $i = 0, 1, \cdots, n$에 대하여 분점 $\{x_i\}$를 $x_i = a + ih$에 의해 결정하고, $y = f(x)$의 그래프 상의 $(n+1)$개의 점 $\{(x_i, f(x_i))\}$를 연결하여 얻어진 절선 함수를 $\bar{f}_h(x)$ 라 한다. 다음 예제의 그래프처럼 $\bar{f}_h(x)$의 정적분은

$$\int_a^b \bar{f}_h(x)dx = \sum_{i=0}^{n-1} \frac{h}{2}\{f(x_i) + f(x_{i+1})\}$$

이 되고, 근사식

$$\int_a^b f(x)dx \simeq \frac{h}{2}\{f(a) + f(b) + 2\sum_{i=0}^{n-1} f(x_i)\}$$

를 얻을 수 있다. 이 공식을 **사다리꼴 공식**이라 한다. 피적분 함수가 유연한 경우에는 오차는 $O(h^2)$이다. 같은 방법으로, 분점이 등간격이고 보다 정도가 높은 **Simpson 공식**

$$\int_a^b f(x)dx$$
$$\simeq \frac{h}{6}\{f(a) + f(b) + 2\sum_{i=0}^{n-1} f(a+2ih) + 4\sum_{i=1}^{n} f(a+(2i-1)h)\}$$

을 얻을 수 있다. 단, $h = \dfrac{b-a}{n}$이다.

5.3.1절에서는 보간 다항식에 의한 사다리꼴 공식과 Simpson 공식을 상세하게 설명한다.

Maple에서 수치 적분은 **student** 패키지의 명령어 middlebox, middlesum, leftbox, trapezoid, simpson 등을 사용하여 근사값을 구할 수 있다.

예제 1.1 (5.1)의 의미로 $n = 15$일 때, 구간 $[0, \pi]$에서 $f(x) = \sin x$의 정적분

$$\int_0^{\pi} \sin x dx$$

의 근사값을 구하여라.

풀이 정적분의 정의에서 사용되는 리만합에 관계되는 명령어 middlebox를 사용하여 정적분(면적)을 계산한다.

```
>with(student):
>middlebox(sin(x), x=0.. Pi, 15);
```

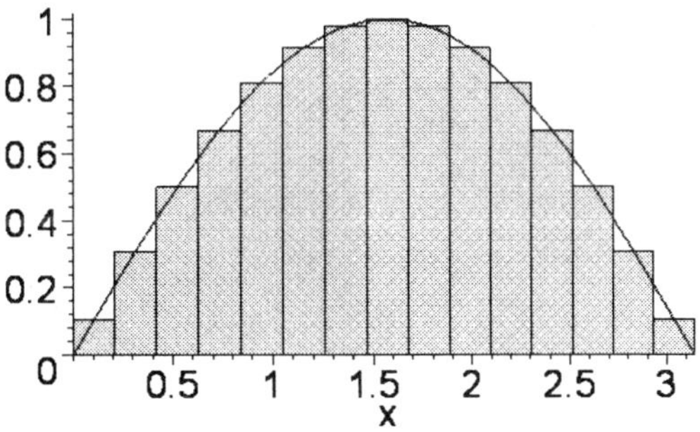

```
>evalf(middlesum (sin (x), x=0.. Pi, 15));
```

$$2.00360091$$

즉, 실제값 2와 오차는 약 0.0077이다.

Maple에는 위에서 정의한 사다리꼴 공식으로 근사값을 구하는 trapezoid 명령어와 Simpson 공식으로 근사값을 구하는 simpson 명령어가 있다. (5.1)의 의미로 n을 충분히 크게하면 정도가 높은 근사값을 구할 수 있다.

예제 1.2 $n = 10$일 때, 사다리꼴 공식과 Simpson 공식으로 정적분 $\int_0^1 e^{x^2} dx$ 근사값을 구하여라.

풀이 1장에서도 언급하였듯이 정적분 값을 계산하는 명령어 int를 사용하면 실제 값을 구할 수 있다. 그러나 $\int_0^1 e^{x^2} dx$의 값은 오차 함수(error function)

$$\mathrm{erf}(x) = \frac{2}{\sqrt{\pi}} \int_0^x e^{-t^2} dt$$

를 포함한 채로 주어진다.

```
>with (student):
>Int( exp (x^2), x = 0..1) = int(exp(x^2), x = 0..1);
```

$$\int_0^1 e^{x^2} dx = -\frac{1}{2} I \mathrm{erf}(I) \sqrt{\pi}$$

그러나 evalf 명령어를 사용하면 수치적으로 적분 값을 구할 수 있다.

```
> evalf(%);
```

$$1.462651746$$

피적분함수를 f로 정의하고, 사다리꼴 공식과 Simpson 공식을 적용한다.

```
>f:=x- >exp(x^2):
>trapezoid(f(x), x=0..1, 10);
```

$$\frac{1}{20} + \frac{1}{10} \sum_{i=1}^{9} e^{1/100 i^2} + \frac{1}{20} e^1$$

>evalf(%);

$$1.467174692$$

>simpson(f(x), x=0..1, 10);

$$\frac{1}{30}+\frac{1}{30}e+\frac{2}{15}\sum_{i=1}^{5}e^{(1/5i-1/10)^2}+\frac{1}{15}\sum_{i=1}^{4}e^{1/25i^2}$$

>evalf(%);

$$1.462681400$$

즉, $n = 10$일 때, Simpson 공식이 보다 정도가 높다는 것을 알 수 있다.

예제 1.3 $n = 4, 10$일 때, 사다리꼴 공식과 Simpson 공식으로 정적분

$$\int_0^2 (\sin x^2 + 2)dx$$

의 근사값을 구하여라.

풀이 피적분 함수가 삼각함수이지만 정적분은 다음과 같이 특수 함수로 주어진다.

>with (student):

>Int(sin (x^2) + 2, x = 0..2) = int(sin(x^2) + 2, x = 0..2);

$$\int_0^2 \sin(x^2) + 2dx = \frac{1}{2}\sqrt{2}\sqrt{\pi}\mathrm{FresnelS}(2\frac{\sqrt{2}}{\sqrt{\pi}}) + 4$$

여기서 FresnelS는 Fresnel sine 적분

$$\mathrm{FresnelS}(x) = \int_0^x \sin(\frac{\pi}{2}t^2)dt$$

를 의미한다. evalf 명령어를 사용하면 필요한 정도만큼 근사값을 구할 수 있다.

>evalf(%);

$$4.804776490$$

여러 경우의 근사값을 비교한다. 먼저 피적분 함수 f로 정의한다.

```
>f:=x- >sin(x^2)+2:
```

f를 근사하는 2차 다항식 g를 다음과 같이 정의한다.

```
>g:=x- >A*x^2+B*x + C:
```

두 함수 f와 g의 교점을 찾는다.

```
> { f(0)=g(0), f(1)=g(1), f(2)=g(2) };
```

$$\{2 = C, \sin(1) + 2 = A + B + C, \sin(4) + 2 = 4A + 2B + C\}$$

```
>sol:= fsolve (%,{A,B,C});
```

$$sol := \{B = 2.061343218, A = -1.219872233, C = 2.0\}$$

즉, f를 근사하는 2차 다항식 g는 다음과 같다.

```
>g:=makeproc( subs (sol, g(x)), x);
```

$$g := x- > -1.219872233x^2 + 2.061343218x + 2.0$$

f와 리만 합, 근사 함수 g를 동시에 플롯한다.

```
>plf:=leftbox(f(x), x=0..2,4):
>plg:=plot( g(x), x=0..2):
```

>plots[display]({plf, plg});

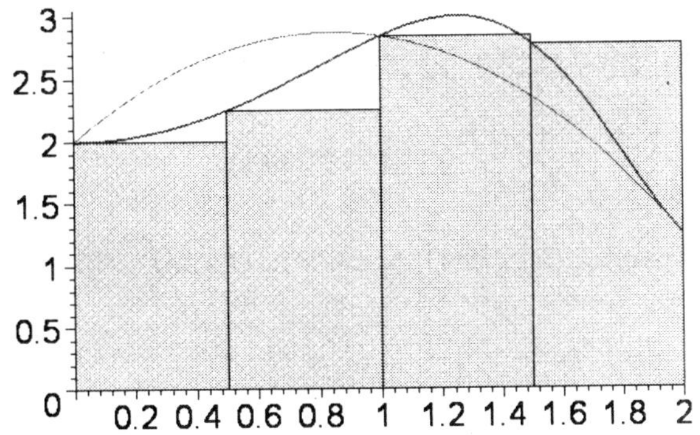

구간 [0, 2]를 4개로 분할한 각 근사값을 구하여 비교한다.

>evalf(leftsum (f(x), x=0..2,4)), evalf(trapezoid (f(x), x=0..2, 4)), evalf(Int (g(x), x=0..2));

$$4.933474071, 4.744273447, 4.869693815$$

이번에는 구간 [0, 2]를 10개로 분할한 각 근사값을 구하여 비교한다.

>evalf(leftsum (f(x), x=0..2,10)), evalf(trapezoid (f(x), x=0..2, 10)), evalf(simpson (f(x), x=0..2, 10));

$$4.871603982, 4.795924732, 4.805376152$$

$n = 10$일 때, Simpson 공식의 근사값이 가장 정확하다.

예제 1.4　분할 수가 각각 $n = 10, 50, 100, 300$일 때 $\int_0^{\pi/2} e^{x^4} dx$의 근사값을 구하여라.

풀이　Simpson 공식을 사용하여 각 n에 대하여 근사값을 구하면 다음과 같다.

```
>evalf(simpson ( exp(x^4), x=0..sqrt(Pi/2), 10));
```

2.730135694

```
>evalf(simpson ( exp(x^4), x=0..sqrt(Pi/2), 50));
```

2.718623987

```
>evalf(simpson ( exp(x^4), x=0..sqrt(Pi/2), 100));
```

2.718600976

```
>evalf(simpson ( exp(x^4), x=0..sqrt(Pi/2), 300));
```

2.718599444

실제값은 다음과 같다.

```
>evalf(int ( exp(x^4), x=0..sqrt(Pi/2)));
```

2.718599424

즉, 분할 수 n이 커질수록 근사값의 정도가 높아진다는 것을 알 수 있다.

컴퓨터의 수치계산에서는 대개의 경우 부동소수점 표현법을 이용하므로, 이 표현 방법으로부터 생기는 여러 가지 현상을 생각할 필요가 있다.

$F(x)$가 $f(x)$의 원시함수일 때, 미적분학의 기본정리에 의해

$$\int_a^b f(x)dx = F(b) - F(a)$$

가 성립한다. 주어진 $f(x)$에 대하여 수식처리에 의해 원시함수 $F(x)$를 정확하게 구하고, $F(b) - F(a)$를 계산하는 것이 가장 정도가 높은 방법이지만 현재의 많은 시스템에서는 이 정확한 방법이 오히려 정도 상의 문제를 일으킬 가능성이 있다. 만약 $F(b) \simeq F(a)$일 때는 $F(x)$가 정확하게 계산되었어도 최종 결과 $F(b) - F(a)$의 정확성에 대한 신뢰도를 의심하게 된다. 예

를 들어, 고속이고 고정도인 컴퓨터 시뮬레이션에서 요구되는 최첨단의 과학기술 계산에서는, 대개의 경우 수치 적분 그 자체가 주된 목적이 아니지만, 수치 적분의 정확성에 의해 전체의 신뢰성도 문제가 된다.

또한 수치 적분에서 피적분함수가 다항식이나 삼각함수, 유리함수와 같은 초등함수인 경우에도 그 원시함수가 초등함수로 짜여진다고는 할 수 없다. 예를 들어, 통계학에 자주 사용되는 $f(x) = e^{-x^2}$등은, 그 원시함수를 초등함수로는 표현할 수 없다는 것이 증명되어져 있다. 그렇다면 어떠한 수치 적분공식을 이용하면 정도가 높은 수치 결과를 얻을 수 있을 것인가. 모든 문제에 범용적으로 사용할 수 있고, 정도가 높은 결과를 제공하는 적분공식은 없고, 따라서 대상이 되는 함수의 성질 등을 생각하여 적절한 수치 적분공식을 채택할 수밖에 없다. 비교적 범용적으로 사용되는 공식이 5장 6절에서 다룰 Gauss 적분공식이다.

사다리꼴 공식이나 Simpson 공식이 구간이 등간격인 분점을 이용하지만, Gauss 적분공식 에서는 직교 다항식의 해를 분점으로 이용하므로 등간격이 아닌 분점이 된다.

Gauss 적분공식은 컴퓨터가 발달하기 전에는 실용성이 없었던 공식이다. 왜냐하면, 분점을 결정할 때 다항식의 근의 계산, 즉 대수 방정식의 수치 해법이 필요하지만, 대수 방정식의 모든 근을 정확히 계산하는 것 자체가 무리였기 때문이다.

사다리꼴 공식은 정도가 낮고 실용적이지 못하지만, 특별한 경우에는 극히 효과적인 공식이다. 예를 들어,

$$\int_{-\infty}^{\infty} e^{-x^2} dx = \sqrt{\pi}$$

가 전형적인 예제이다. 충분히 큰 R에 대하여 $\int_{-R}^{R} e^{-x^2} dx$의 수치 계산에서는 사다리꼴 공식은 매우 정도가 높은 수치 결과를 얻을 수 있다. 또한 피적분함수가 주기성을 갖는 경우도 사다리꼴 공식이 효과적이라는 사실이 알려져 있다. 이러한 오차 해석은 복소 함수론의 응용문제로서 쉽게 다룰 수 있다.

제 2 절 수치 미분

수치 미분의 목적은 표로 주어진 함수 f의 도함수의 근사값을 구하는 것이다. 일반적으로 수치 미분은 도함수의 근사값이 유도된 함수로부터 얻어진 함수값보다 정확성이 떨어지므로 항상 바람직한 것은 아니다. 즉, 주어진 함수값이 차가 거의 없어도 도함수 f'의 값들은 비교적 큰 차가 생기는 문제가 많다. 적분은 유연한 (연속인) 곡선을 사용하므로 수치 적분은 함수값의 정확성에 큰 영향을 받지 않지만, 수치 미분은 함수값의 변화에 매우 민감하다.

함수 $f(x)$의 도함수를 수치 계산에 의해 구하는 방법은 보간 다항식을 이용하는 방법과 차분 연산자를 이용하는 방법 등이 있다.

보간 다항식을 이용하는 방법 : $f(x)$를 보간 다항식으로 근사한 뒤에, 해석적인 미분 공식을 적용하여 $k(\geq 1)$차 도함수 $f^{(k)}(x)$를 근사적으로 구하는 방법이다.

차분 연산자를 이용하는 방법 : 미분 연산자 $(\dfrac{d}{dx})$를 각 차분연산자

$$\Delta : \text{전향차분, 즉,} \quad \Delta f(x) = f(x+h) - f(x)$$

$$\nabla : \text{후향차분, 즉,} \quad \nabla f(x) = f(x) - f(x+h)$$

$$\delta : \text{중심차분, 즉,} \quad \delta f(x) = f(x+\frac{h}{2}) - f(x+\frac{h}{2})$$

의 유한급수로 절단 근사하여 도함수를 근사적으로 계산하는 방법이다.

1. 보간 다항식에 의한 수치 미분

보간 다항식에 의한 수치 미분은 미지 함수 f를 먼저 보간 다항식으로 근사시키고, 함수 f의 도함수를 구하는 방법이다.

Lagrange 보간 다항식

$$f(x) \simeq P_n(x) = \sum_{j=0}^{n} f(x_j)L_{n,j}(x), \quad \left(\text{단, } L_{n,j}(x) = \prod_{j=0, I\neq j}^{n} \frac{x - x_i}{x_j - x_i}\right)$$

에 대하여 오차 함수는

$$E(x) = f(x) - P_n(x) = \frac{1}{n!} f^{(n+1)}(\xi) \prod_{j=0}^{n} (x - x_j)$$

이다. $i = 0, 1, \cdots, n$일 때, $(n+1)$개의 분점 x_i에서 함수값 $f(x_i)$를 이용하여 $k(\geq 1)$차 도함수

$$f^{(k)}(x) \simeq P_n^{(k)}(x) = \sum_{j=0}^{n} f(x_j) \frac{d^k}{dx^k} L_{n,j}(x),$$

를 계산할 수 있고, 이와 같은 근사식을 계산할 때 생기는 오차

$$E(x) = \frac{d^k}{dx^k} [\frac{1}{n!} f^{(n+1)}(\xi) \prod_{j=0}^{n} (x - x_j)]$$

를 추정할 수 있다.

예제 2.1 미지함수 $f(x)$에 대하여 $f(x_0)$과 $f(x_1)$이 주어져 있을 때, $f'(x_0)$과 $f'(x_1)$을 구하여라.

풀이 $h = x_1 - x_0$ 이라 하고, $f(x) = P_n(x) + E(x)$라 하면

$$f(x) = \frac{x_1 - x}{h} f(x_0) + \frac{x - x_0}{h} f(x_1) + \frac{1}{2!} f''(\xi)(x - x_0)(x - x_1), \ (x_0 < \xi < x_1)$$

이다. 따라서 1차 도함수는

$$f'(x) = -\frac{1}{h} f(x_0) + \frac{1}{h} f(x_1) + \frac{1}{2!} f''(\xi)[(x - x_0) + (x - x_1)]$$

이고, 점 x_0, x_1에서의 도함수는

$$\begin{aligned} f'(x_0) &= -\frac{1}{h} f(x_0) + \frac{1}{h} f(x_1) + \frac{1}{2!} f''(\xi)[(x_0 - x_1)] \\ &= \frac{f(x_1) - f(x_0)}{h} - \frac{h}{2!} f''(\xi) \\ f'(x_1) &= \frac{f(x_1) - f(x_0)}{h} + \frac{h}{2!} f''(\xi) \end{aligned}$$

이다.

다음은 2차 보간 다항식에 의한 수치 미분을 계산하는 문제를 생각한다. x_0, x_1, x_2를 등간격 h의 연속한 세 분점이라 한다. 즉, $x = x_0, x_1 = x_0 + h, x_2 = x_0 + 2h$에서 함수 $f(x)$의 2차 보간 다항식을 $P_2(x)$라 하고, 점 x에서 $f'(x)$의 근사값을 구하기 위해 근사식

$$f'(x) \simeq P_2'(x)$$

를 사용한다.

세 점 x_0, x_1, x_2를 지나는 2차 보간 다항식은

$$\begin{aligned} P_2(x) =& f(x_0)\frac{(x-x_1)(x-x_2)}{(x_0-x_1)(x_0-x_2)} + f(x_1)\frac{(x-x_0)(x-x_2)}{(x_1-x_0)(x_1-x_2)} \\ &+ f(x_2)\frac{(x-x_0)(x-x_1)}{(x_2-x_0)(x_2-x_1)} \end{aligned}$$

이고, 미분하면

$$\begin{aligned} P_2'(x) =& f(x_0)\frac{2x-x_1-x_2}{(x_0-x_1)(x_0-x_2)} + f(x_1)\frac{2x-x_0-x_2}{(x_1-x_0)(x_1-x_2)} \\ &+ f(x_2)\frac{2x-x_0-x_1}{(x_2-x_0)(x_2-x_1)} \end{aligned}$$

이다. 따라서 $x = x_0, x_1 = x_0 + h, x_2 = x_0 + 2h$를 차례로 대입하면

$$\begin{aligned} f'(x_0) \simeq P_2'(x_0) =& f(x_0)\frac{-3h}{2h^2} + f(x_1)\frac{-2h}{-h^2} + f(x_2)\frac{-h}{2h^2} \\ =& \frac{1}{h}(-\frac{3}{2}f(x_0) + 2f(x_1) - \frac{1}{2}f(x_2)) \end{aligned}$$

이다. 같은 방법으로

$$\begin{aligned} f'(x_1) \simeq& P_2'(x_1) = \frac{1}{h}\left(-\frac{1}{2}f(x_0) + \frac{1}{2}f(x_2)\right) \\ f'(x_2) \simeq& P_2'(x_2) = \frac{1}{h}\left(\frac{1}{2}f(x_0) - 2f(x_1) + \frac{3}{2}f(x_2)\right) \end{aligned}$$

임을 알 수 있다.

또한 $i = 0, 1, 2$일 때, $f'(x_i)$에 대한 오차는

$$\begin{aligned} \frac{d}{dx}E(x)|_{x=x_i} =& \frac{d}{dx}[\frac{1}{3!}(x-x_0)(x-x_1)(x-x_2)f''(\xi)]_{x=x_i} \\ =& \frac{1}{3!}[(x-x_1)(x-x_2) + (x-x_0)(x-x_2) \\ &+ (x-x_0)(x-x_1)]_{x=x_i}f''(\xi) \end{aligned}$$

이므로 $x = x_0, x_1 = x_0 + h, x_2 = x_0 + 2h$차례로 대입하면

$$E'(x_0) = \frac{1}{3!}2h^2 f''(\xi_0) = \frac{h^2}{3} f''(\xi_0), \quad (\xi_0 \in [x_0, x_2])$$

이다. 같은 방법으로

$$E'(x_1) = -\frac{h^2}{6} f''(\xi_1), \quad (\xi_1 \in [x_0, x_2])$$
$$E'(x_2) = \frac{h^2}{3} f''(\xi_2), \quad (\xi_2 \in [x_0, x_2])$$

임을 알 수 있다. 따라서 $i = 0, 1, 2$에 대하여 $f'(x_i)$의 근사값과 $E'(x_i)$를 결합하면 $\xi_0, \xi_1, \xi_2 \in [x_0, x_2]$일 때

$$f'(x_0) = \frac{1}{2h}[-3f(x_0) + 4f(x_0 + h) - f(x_0 + 2h)] + \frac{h^2}{3} f''(\xi_0),$$
$$f'(x_1) = \frac{1}{2h}[-f(x_0) + f(x_0 + 2h)] - \frac{h^2}{6} f''(\xi_1),$$
$$f'(x_2) = \frac{1}{2h}[f(x_0) - 4f(x_0 + h) + 3f(x_0 + 2h)] + \frac{h^2}{3} f''(\xi_2),$$

이다.

예제 2.2 2차 Lagrange 보간 다항식을 이용하여 다음 자료로부터 $f'(1.025)$를 구하여라.

x_i	1.0	1.05	1.10	1.15
$f(x_i)$	2.28735553	2.4787930	2.6773349	2.88268846

풀이 각 분점에 대한 Lagrange 보간 다항식은

$$f(x) \simeq P_2(x) = L_{2,0}(x)f(x_0) + L_{2,1}(x)f(x_1) + L_{2,2}(x)f(x_2)$$

이고, 여기서

$$L_{2,0}(x) = \frac{(x - x_1)(x - x_2)}{(x_0 - x_1)(x_0 - x_2)} = \frac{1}{(-0.05)(-0.10)}(x - 1.05)(x - 1.10),$$
$$L_{2,1}(x) = \frac{(x - x_0)(x - x_2)}{(x_1 - x_0)(x_1 - x_2)} = \frac{1}{(0.05)(-0.05)}(x - 1.0)(x - 1.10),$$
$$L_{2,2}(x) = \frac{(x - x_0)(x - x_1)}{(x_2 - x_0)(x_2 - x_1)} = \frac{1}{(0.10)(0.05)}(x - 1.0)(x - 1.05),$$

이다. 도함수 $f'(x)$의 근사값은

$$f'(x) \simeq P_2'(x) = L_{2,0}'(x)f(x_0) + L_{2,1}'(x)f(x_1) + L_{2,2}'(x)f(x_2)$$

이고, 여기서

$$\begin{aligned} L_{2,0}'(x) &= \frac{1}{0.005}(x - 1.05 + x - 1.10) = 200(2x - 2.15), \\ L_{2,1}'(x) &= -\frac{1}{0.0025}(x - 1.0 + x - 1.10) = -400(2x - 2.10), \\ L_{2,2}'(x) &= \frac{1}{0.005}(x - 1.0 + x - 1.05) = 200(2x - 2.05), \end{aligned}$$

이므로

$$\begin{aligned} & f'(1.025) \simeq P_2'(1.025) \\ =& L_{2,0}'(1.025)f(1.0) + L_{2,1}'(1.025)f(1.05) + L_{2,2}'(1.025)f(1.10) \\ =& (-20) \times 2.28735553 + 20 \times 2.4787930 + 0.0 \times 2.6773349 = 3.828754 \end{aligned}$$

이다.

2. 차분연산자에 의한 수치 미분

차분연산자에 의한 수치 미분은 미분연산자를 차분연산자의 유한 급수로 근사하여 함수 $f(x)$의 미분계수를 계산하는 방법이다. 즉, 미분계수를 구하고자 하는 함수 $f(x)$가 등간격 h만큼 떨어진 분점들에서 그 함수값이 알려져 있을 때, 매우 체계적인 수치 미분 근사공식을 제공한다.

먼저 차분연산자와 미분연산자의 관계를 **천이 연산자**(shift operator) E 를 사용하여 살펴본다. Taylor 급수전개에 의해

$$f(x+h) = f(x) + h\frac{d}{dx}f(x) + \frac{h^2}{2!}\frac{d^2}{dx^2}f(x) + \cdots + \frac{h^n}{n!}\frac{d^n}{dx^n}f(x) + \cdots$$

이고, 우변을

$$(1 + h\frac{d}{dx} + \frac{h^2}{2!}\frac{d^2}{dx^2} + \cdots + \frac{h^n}{n!}\frac{d^n}{dx^n} + \cdots)f(x) = \mathrm{E}f(x) \tag{5.4}$$

라 정의한다. (5.4)의 좌변의 괄호안은

$$e^{h\frac{d}{dx}} = 1 + h\frac{d}{dx} + \frac{h^2}{2!}\frac{d^2}{dx^2} + \cdots + \frac{h^n}{n!}\frac{d^n}{dx^n} + \cdots$$

이므로

$$\mathrm{E}f(x) = e^{h\frac{d}{dx}}f(x)$$

이다. 따라서 E와 미분연산자 사이에는

$$\mathrm{E} = e^{h\frac{d}{dx}}$$

의 관계가 성립된다. 또한 log E=$h\dfrac{d}{dx}$이므로

$$\frac{d}{dx} = \frac{1}{h}\log \mathrm{E} \tag{5.5}$$

이다.

정리 2.1 전향 차분연산자에 의한 수치 미분

전향 차분연산자 Δ에 $f(x)$의 의한 n차 도함수는

$$f^{(n)}(x) = \frac{1}{h^n}\left(\Delta^n f(x) - \frac{n}{2}\Delta^{n+1}f(x) + \frac{n(3n+5)}{24}\Delta^{n+2}f(x) + \cdots\right) \tag{5.6}$$

이다.

증명 일반적으로 전향 차분연산자 Δ와 천이 연산자 E 사이에는 $\mathrm{E} = 1 + \Delta$이므로 (5.5)는 Taylor 급수전개에 의해

$$\frac{d}{dx} = \frac{1}{h}\log(1+\Delta) = \frac{1}{h}(\Delta - \frac{\Delta^2}{2} + \frac{\Delta^3}{3} - \frac{\Delta^4}{4} + \cdots) \tag{5.7}$$

임을 알 수 있다. 따라서

$$\begin{aligned}\frac{d}{dx}f(x) = f'(x) &= \frac{1}{h}(\Delta - \frac{\Delta^2}{2} + \frac{\Delta^3}{3} - \frac{\Delta^4}{4} + \cdots)f(x)\\ &= \frac{1}{h}(\Delta f(x) - \frac{\Delta^2 f(x)}{2} + \frac{\Delta^3 f(x)}{3} - \frac{\Delta^4 f(x)}{4} + \cdots)\end{aligned}$$

이다. (5.7)에 의해 $f(x)$에 대한 n차 도함수를 차분연산자로 나타내면

$$\begin{aligned} f^{(n)}(x) =& \frac{d^n}{dx^n} f(x) = \left(\frac{1}{h}\log(1+\Delta)\right)^n f(x) \\ =& \frac{1}{h^n}\left(\Delta - \frac{\Delta^2}{2} + \frac{\Delta^3}{3} - \frac{\Delta^4}{4} + \cdots\right)^n f(x) \\ =& \frac{1}{h^n}\left(\Delta^n - \frac{n}{2}\Delta^{n+1} + \frac{n(3n+5)}{24}\Delta^{n+2} + \cdots\right) f(x) \end{aligned}$$

이므로 정리가 성립한다.

정리 2.2 후향 차분연산자에 의한 수치 미분

후향 차분연산자 ∇에 의한 $f(x)$의 n차 도함수는

$$f^{(n)}(x) = \frac{1}{h^n}(\nabla^n f(x) + \frac{n}{2}\nabla^{n+1} f(x) + \frac{n(3n+5)}{24}\nabla^{n+2} f(x) + \cdots) \quad (5.8)$$

이다.

증명 후향 차분연산자 ∇를 사용하면

$$\nabla f(x) = f(x) - f(x-h)$$

이므로

$$f(x-h) = f(x) - \nabla f(x) = (1-\nabla) f(x)$$

이다. Taylor 급수전개에 의해

$$\begin{aligned} f(x+h) =& f(x) - h\frac{d}{dx}f(x) + \frac{h^2}{2!}\frac{d^2}{dx^2}f(x) - \cdots + \frac{(-h)^n}{n!}\frac{d^n}{dx^n}f(x) + \cdots \\ =& \left(1 - h\frac{d}{dx} + \frac{h^2}{2!}\frac{d^2}{dx^2} - \cdots + \frac{(-h)^n}{n!}\frac{d^n}{dx^n} + \cdots\right) f(x) \\ =& e^{-h\frac{d}{dx}} f(x) \end{aligned}$$

이므로

$$e^{-h\frac{d}{dx}} f(x) = (1-\nabla) f(x)$$

가 성립한다. 따라서

$$e^{-h\frac{d}{dx}} = 1 - \nabla$$

이고, $-h\frac{d}{dx} = \log(1-\nabla)$로부터

$$\begin{aligned}\frac{d}{dx}(1-\nabla) &= -\frac{1}{h}\log(1-\nabla)\\ &=\frac{1}{h}(\nabla + \frac{\nabla^2}{2} + \frac{\nabla^3}{3} + \frac{\nabla^4}{4} + \cdots)\end{aligned}$$

이다. 결국

$$f'(x) = \frac{d}{dx}f(x) = \frac{1}{h}(\nabla f(x) + \frac{\nabla^2 f(x)}{2} + \frac{\nabla^3 f(x)}{3} + \frac{\nabla^4 f(x)}{4} + \cdots)$$

임을 알 수 있다. 마찬가지로 n차 도함수는

$$\begin{aligned}f^{(n)}(x) &= \frac{d^n}{dx^n}f(x) = [-\frac{1}{h}\log(1-\Delta)]^n f(x)\\ &= \frac{1}{h^n}(\nabla^n + \frac{n}{2}\nabla^{n+1} + \frac{n(3n+5)}{24}\nabla^{n+2} + \cdots)f(x)\end{aligned}$$

이므로 정리가 성립한다.

중심 차분연산자 δ의 정의에 의해

$$\delta f(x) = f(x+\frac{h}{2}) - f(x-\frac{h}{2})$$

이고 $f(x \pm \frac{h}{2})$를 Taylor 급수전개하면 미분연산자와 중심연산자 사이에는

$$\begin{aligned}\frac{d}{dx} &= \frac{2}{h}\sin^{-1}\frac{\delta}{2}\\ &= \frac{1}{h}(\delta - \frac{1}{24}\delta^3 + \frac{3}{640}\delta^5 - \frac{5}{7168}\delta^7 + \cdots)\end{aligned}$$

와 같은 관계가 있다. 따라서 1차 도함수는

$$\begin{aligned}\frac{d}{dx}f(x) = f'(x) &= \frac{2}{h}\sin^{-1}\frac{\delta}{2}f(x)\\ &= \frac{1}{h}(\delta - \frac{1}{24}\delta^3 + \frac{3}{640}\delta^5 - \frac{5}{7168}\delta^7 + \cdots)f(x)\end{aligned}$$

이고, n차 도함수는

$$\frac{d^n}{dx^n}f(x) = (\frac{2}{h}\sin^{-1}\frac{\delta}{2})^n f(x) = \frac{1}{h^n}(\delta^n - \frac{n}{24}\delta^{n+2} + \cdots)f(x) \qquad (5.9)$$

이다.

실제 문제에 있어서 무한급수는 계산할 수 없으므로 유한급수로 절단근사하여 도함수 계산에 이용한다. 예를 들어,

$$\begin{aligned}
f'(x_0) \simeq& \frac{1}{h}\Delta f(x_0) = \frac{f(x_0+h)-f(x_0)}{h} \\
=& \frac{1}{h}[f(x_1)-f(x_0)], \\
f'(x_0) \simeq& \frac{1}{h}[\Delta f(x_0) - \frac{1}{2}\Delta^2 f(x_0)] \\
=& \frac{1}{h}[f(x_0+h)-f(x_0)-\frac{1}{2}(f(x_0+2h)-2f(x_0+h)+f(x_0))] \\
=& \frac{1}{2h}[-f(x_0+2h)+4f(x_0+h)-3f(x_0)], \\
f'(x_0) \simeq& \frac{1}{h}[\Delta f(x_0) - \frac{1}{2}\Delta^2 f(x_0) + \frac{1}{3}\Delta^3 f(x_0)] \\
&\vdots \\
=& \frac{1}{6h}[2f(x_0+3h)-9f(x_0+2h)+18f(x_0+h)-11f(x_0)]
\end{aligned}$$

등과 같이 여러 가지 수치 미분공식을 얻을 수 있다.

다음은 유한차분을 함수 $f(x)$와 그 도함수로 나타내어 보자. 전향 차분연산자와 미분연산자 사이에는

$$1 + \Delta = e^{h\frac{d}{dx}}$$

의 관계이므로

$$\Delta = e^{h\frac{d}{dx}} - 1 = h\frac{d}{dx} + \frac{h^2}{2!}\frac{d^2}{dx^2} + \cdots$$

이다. 따라서

$$\Delta f(x) = (e^{h\frac{d}{dx}} - 1)f(x) = h\frac{df(x)}{dx} + \frac{h^2}{2!}\frac{d^2 f(x)}{dx^2} + \cdots$$

이고, 같은 방법으로

$$\begin{aligned}
\Delta^n f(x) =& (e^{h\frac{d}{dx}} - 1)^n f(x) \\
=& (h\frac{d}{dx} + \frac{h^2}{2!}\frac{d^2}{dx^2} + \cdots)^n f(x) \\
=& h^n\frac{d^n f(x)}{dx^n} + \frac{n}{2}h^{n+1}\frac{d^{n+1}f(x)}{dx^{n+1}} + \frac{n(3n+1)}{24}h^{n+2}\frac{d^{n+2}f(x)}{dx^{n+2}} + \cdots
\end{aligned}$$

임을 알 수 있다. 또한 후향차분과 중심차분에 대해서도

$$\begin{aligned}\nabla^n f(x) &= (1-e^{h\frac{d}{dx}})^n f(x) = (h\frac{d}{dx} - \frac{h^2}{2!}\frac{d^2}{dx^2} + \cdots)^n f(x) \\ &= h^n \frac{d^n f(x)}{dx^n} - \frac{n}{2}h^{n+1}\frac{d^{n+1}f(x)}{dx^{n+1}} \\ &\quad + \frac{n(3n+1)}{24}h^{n+2}\frac{d^{n+2}f(x)}{dx^{n+2}} - \cdots \end{aligned} \tag{5.10}$$

과

$$\begin{aligned}\delta^n f(x) &= (2\sinh\frac{h}{2}\frac{d}{dx})^n f(x) = (h\frac{d}{dx} + \frac{h^3}{24}\frac{d^3}{dx^3} + \cdots)^n f(x) \\ &= h^n \frac{d^n f(x)}{dx^n} + \frac{n}{24}h^{n+2}\frac{d^{n+2}f(x)}{dx^{n+2}} + \cdots \end{aligned} \tag{5.11}$$

이다. 예를 들어, (5.8)에서 $n=2, x=x_0$일 때

$$f''(x_0) = \frac{1}{h^2}(\nabla^2 f(x_0) + \nabla^3 f(x_0) + \frac{11}{12}\nabla^4 f(x_0) + \cdots) \tag{5.12}$$

이므로 $f''(x_0)$의 근사공식은

$$f''(x_0) \simeq \frac{\nabla^2 f(x_0)}{h^2} = \frac{1}{h^2}[f(x_0) - 2f(x_0-h) + f(x_0-2h)], \tag{5.13}$$

$$\begin{aligned} f''(x_0) &\simeq \frac{1}{h^2}(\nabla^2 f(x_0) + \nabla^3 f(x_0)) = \frac{1}{h^2}[2f(x_0) \\ &\quad -5f(x_0-h) + 4f(x_0-2h) - f(x_0-3h)] \end{aligned} \tag{5.14}$$

등과 같이 구할 수 있다.

(5.13)은 (5.12)에서 $\frac{1}{h^2}\nabla^3 f(x_0)$이하 항을 잘라버렸기 때문에 (5.10)에 의해 $O(h)$의 오차를 갖는다고 할 수 있으며, (5.14)는 (5.12)에서 $\frac{1}{h^2}\nabla^3 f(x_0)$이하 항을 잘라버렸기 때문에 $O(h^2)$의 오차를 갖고 있다.

예제 2.3 분점 $x_k(k=0,\pm1,\pm2)$에서 함수값 $f(x_k)$가 주어져 있다. $f''(x_0)$에 대한 각 종 근사식을 유도하고 그 오차를 추정하여라.

풀이 (1) (5.6)의 전향 차분공식을 이용하는 경우, (5.6)의 첫 번째 항만을 취하면 $(x = x_0, n = 2)$,

$$\begin{aligned} f''(x_0) &\simeq \frac{1}{h^2}\Delta^2 f(x_0) + O(-\frac{\Delta^3}{h^2}) \\ &= \frac{1}{h^2}[f(x_2) - 2f(x_1) + f(x_0)] + O(h) \end{aligned} \tag{5.15}$$

이고, 두 번째 항까지 취하면

$$\begin{aligned} f''(x_0) &\simeq \frac{1}{h^2}\Delta^2 f(x_0) - \frac{1}{h^2}\Delta^3 f(x_0) + O(\frac{11}{12}\frac{\Delta^4}{h^2}) \\ &= \frac{1}{h^2}[-f(x_3) + 4f(x_2) - 5f(x_1) + 2f(x_0)] + O(h^2) \end{aligned} \tag{5.16}$$

이다. 그러나 (5.16)은 주어진 자료의 범위를 벗어나므로 5장 정리 2.1의 (5.6)으로는 (5.15)의 근사공식만을 얻을 수 있다.

(2) (5.8)의 후향공식을 이용하는 경우에는 (1)과 같이 첫 번째 항에 의한 다음의 근사공식 밖에 얻을 수 없다.

$$\begin{aligned} f''(x_0) &\simeq \frac{1}{h^2}\nabla^2 f(x_0) + O(\frac{\nabla^3}{h^2}) \\ &= \frac{1}{h^2}[f(x_0) - 2f(x_{-1}) + 5f(x_{-2})] + O(h). \end{aligned}$$

(3) (5.9)의 중심차분을 이용하는 경우에는

$$\begin{aligned} f''(x_0) &\simeq \frac{1}{h^2}\delta^2 f(x_0) + O(\frac{\delta^4}{12h^2}) \\ &= \frac{1}{h^2}[f(x_{-1}) - 2f(x_0) + f(x_1)] + O(h^2) \end{aligned}$$

와

$$\begin{aligned} f''(x_0) &\simeq \frac{1}{h^2}\delta^2 f(x_0) - \frac{1}{12h^2}\delta^4 f(x_0) + O(\frac{\delta^6}{h^2}) \\ &= \frac{1}{12h^2}[-f(x_2) + 16f(x_1) - 30f(x_0) \\ &\qquad + 16f(x_{-1}) - f(x_{-2})] + O(h^4) \end{aligned}$$

이다.

(4) (5.6)과 (5.8)의 산술평균을 이용하는 경우

$$\begin{aligned} f''(x_0) =& \frac{1}{2}\{\text{식}(5.6) + \text{식}(5.8)\} \\ =& \frac{1}{2h^2}\{[\Delta^2 f(x_0) + \nabla^2 f(x_0)] + [-\Delta^3 f(x_0) + \nabla^3 f(x_0)] \\ & + \frac{11}{12}\Delta^4 f(x_0) + \cdots\} \end{aligned}$$

이고,

$$\begin{aligned} f''(x_0) \simeq& \frac{1}{2h^2}\{\Delta^2 f(x_0) + \nabla^2 f(x_0)\} \\ =& \frac{1}{2h^2}\{f(x_2) - 2f(x_1) + 2f(x_0) - 2f(x_{-1}) + f(x_{-2})\} \end{aligned}$$

이다. 이 때, 오차는

$$\begin{aligned} & \frac{1}{2h^2}\{-\Delta^3 f(x_0) + \nabla^3 f(x_0) + \frac{11}{12}[\Delta^4 f(x_0) + \nabla^4 f(x_0)] + \cdots\} \\ =& \frac{1}{2h^2}\{-(h^3\frac{d^3 f(x_0)}{dx^3} + \frac{3h^4}{2}\frac{d^4 f(x_0)}{dx^4} + \cdots) + (h^3\frac{d^3 f(x_0)}{dx^3} \\ & - \frac{3h^4}{2}\frac{d^4 f(x_0)}{dx^4} + \cdots) + \frac{11}{12}(h^4\frac{d^4 f(x_0)}{dx^4} + 2h^5\frac{d^5 f(x_0)}{dx^5} + \cdots) \\ & + \frac{11}{12}(h^4\frac{d^4 f(x_0)}{dx^4} - 2h^5\frac{d^5 f(x_0)}{dx^5} + \cdots)\} \\ =& \frac{1}{2h^2}\{-\frac{7}{6}h^4\frac{d^4 f(x_0)}{dx^4} + O(h^6)\} \\ =& -\frac{7}{12}h^2\frac{d^4 f(x_0)}{dx^4} + O(h^4) \end{aligned}$$

이다.

제 3 절 보간 다항식에 의한 수치 적분

보간 다항식에 의한 수치적분은 다항식으로 근사한 뒤에 해석적인 적분공식을 적용하여 근사적으로 구하는 방법이다. 수치 적분은 보간법 문제와 같이 정적분

$$I(f) = \int_a^b f(x)dx$$

를 유한 급수로 절단 근사하여 정적분을 근사적으로 계산하는 방법이다.

정적분 $I(f)$의 근사 계산에는

$$I(f) \simeq I_n(f) = \sum_{i=0}^{n} w_i f(x_i) \tag{5.17}$$

인 수치 적분공식이 이용되는데 w_i를 **가중 인자**(weighting factor)라 한다.

Lagrange 보간 다항식을 이용하면

$$I(f) \simeq I_n(f) = \int_a^b P_n(x)dx = \sum_{i=0}^{n} w_i f(x_i) \tag{5.18}$$

와 같이 쓸 수 있고, 여기서

$$w_i = \int_a^b L_{n,i}(x)dx = \int_a^b \prod_{j=0,i\neq j}^{n} (\frac{x-x_j}{x_i-x_j})dx \tag{5.19}$$

이다. (5.18)은 **Newton-Cotes 공식**의 기본이 되고, 수치 적분계산에 응용되는 **사다리꼴 공식**과 **Simpson 공식**도 이 식으로부터 유도 할 수 있다.

예제 3.1 Lagrange 보간 다항식

$$f(x) \simeq \sum_{j=0}^{n} f(x_j)L_{n,j}(x), \quad (\text{단}, \ L_{n,j}(x) = \prod_{j=0,i\neq j}^{n} \frac{x-x_i}{x_j-x_i})$$

에 대하여 정적분은

$$\int_a^b f(x)dx \simeq \sum_{j=0}^{n} [\int_a^b L_{n,j}(x)dx] f(x_j)$$

와 같이 구할 수 있다.

1. 사다리꼴 공식과 Simpson 공식

$x_0 = a, x_1 = b$일 때, $f(x)$를 Lagrange 보간 다항식 $P_1(x)$로 근사하고, $I_1(f)$를 구하면

$$\begin{aligned} I_1(f) &= \int_{x_0}^{x_1} P_1(x)dx = \int_{x_0}^{x_1} [\frac{x-x_0}{x_0-x_1} f(x_0) + \frac{x-x_0}{x_1-x_0} f(x_1)]dx \\ &= (x_1-x_0)[\frac{f(x_0)+f(x_1)}{2}] \end{aligned} \tag{5.20}$$

이고, 이것을 **사다리꼴 공식**(trapezoidal rule)이라 한다.

예제 3.2 정적분

$$I(f) = \int_0^1 \frac{1}{1+x} dx$$

의 근사값을 구하여라.

풀이 실제값은 $I(f) = \ln 2 \simeq 0.693147$이다. (5.20)을 사용하면

$$I_1(f) = \frac{1}{2}[1 + \frac{1}{2}] = \frac{2}{3} = 0.75$$

이고, 오차는

$$I(f) - I_1(f) \simeq -0.0569$$

이다.

$f(x)$가 구간 $[a, b]$에서 1차함수가 아닐 때, (5.20)에서 근사값 $I_1(f)$를 보다 정확히 구하기 위해 $[a, b]$를 작은 부분구간으로 나누고, 각 부분구간에 (5.20)을 적용한다. 부분구간이 아주 작은 경우에는 $f(x)$는 각 부분구간에서 직선에 가깝게 된다.

예제 3.3 앞 예제의 정적분을

$$I(f) = \int_0^{1/2} \frac{1}{1+x} dx + \int_{1/2}^1 \frac{1}{1+x} dx$$

와 같이 분할하여 근사값을 구하여라.

풀이 두 부분구간에 대하여

$$I_2(f) = \frac{1}{2}[\frac{1+2/3}{2}] + \frac{1}{2}[\frac{2/3+1/2}{2}] = \frac{17}{24} = 0.70833$$

이고, 오차는

$$I(f) - I_2(f) \simeq -0.015186$$

이다.

$x_0 = a, x_1 = x_0 + h, x_2 = x_0 + 2h = b$일 때, $f(x)$를 2차 보간 다항식 $P_2(x)$로 근사하는 것을 생각한다. 즉,

$$\begin{aligned}
I_2(f) &= \int_{x_0}^{x_2} P_2(x)dx \\
&= \int_{x_0}^{x_2} \{\frac{(x-x_1)(x-x_2)}{(x_0-x_1)(x_0-x_2)}f(x_0) + \frac{(x-x_0)(x-x_2)}{(x_1-x_0)(x_1-x_2)}f(x_1) \\
&\qquad + \frac{(x-x_0)(x-x_1)}{(x_2-x_0)(x_2-x_1)}f(x_2)\}dx \\
&= \frac{f(x_0)}{2h^2}\int_{x_0}^{x_2}(x-x_1)(x-x_2)dx - \frac{f(x_1)}{h^2}\int_{x_0}^{x_2}(x-x_0)(x-x_2)dx \\
&\quad + \frac{f(x_2)}{2h^2}\int_{x_0}^{x_2}(x-x_0)(x-x_1)dx
\end{aligned}$$

이고, $x = x_0 + sh$로 변수변환하면

$$\begin{aligned}
I_2(f) &= \frac{f(x_0)}{2}h\int_0^2 (s-1)(s-2)ds - f(x_1)h\int_0^2 s(s-2)ds \\
&\quad + \frac{f(x_2)}{2}h\int_0^2 s(s-1)ds
\end{aligned}$$

혹은

$$I_2(f) = \frac{h}{3}[f(x_0) + 4f(x_1) + f(x_2)] \tag{5.21}$$

가 된다. 이것을 **Simpson 공식**이라 한다.

예제 3.4 정적분

$$I = \int_0^1 e^{x^2}dx$$

를 사다리꼴 공식과 Simpson 공식으로 구하여라.

풀이 (1) $a = 0, b = 1, h = x_1 - x_0 = 1$이고, 먼저 (5.20)에 적용하면

$$I_1(f) = \frac{h}{2}[f(a) + f(b)] = \frac{1}{2}[e^0 + e^1] = 1.859141$$

이다.

(2) $h = \dfrac{b-a}{2} = \dfrac{1}{2}, x_j = a + jh(j = 0, 1, 2)$이고, (5.21)에 적용하면

$$\begin{aligned} I_2(f) =& \frac{h}{3}[f(x_0) + 4f(x_1) + f(x_2)] \\ =& \frac{0.5}{3}[e^0 + 4e^{(1/2)^2} + e^1] = 1.475731 \end{aligned}$$

이다.

2. 오차공식

앞 절에서 다룬 사다리꼴 공식과 Simpson 공식의 오차는 규칙적으로 변화한다. 이런 규칙적인 움직임을 설명하고, 여러 방법의 장점과 단점을 설명하고 개선하기 위해 오차공식을 생각한다.

예제 3.5 구간 $[0, 2]$에서 임의의 함수 $f(x)$의 사다리꼴 공식은

$$\int_0^2 f(x)dx \simeq f(0) + f(2)$$

이고, Simpson 공식은

$$\int_0^2 f(x)dx \simeq \frac{1}{3}[f(0) + 4f(1) + f(2)]$$

이다. 기본적인 함수에 대한 두 공식의 결과는 다음 표와 같다.

	$f(x) = x$	$f(x) = x^2$	$f(x) = x^3$	$f(x) = x^4$	$f(x) = e^x$
정확한 값	2	2.67	4	6.40	6.389
사다리꼴 공식	2	4	8	16	8.389
Simpson 공식	2	2.67	4	6.67	6.421

사다리꼴 공식과 Simpson 공식에 대한 오차공식은 Lagrange 보간 다항식의 오차공식을 사용하여 유도할 수 있다.

정리 3.1 **사다리꼴 공식의 오차**

$f(x)$가 $[a,b]$에서 두 개의 연속인 도함수를 가질 때, 적분의 오차는

$$E_T = I(f) - P_1(f) = -\frac{h^3}{12}f''(\xi), \quad (\text{단}, a < \xi < b)$$

이다. 단, $h = b - a$이다.

증명 Lagrange 보간 다항식의 오차는 4장의 정리에 의해

$$f(x) = P_1(x) + (x - x_0)(x - x_1)\frac{f''(\xi)}{2}, \quad (\text{단},\xi \in (x_0, x_1) = (a, b))$$

이므로 적분하면

$$\int_a^b f(x)dx = \int_{x_0}^{x_1} P_1(x)dx + \frac{1}{2}\int_{x_0}^{x_1}(x - x_0)(x - x_1)f''(\xi)dx$$

이다. 여기서 $(x - x_0)(x - x_1)$은 구간 $[x_0, x_1]$에서 부호가 바뀌지 않으므로 적분에 관한 평균값 정리에 의해

$$\begin{aligned} E_T =& I(f) - P_1(f) \\ =& \int_a^b f(x)dx - \int_{x_0}^{x_1} P_1(x)dx = -\frac{h^3}{12}f''(\xi), (x_0 < \xi < x_1) \end{aligned}$$

이다.

Simpson 공식에 대한 오차공식도 비슷한 방법으로 유도할 수 있다.

정리 3.2 **Simpson 공식의 오차**

$f(x)$가 $[a,b]$에서 네 개의 연속인 도함수를 가질 때, 적분의 오차는

$$E_S = I(f) - P_2(f) = -\frac{h^5}{90}f^{(4)}(\xi), \quad (\text{단}, a < \xi < b)$$

이다.

더 높은 차수의 오차 공식도 유도할 수 있고, 3차 이하의 어떤 다항식에 대해서도 근사치 방법을 사용하여 정확한 결과를 얻을 수 있다는 사실에 근거한다.

3. Newton-Cotes 적분공식

Simpson 공식은 2차 보간 다항식을 사용하여 수치 적분을 구하는 방법이고, 다음에 소개하는 **Newton-Cotes 적분공식**은 3차 보간 다항식을 사용하여 근사 적분값을 구하는 방법이다.

주어진 분점들이 등간격으로 놓여 있을 때, 즉 $x_0 = a, x_n = b$이고, $h = \dfrac{b-a}{n}$일 때, $i = 0, 1, \cdots, n$ 에 대하여 가중인자

$$w_i = \int_a^b L_{n,i}(x)dx = \int_{x_0}^{x_n} \prod_{j=0, i\neq j}^{n} \frac{x - x_j}{x_i - x_j} dx$$

를 구한다. $x_j = x_0 + jh$이고, $x = x_0 + sh$로 변수변환하면

$$\begin{aligned} w_i =& \int_0^n \prod_{j=0, i\neq j}^{n} \frac{s-j}{i-j} h ds \\ =& h \int_0^n \frac{s(s-1)(s-2)\cdots(s-i+1)(s-i-1)\cdots(s-n)}{i(i-1)\cdots 1 \cdot (-1)(-2)\cdots(i-n)} ds \\ =& \frac{(-1)^{n-i} h}{i!(n-i)!} \int_0^n s(s-1)(s-2)\cdots(s-i+1)(s-i-1)\cdots(s-n) ds \end{aligned}$$

이므로,

$$\int_a^b f(x)dx \simeq I_n(x) = \sum_{i=0}^{n} w_i f(x_i)$$

이다. 이 때, 적분의 상한과 하한이 분점 x_i들이 이루는 구간과 일치한다. 이것을 **Newton-Cotes의 폐공식**(closed formula)라 한다.

정리 3.3 **Newton-Cotes의 폐공식에 대한 오차**

$x_0 = a, x_n = b, h = \dfrac{b-a}{n}$이고, $f(x)$가 $[a, b]$에서 $(n+2)$개의 연속인 도함수를 가질 때, $\sum_{i=0}^{n} w_i f(x_i)$를 Newton-Cotes의 폐공식이라 하면 적분의 오차는 n이 짝수이면

$$\int_a^b f(x)dx = \sum_{i=0}^{n} w_i f(x_i) + \frac{h^{n+3}}{(n+2)!} f^{(n+2)}(\xi) \int_0^n s^2(s-1)\cdots(s-n)ds,$$

$$(\text{단}, a < \xi < b)$$

이다. 또한 $f(x)$가 $[a,b]$에서 $(n+1)$개의 연속인 도함수를 가질 때, n이 홀수이면

$$\int_a^b f(x)dx = \sum_{i=0}^{n} w_i f(x_i) + \frac{h^{n+2}}{(n+1)!} f^{(n+1)}(\xi) \int_0^n s(s-1)\cdots(s-n)ds,$$

$$(\text{단},\ a < \xi < b)$$

이다.

오차항들을 포함한 일반적인 Newton-Cotes의 폐공식을 $n=1$부터 $n=6$까지 구체적으로 써보면 다음과 같다.

n=1 (사다리꼴 공식):

$$\int_{x_0}^{x_1} f(x)dx \simeq \frac{h}{2}[f(x_0)+f(x_1)] - \frac{h^3}{12} f''(\xi),\ (\text{단},\ x_0 < \xi < x_1).$$

n=2 (Simpson 공식):

$$\int_{x_0}^{x_2} f(x)dx \simeq \frac{h}{3}[f(x_0)+4f(x_1)+f(x_2)] - \frac{h^5}{90} f^{(4)}(\xi),\ (\text{단},\ x_0 < \xi < x_2).$$

n=3 (Simpson의 $\frac{3}{8}$ 공식):

$$\begin{aligned}\int_{x_0}^{x_3} f(x)dx \simeq& \frac{3h}{8}[f(x_0)+3f(x_1)+3f(x_2)+f(x_3)] \\ &- \frac{3}{80} h^5 f^{(4)}(\xi),\ (\text{단},\ x_0 < \xi < x_3).\end{aligned}$$

n=4 :

$$\begin{aligned}\int_{x_0}^{x_4} f(x)dx \simeq& \frac{2h}{45}[7f(x_0)+32f(x_1)+12f(x_2)+32f(x_3)+7f(x_4)] \\ &- \frac{8}{945} h^7 f^{(6)}(\xi),\ (\text{단},\ x_0 < \xi < x_4).\end{aligned}$$

n=5:

$$\begin{aligned}\int_{x_0}^{x_5} f(x)dx \simeq& \frac{5h}{288}[19f(x_0)+75f(x_1)+50f(x_2)+50f(x_3)+75f(x_4) \\ &+ 19f(x_5)] - \frac{275}{12096} h^7 f^{(6)}(\xi),\ (\text{단},\ x_0 < \xi < x_5).\end{aligned}$$

n=6:

$$\int_{x_0}^{x_6} f(x)dx \simeq \frac{h}{140}[41f(x_0) + 216f(x_1) + 27f(x_2) + 272f(x_3) + 27f(x_4) + 216f(x_5) + 41f(x_6)] - \frac{9}{1400}h^9 f^{(8)}(\xi), \ (\text{단}, \ x_0 < \xi < x_6).$$

적분의 상한과 하한이 분점을 이루는 구간 밖에 있는 경우에는 (5.19)를 이용하여 w_i를 계산하고, 그 결과를 (5.18)에 대입하여 사용한다. 특수한 경우로 $a = x_0 - h = x_{-1}$, $b = x_n + h = x_{n+1}$인 경우를 생각한다. 즉,

$$x_i = x_0 + ih, \ x = x_0 + sh$$

이고, (5.19)에 의해

$$\begin{aligned} w_i &= \int_a^b L_{n,i}(x)dx \\ &= \int_{x_{-1}}^{x_{n+1}} \prod_{j=0, i\neq j}^{n} \frac{x - x_j}{x_i - x_j} dx = \int_{-1}^{n+1} \prod_{j=0, i\neq j}^{n} \frac{s-j}{i-j} hds \end{aligned}$$

혹은

$$w_i = \int_{-1}^{n+1} s(s-1)\cdots(s-i+1)(s-i-1)\cdots(s-n)ds$$

이다. 이것을 **Newton-Cotes의 개공식**(open formula)라 한다.

$n = 0$에서 $n = 5$까지 구하면 다음과 같다.

n=0 (중간점 공식):

$$\int_{x_{-1}}^{x_1} f(x)dx \simeq 2hf(x_0) + \frac{h^3}{3} f''(\xi), \ (\text{단}, \ x_{-1} < \xi < x_1).$$

n=1:

$$\int_{x_{-1}}^{x_2} f(x)dx \simeq \frac{3h}{2}[f(x_0) + f(x_1)] + \frac{3}{4}h^3 f''(\xi), \ (\text{단}, \ x_{-1} < \xi < x_2).$$

n=2:

$$\int_{x_{-1}}^{x_3} f(x)dx \simeq \frac{4h}{3}[2f(x_0) - f(x_1) + 2f(x_2)] + \frac{14}{45}h^5 f^{(4)}(\xi), \ (\text{단}, \ x_{-1} < \xi < x_3).$$

n=3:

$$\int_{x_{-1}}^{x_4} f(x)dx \simeq \frac{5h}{24}[11f(x_0) + f(x_1) + f(x_2) + 11f(x_3)] + \frac{95}{144}h^5 f^{(4)}(\xi),\ (\text{단},\ x_{-1} < \xi < x_4).$$

n=4:

$$\int_{x_{-1}}^{x_5} f(x)dx \simeq \frac{3h}{10}[11f(x_0) - 14f(x_1) + 26f(x_2) - 14f(x_3) + 11f(x_4)] + \frac{41}{140}h^7 f^{(6)}(\xi),\ (\text{단},\ x_{-1} < \xi < x_5).$$

n=5:

$$\int_{x_{-1}}^{x_6} f(x)dx \simeq \frac{7h}{1440}[611f(x_0) - 453f(x_1) + 562f(x_2) + 562f(x_3) - 453f(x_4) + 611f(x_5)] + \frac{5257}{8640}h^7 f^{(6)}(\xi), (\text{단},\ x_{-1} < \xi < x_6).$$

예제 3.6 정적분

$$I = \int_0^1 e^{x^2} dx$$

를 Newton-Cotes의 폐공식과 개공식을 이용하여 구하여라.

풀이 (1) 폐공식의 경우, $a = x_0 = 0, b = x_n = 1$, $h = \dfrac{b-a}{n}$, $f(x) = e^{x^2}$이고 $n = 3$일 때, $h = \dfrac{1}{3}$과 $x_i = ih\ (i = 0, 1, 2, 3)$에 대하여

$$I \simeq \frac{3}{8} \times \frac{1}{3}[e^0 + 3e^{(1/3)^2} + 3e^{(2/3)^2} + e^1] = 1.468714$$

이다. 또한 $n = 4$일 때, $h = \dfrac{1}{4}$과 $x_i = ih\ (i = 0, 1, 2, 3, 4)$이므로

$$I \simeq \frac{2}{45} \times \frac{1}{4}[7e^0 + 32e^{(1/4)^2} + 12e^{(1/2)^2} + 32e^{(3/4)^2} + 7e^1] = 1.462909$$

이다. 마찬가지로 $n = 5$일 때, $I \simeq 1.462799$임을 알 수 있다.

(2) 개공식의 경우, $a = 0, b = 1$, $h = \dfrac{b-a}{n+2}$이고, $n = 0$일 때, $h = \dfrac{1}{2}$, $x_i = (i+1)h\ (i = 0)$이므로

$$I \simeq 2hf(x_0) = 2 \times \frac{1}{2} e^{(1/2)^2} = 1.284025$$

이다. $n = 1$일 때, $h = \dfrac{1}{3}$, $x_i = (i+1)h\ (i = 0, 1)$이므로

$$I \simeq \frac{3}{2} \times \frac{1}{3}[e^{(1/3)^2} + e^{(2/3)^2}] = 1.338572$$

이다. 또한 $n = 2$일 때, $h = \dfrac{1}{4}$, $x_i = (i+1)h\ (i = 0, 1, 2)$이므로

$$I \simeq \frac{4}{3} \times \frac{1}{4}[2e^{(1/4)^2} - e^{(1/2)^2} + 2e^{(3/4)^2}] = 1.451691$$

이다. 마찬가지로 $n = 3$일 때, $I \simeq 1.454877$이고, $n = 4$일 때, $I \simeq 1.462152$ 임을 알 수 있다.

앞의 예제와 같이 일반적으로 Newton-Cotes의 폐공식은 같은 차수의 개공식보다 보다 좋은 결과를 얻는다. 즉, 폐공식이 일반적으로 많이 사용되며 개공식은 상미분방정식의 수치해를 구하는데 주로 사용된다.

제 4 절 수치 적분 복합공식

일반적으로 Newton-Cotes 적분공식은 적분 구간이 큰 경우에 적절하지 못하다. 적분 구간이 큰 경우에 고차의 공식이 사용되면, 그 공식에서 계수의 값을 구하기 어렵다. 따라서 낮은 차수의 Newton-Cotes 적분공식을 이용하여 부분 구간별로 근사값을 구하는 방법을 다룬다.

예제 4.1 구간 $[0, 4]$에서 정적분

$$\int_0^4 e^x dx = e^4 - 1 = 53.59815003$$

의 근사값을 구하기 위해, 먼저 $h = 2$일 때 Simpson 공식을 사용한 근사값은

$$\int_0^4 e^x dx \simeq \frac{2}{3}(e^0 + 4e^2 + e^4) = 56.76958296$$

이므로 오차는 -3.17143293이다.

다음은 부분 구간으로 나누는 방법을 적용하기 위해 구간 $[0, 4]$를 $[0, 2]$와 $[2, 4]$로 나누고, $h = 1$일 때 Simpson 공식을 두 번 사용한 근사값은

$$\begin{aligned}\int_0^4 e^x dx &= \int_0^2 e^x dx + \int_2^4 e^x dx \\ &\simeq \frac{1}{3}(e^0 + 4e + e^2) + \frac{1}{3}(e^2 + 4e^3 + e^4) \\ &= \frac{1}{3}(e^0 + 4e + 2e^2 + 4e^3 + e^4) = 53.86384573\end{aligned}$$

이고 오차는 -0.26569570으로 감소되었다. 이것을 확장하여 부분 구간 $[0, 2]$와 $[2, 4]$를 다시 나누고 $h = \frac{1}{2}$일 때 Simpson 공식을 사용한 근사값은

$$\begin{aligned}\int_0^4 e^x dx &= \int_0^1 e^x dx + \int_1^2 e^x dx + \int_2^3 e^x dx + \int_3^4 e^x dx \\ &= 53.61622079\end{aligned}$$

이고 오차는 -0.01807076이다.

위 예제의 경우를 일반화하기 위해 구간 $[a, b]$를 $2m$개의 부분 구간으로 나누고, 각 구간에 대하여 Simpson 공식을 적용시켜 본다. 즉, $h = \dfrac{b-a}{2m}$이라 하고 $a = x_0 < x_1 < \cdots < x_{2m} = b$일 때, $j = 0, 1, \cdots, 2m$에 대하여 $x_j = x_0 + jh$라 두면, Simpson 공식과 5장 정리 3.2에 의해

$$\begin{aligned}\int_a^b f(x)dx &= \sum_{j=1}^{m} \int_{x_{2j-2}}^{x_{2j}} f(x)dx \\ &= \sum_{j=1}^{m} \{\frac{h}{3}[f(x_{2j-2}) + 4f(x_{2j-1}) + f(x_{2j})] - \frac{h^5}{90} f^{(4)}(\xi_j)\}\end{aligned}$$

이다. 여기서 $x_{2j-2} < \xi_j < x_{2j}$이다.

각 $j = 1, 2, \cdots, m-1$에 대하여 $f(x_{2j})$는 구간 $[x_{2j-2}, x_{2j}]$에 대응하는 항과 구간 $[x_{2j}, x_{2j+2}]$에 대응하는 항으로 나타나므로

$$\int_a^b f(x)dx = \frac{h}{3}[f(x_0) + 2\sum_{j=1}^{m-1} f(x_{2j}) + 4\sum_{j=1}^{m} f(x_{2j-1}) + f(x_{2m})] - \frac{h^5}{90}\sum_{j=1}^{m} f^{(4)}(\xi_j)$$

가 되고, 복합공식에 대한 오차는

$$E_S = -\frac{h^5}{90}\sum_{j=1}^{m} f^{(4)}(\xi_j), \quad (\text{단, } x_{2j-2} < \xi_j < x_{2j})$$

임을 알 수 있다. 만약 $f(x)$가 연속인 4차 도함수를 가지면

$$\min_{x\in[a,b]} f^{(4)}(x) \le f^{(4)}(\xi_j) \le \max_{x\in[a,b]} f^{(4)}(x)$$

이므로

$$m \min_{x\in[a,b]} f^{(4)}(x) \le \sum_{j=1}^{m} f^{(4)}(\xi_j) \le m \max_{x\in[a,b]} f^{(4)}(x)$$

이다. 따라서 중간값 정리에 의해

$$f^{(4)}(\mu) = \frac{1}{m}\sum_{j=1}^{m} f^{(4)}(\xi_j)$$

를 만족하는 μ가 $[a, b]$상에 존재한다. 오차는

$$E_S = -\frac{h^5}{90} m f^{(4)}(\mu)$$

가 되고, $h = \dfrac{b-a}{2m}$이면 $m = \dfrac{b-a}{2h}$이므로

$$E_S = -\frac{h^4(b-a)}{180} f^{(4)}(\mu)$$

이다. 이 사실로부터 다음 정리를 얻는다.

정리 4.1 **복합공식에 의한 수치 적분**

$a = x_0 < x_1 < \cdots < x_{2m} = b$, $h = \dfrac{b-a}{2m}$이고, $j = 0, 1, \cdots, 2m$ 에 대하여 $x_j = x_0 + jh$라 두면, $f(x)$가 구간 $[a, b]$에서 4개의 연속인 도함수를 가질 때, $[a, b]$의 $2m$개의 부분구간에서 복합공식

$$\int_a^b f(x)dx = \frac{h}{3}[f(a) + 2\sum_{j=1}^{m-1} f(x_{2j}) + 4\sum_{j=1}^{m} f(x_{2j-1}) + f(b)] - \frac{h^4(b-a)}{180} f^{(4)}(\mu)$$

를 만족하는 μ가 구간 $[a, b]$상에 존재한다.

위와 같은 수치 적분공식은 낮은 차수의 공식에도 쉽게 적용할 수 있다. 즉, $f(x)$가 구간 $[a, b]$에서 2개의 연속인 도함수를 갖는다고 하자. $h = \dfrac{b-a}{m}$일 때, $j = 0, 1, \cdots, m$에 대하여 $x_j = a + jh$라 두면, m개의 부분구간에 대한 사다리꼴 공식은 5장 정리 3.1에 의해

$$\begin{aligned} \int_a^b f(x)dx &= \frac{h}{2}[f(a) + 2\sum_{j=1}^{m-1} f(x_j) + f(b)] \\ &\quad - \frac{h^2(b-a)}{12} f''(\mu), \ (a < \mu < b) \end{aligned} \tag{5.22}$$

이다. 또한 $h = \dfrac{b-a}{2m+2}$일 때, $j = -1, 0, 1, \cdots, 2m+1$에 대하여 $x_j = a + (j+1)h$라 두면, $2m$개의 부분구간에 대한 중간점 공식은

$$\int_a^b f(x)dx = 2h\sum_{j=1}^{m} f(x_{2j}) + \frac{b-a}{6} f''(\mu), \ (a < \mu < b)$$

이다.

예제 4.2 복합공식을 사용하여 최대 오차가 0.00002가 되도록

$$\int_0^\pi \sin x dx$$

의 근사값을 구하여라.

풀이 5장 정리 4.1에 의해

$$\int_0^\pi \sin x dx = \frac{h}{3}[2\sum_{j=1}^{m-1} \sin x_{2j} + 4\sum_{j=1}^{m} \sin x_{2j-1}] - \frac{h^4}{180}\pi \sin \mu$$

이다. 절간 오차가 0.00002보다 작아야 하므로

$$|\frac{h^4}{180}\pi \sin \mu| \le \frac{\pi h^4}{180} = \frac{\pi^5}{2880m^4} \le 0.00002$$

를 계산하면 $m \ge 9$이다. 따라서 $m = 10$이고, $h = \frac{\pi}{20}$ 일 때

$$\int_0^\pi \sin x dx \simeq \frac{\pi}{6}[2\sum_{j=1}^{9} \sin(\frac{j\pi}{10}) + 4\sum_{j=1}^{10} \sin(\frac{(2j-1)\pi}{20})]$$
$$= 2.00000679$$

이 된다. 사다리꼴 공식 (5.22)를 사용하여 위와 같은 정확도를 갖게 하려면

$$|\frac{h^2}{12}\pi \sin \mu| \le \frac{\pi h^2}{12} = \frac{\pi^3}{12m^2} \le 0.00002$$

로부터 $m \ge 360$이다. 즉, Simpson 공식을 사용한 경우보다 많은 계산이 필요하므로 사다리꼴 공식을 사용하는 것은 바람직하지 못하다. 예를 들어, $m = 20$이고, $h = \frac{\pi}{20}$일 때, 사다리꼴 공식은

$$\int_0^\pi \sin x dx \simeq \frac{\pi}{40}[2\sum_{j=1}^{19} \sin(\frac{j\pi}{20}) + \sin 0 + \sin \pi]$$
$$= \frac{\pi}{40}[2\sum_{j=1}^{19} \sin(\frac{j\pi}{20})] = 1.99588597$$

이다. 실제로 $\int_0^\pi \sin x dx = -\cos \pi + \cos 0 = 2$이므로 오차를 비교할 수 있다. 즉, 2−2.00000679 =−.00000679는 오차 한계 안이고, 2−1.99588597=0.00411403은 오차 한계를 벗어난다.

제 5 절 Romberg 적분법

Newton-Cotes 적분공식에서 $n = 1$인 경우의 사다리꼴 공식이 적용하기는 쉽지만 Simpson 공식 등에 비해 정확도가 떨어진다. 따라서 정확도를 높이기 위해 (5.22)에 대하여, n이 양의 정수일 때, $m_1 = 1, m_2 = 2, m_3 = 4, \cdots, m_n = 2^{n-1}$에서 사다리꼴 공식을 적용하여 수치 적분을 구하는 것을 **Romberg 적분**이라 한다.

m_k에 대한 간격의 크기 h_k의 값은 $h_k = \dfrac{b-a}{m_k} = \dfrac{b-a}{2^{k-1}}$이고, 이 기호를 사용하면 사다리꼴 공식은

$$\begin{aligned}\int_a^b f(x)dx &= \frac{h_k}{2}[f(a) + 2\sum_{i=1}^{2^{k-1}-1} f(a+ih_k) + f(b)] \\ &\quad -\frac{h_k^2(b-a)}{12}f''(\mu_k) \qquad (5.23)\end{aligned}$$

가 된다. 단 $a < \mu_k < b$이다. (5.23)에서 k번째의 식을 $R_{k,1}$로 정의하면

$$\begin{aligned}R_{1,1} =& \frac{h_1}{2}[f(a)+f(b)] = \frac{b-a}{2}[f(a)+f(b)], \\ R_{2,1} =& \frac{h_2}{2}[f(a)+2f(a+h_2)+f(b)] \\ =& \frac{b-a}{4}[f(a)+2f(a+\frac{b-a}{2})+f(b)] \\ =& \frac{1}{2}[R_{1,1}+h_1 f(a+\frac{1}{2}h_1)], \\ R_{3,1} =& \frac{b-a}{8}\{f(a)+f(b)+2[f(a+\frac{b-a}{4})+f(a+\frac{b-a}{2}) \\ & + f(a+\frac{3(b-a)}{4})]\} \\ =& \frac{1}{2}\{R_{2,1}+h_2[f(a+\frac{h_2}{2})+f(a+\frac{3h_2}{2})]\}\end{aligned}$$

이다. 이것을 일반화하면

$$R_{k,1} = \frac{1}{2}\{R_{k-1,1} + h_{k-1}\sum_{i=1}^{2^{k-2}} f[a+(i-\frac{1}{2})h_{k-1}]\} \qquad (5.24)$$

이다.

예제 5.1 Romberg 적분 (5.24)를 정적분 $\int_0^{\pi} \sin x dx$에 적용하여 근사값을 구하면

$$\begin{aligned} R_{1,1} &= \frac{\pi}{2}[\sin 0 + \sin \pi] = 0, \\ R_{2,1} &= \frac{1}{2}[R_{1,1} + \pi \sin \frac{\pi}{2}] = 1.57079633, \\ R_{3,1} &= \frac{1}{2}[R_{2,1} + \frac{\pi}{2}(\sin \frac{\pi}{4} + \sin \frac{3\pi}{4})] = 1.89611890, \\ R_{4,1} &= 1.97423160, \ R_{5,1} = 1.99357034, \ R_{6,1} = 1.99839336 \end{aligned}$$

과 같이 $k = 6$일 때, 오차가 0.00160664이다. 따라서 정확한 값에 접근하는 속도는 매우 느리다는 것을 알 수 있다.

제 6 절 Gauss 적분공식

유한 혹은 무한구간 (a, b)에서 어떤 부류에 속한 함수 $f(x)$의 적분

$$\int_a^b w(x) f(x) dx \tag{5.25}$$

를 생각한다. 여기서 $w(x)$는 가중 함수이다.

자연수 n을 고정시키고 $2n$개의 매개변수 $c_1, c_2, \cdots, c_n$과 $x_1, x_2, \cdots, x_n$을 적당히 취하여 (5.25)를

$$\sum_{i=1}^{n} c_i f(x_i) \tag{5.26}$$

로 근사한다. 여기서 c_i를 **가중 계수**(weighted coefficient)라 한다.

먼저 $f(x)$를 임의의 다항식이라 하자. 가능한 한 높은 차수의 다항식에 대하여

$$\int_a^b w(x) f(x) dx = \sum_{i=1}^{n} c_i f(x_i) \tag{5.27}$$

가 성립하도록 가중 계수 c_i와 (a, b)상의 분점 x_i를 결정한다. $f(x)$가 n차이면 $x_1, x_2, \cdots, x_n$을 보간점으로 하는 Lagrange 보간 다항식의 형태

$$f(x) = \sum_{i=1}^{n} L_{n,i}(x) f(x_i)$$

로 나타낼 수 있다. 양변을 적분하여

$$c_i = \int_a^b w(x) L_{n,i}(x) dx \tag{5.28}$$

라 두면 (5.27)이 성립한다.

가중 계수가 (5.28)로 정의되는 적분공식은 **보간적(interpolatory) 적분공식**이라 한다. Newton-Cotes 적분공식과 이 절에서 설명하는 Gauss 적분공식은 보간적이다. Romberg 적분법은 보간적이 아니다.

보간적 적분공식 (5.27)에 있어서 분점 x_k를 택하는 방법에 아직 임의성이 남아 있으므로 $\{x_k\}$를 적당히 택하면 더욱 고차의 다항식에 대해서도 (5.27)이 성립할 가능성이 있다. 그러나 다룰 수 있는 매개변수의 개수는 $2n$개 이므로 $f(x)$의 차수는 $(2n-1)$을 넘을 수 없다.

가중 함수 $w(x)$에 관한 n차 직교 다항식의 점(근) $x_1, x_2, \cdots, x_n$을 분점으로 보간적 적분공식을 **Gauss 적분공식**이라 한다. 따라서 Gauss 적분공식을 이해하기 위해서는 6장 2절에서 다루는 함수의 직교성에 대한 지식이 필요하다. 즉, Gauss 적분공식은 Lagrange 다항식 등의 직교 다항식을 이용한 함수의 근사값을 구하고 수치 적분공식을 유도한다.

정리 6.1 **직교함수의 근**

집합 $\{\phi_1, \phi_2, \cdots, \phi_n\}$이 연속인 가중 함수 $w(x)$에 대하여 구간 $[a, b]$에서 직교함수의 집합이라 한다. $k = 0, 1, \cdots, n$에 대하여 ϕ_k가 k차의 다항식일 때, 각 ϕ_k는 구간 (a, b)에서 서로 다른 근을 갖는다.

위 정리를 적용하기 위해 f를 정적분

$$\int_{-1}^{1} f(x) dx$$

의 근사값을 구하는데 필요한 함수라 한다. 6장 2절에서 상세하게 설명하겠지만, Lagrange 다항식의 집합 $\{P_0, P_1, \cdots, P_n\}$ 은 $w(x) = 1$에 대하여 $[-1, 1]$에서 직교하도록 정의되었다. $x_1, x_2, \cdots, x_n$을 구간 $(-1, 1)$에서 P_n의 서로 다른 n개의 근이 되도록 한다.

Gauss 적분공식을 이해하기 위해 $n = 2$인 경우를 생각한다. 즉, 계수 c_1, c_2와 x_1, x_2를 결정하면 적분공식

$$\int_{-1}^{1} f(x)dx \simeq c_1 f(x_1) + c_2 f(x_2)$$

는 $f(x)$가 차수가 3이거나 같은 다항식

$$f(x) = a_0 + a_1 x + a_2 x^2 + a_3 x^3, \ (a_0, a_1, a_2, a_3 : \text{ 적당한 상수})$$

이면 정확하다. 왜냐하면 정적분

$$\begin{aligned}&\int (a_0 + a_1 x + a_2 x^2 + a_3 x^3)dx \\ =&a_0 \int 1dx + a_1 \int xdx + a_2 \int x^2 dx + a_3 \int x^3 dx\end{aligned}$$

는 $f(x)$가 $1, x, x^2, x^3$일 때 정확하게 계산할 수 있기 때문이다. 따라서

$$c_1 \cdot 1 + c_2 \cdot 1 = \int_{-1}^{1} 1dx = 2, \ c_1 \cdot x_1 + c_2 \cdot x_2 = \int_{-1}^{1} xdx = 0,$$
$$c_1 \cdot x_1^2 + c_2 \cdot x_2^2 = \int_{-1}^{1} x^2 dx = \frac{2}{3}, \ c_1 \cdot x_1^3 + c_2 \cdot x_2^3 = \int_{-1}^{1} x^3 dx = 0,$$

으로부터

$$c_1 = 1, \ c_2 = 1, \ x_1 = -\frac{\sqrt{3}}{3}, \ x_2 = \frac{\sqrt{3}}{3}$$

임을 알 수 있고, 근사공식은

$$\int_{-1}^{1} f(x)dx \simeq f(-\frac{\sqrt{3}}{3}) + f(\frac{\sqrt{3}}{3}) \tag{5.29}$$

이다. 이 공식으로부터 3차 이하인 모든 다항식에 대하여 정확한 값을 구할 수 있다.

예제 6.1 공식 (5.29)를 사용하여

$$\int_{-1}^{1} e^x dx = e - \frac{1}{e} \simeq 2.350402387$$

의 근사값을 구하면

$$e^{-\sqrt{3}/2} + e^{\sqrt{3}/2} \simeq 2.342696088$$

이고 오차는 약 0.007706299이다.

임의의 k차 ($k \leq 2n-1$) 다항식 P를 P_n으로 나누면

$$P(x) = Q(x)P_n(x) + R(x)$$

이다. 여기서 Q와 R은 n차 이하의 다항식이다. 또한 보간 다항식을 이용한 보간적 적분공식은

$$\int_{-1}^{1} f(x) \simeq \sum_{i=1}^{n} c_i f(x_i)$$

이다. 여기서 Lagrange 보간 계수 (5.19)의 경우처럼

$$c_i = \int_{-1}^{1} \prod_{j=1, j\neq i}^{n} (\frac{x - x_j}{x_i - x_j}) dx$$

이다.

Q와 R이 n차 이하이므로

$$\begin{aligned}\int_{-1}^{1} P(x)dx &= \int_{-1}^{1} Q(x)P_n(x)dx + \int_{-1}^{1} R(x)dx \\ &=0 + \int_{-1}^{1} R(x)dx = \sum_{i=1}^{n} c_i R(x_i)\end{aligned}$$

이다. 그러나 $x_1, x_2, \cdots, x_n$이 모두 P_n의 근이므로

$$P(x_i) = Q(x_i)P_n(x_i) + R(x_i) = R(x_i)$$

이다. 따라서

$$\int_{-1}^{1} P(x)dx = \sum_{i=1}^{n} c_i P(x_i)$$

가 된다. 이 공식은 $(2n-1)$차 이하인 다항식에 대해서는 정확하다. 계수 $c_1, c_2, \cdots, c_n$은 앞에서 설명한 $n = 2$인 경우처럼, 미지수가 n개인 n개의 1차 방정식을 풀면 된다. 그러나 다음 예제에서처럼 계수와 P_n 값들은 도표화되어 있다.

단순한 1차변환 $t = \frac{1}{b-a}(2x-a-b)$를 사용하면 $b > a$ 일 때 구간 $[a,b]$는 $[-1,1]$로 바뀌고, Legendre 다항식은 함수값들을 알 수 있는 함수에 대하여

$$\int_a^b w(x)f(x)dx = \int_{-1}^1 f(\frac{(b-a)t+b+a}{2})\frac{b-a}{2}dt$$

와 같이 근사값을 구하는데 사용할 수 있다.

예제 6.2 정적분

$$\int_1^{1.5} e^{-x^2}dx$$

의 근사값을 Gauss 적분공식을 이용하여 구하여라.

풀이 먼저 적분구간을 $[-1,1]$로 변환하면

$$\int_1^{1.5} e^{-x^2}dx \simeq \int_{-1}^1 e^{-(t+5)^2/16}dt$$

가 된다. 다음 표는 $n = 2, 3, 4, 5$일 때, Legendre 다항식의 근과 그 근에 관련된 상수를 표시한다.

n	근 (x_k)	계수(w_i)
2	±0.5773502692	1.0
3	±0.7745966692	0.5555555556
	0	0.8888888889
4	±0.8611363116	0.3478548451
	±0.3399810436	0.6521451549
5	±0.9061798459	0.2369268851
	±0.5384693101	0.4786286705
	0	0.5688888889

이 값들을 이용하여 Gauss 적분공식에 의한 주어진 정적분의 근사값은 $n=2$일 때,

$$\int_1^{1.5} e^{-x^2}dx \simeq \frac{1}{4}[e^{-(5+0.5773502692)^2/16} + e^{-(5-0.5773502692)^2/16}] = 0.1094003$$

이고, $n=3$일 때

$$\begin{aligned}\int_1^{1.5} e^{-x^2}dx \simeq& \frac{1}{4}[0.5555555556e^{-(5+0.5773502692)^2/16} + 0.8888888889e^{-5^2/16} \\ &+ 0.5555555556e^{-(5-0.5773502692)^2/16}] \\ =& 0.1093642\end{aligned}$$

비교를 위해 Newton-Cotes 폐공식을 적용하여 근사값을 구하면 다음 표와 같다 (연습문제).

$n=1, h=\frac{1}{2}$	$n=2, h=\frac{1}{4}$	$n=3, h=\frac{1}{6}$	$n=4, h=\frac{1}{8}$
0.1183197	0.1093104	0.1093404	0.1093643

다항식의 근과 가중 계수를 구하는 공식이 단순하지 않고, 오차의 예측이 어려우므로 Gauss 적분공식은 사다리꼴 공식이나 Simpson 공식처럼 간단히 사용할 수 없다. 그러나 수렴속도가 대부분의 정적분에 대하여 빠르고, 다른 적분공식에 비교하여 피적분 함수에 의존하여 근사값의 정확도가 결정되지 않고 일반적으로 정도가 높은 수치 적분값을 구할 수 있다.

제 7 절 연습문제

1. 사다리꼴 공식으로 다음 정적분의 근사값을 구하여라.

(1) $\int_1^{1.5} x^2 \ln x dx$,

(2) $\int_0^1 x^2 e^{-x} dx$,

(3) $\int_0^{\pi/4} x^2 \sin x dx$

2. 문제 1의 정적분의 근사값을 Simpson 공식으로 구하여라.

3. 정적분

$$\int_0^1 e^{-x^2} dx$$

에 대하여

(1) 사다리꼴 공식으로 근사값을 구하여라 ($n = 10$).

(2) Simpson 공식 (5.21)로 근사값을 구하고 오차를 추정하여라.

(3) Newton-Cotes 적분공식을 사용하여 근사값을 구하여라 ($n = 4$).

(4) Gauss 적분공식을 사용하여 근사값을 구하여라 ($n = 3$).

4. 수치 적분공식으로

$$\int_0^1 \sqrt{1 - x^2} dx (= \frac{\pi}{4})$$

의 근사값을 구할 때, 어떤 현상이 발생하는가?

5. 다음 표에 대하여

x_i	0.2	0.4	0.6	0.8	1.0
$f(x_i)$	0.9798652	0.9177710	0.8080348	0.6386093	0.3843735

(1) 적당한 수치 미분공식을 사용하여 $f'(0.4)$와 $f''(0.4)$의 근사값을 구하여라.

(2) 적당한 수치 미분공식을 사용하여 $f'(0.6)$와 $f''(0.6)$의 근사값을 구하여라.

제 6 장

함수 근사법

우리가 필요로 하는 함수값은 거의 대부분의 경우, 그 근사값이다. 함수값은 수표로 주어진 경우도 있지만, 임의의 점에서 정도가 높은 함수값(근사값)을 얻기 위해 수표는 방대해진다. 그런데 적당한 근사식을 사용하면 막대한 자료는 필요하지 않다. 근사식을 결정하는 비교적 적은 개수의 매개변수를 알 수 있으면 충분하기 때문이다. 특히 최적의 근사식을 사용하여 정도를 일정하게 하였을 때, 매개변수의 개수는 최소가 된다.

제 1 절 최소제곱법

Lagrange 보간법 혹은 Newton 보간법으로 구한 보간 다항식은 주어진 점들은 지나는 함수이다. 그러나 실험에 의해 구하여진 측정값이나 통계적인 자료 등은 많은 오차를 내포하고 있으므로 주어진 자료에서 정확하게 일치하는 근사식을 구하는 것보다 주어진 자료에 가장 적합한 근사식을 구하는 것이 바람직하다. 이와 같이 주어진 자료를 대표하는 곡선을 구하는 방법을 **곡선의 적합**(curve fitting)이라 한다.

보간 다항식이나 3차 스플라인 함수를 사용하여 점 (x_i, y_i) $(i = 1, 2, \cdots, n)$를 지나는 다항식을 구할 수 있다.

예제 1.1 Maple의 방정식의 최소제곱근을 구하는 leastsqrt 명령어를 사용하여 다음 자료에 대하여 근사직선을 구하고 플롯하여 본다.

x_i	2	4	6	7
y_i	2	10.8	27.5	40.5

```
> A:=matrix(4, 2, [2,2,4,10.8,6,27.5 ,7, 40.5]):
> f:= x - > 1: v:=vector(4,f):
> x:=col(A,1):
> y:=col(A,2):
> B:=augment(v, x):
> c:=leastsqrt(B,y);
```

$$c := [-15.83559325, 7.586440684]$$

```
>with(plots):
> p1:=plot({ [2,2], [4, 10.8], [6, 27.5], [7, 40.5]}, style=point):
> p2:=plot( c[1]+c[2]*x, x=1..8, color=blue):
> display (p1, p2);
```

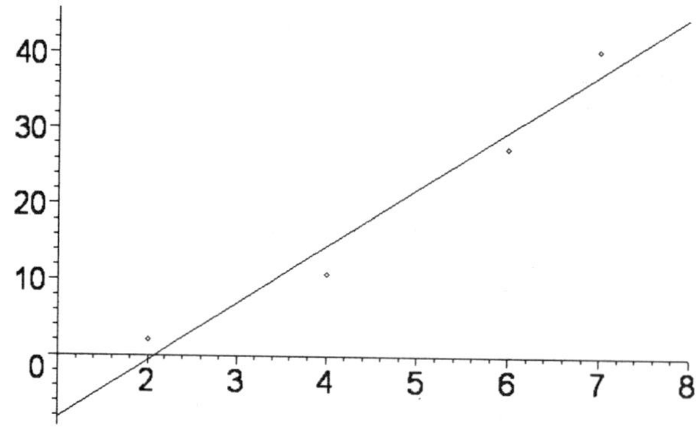

위 예제의 자료를 플롯에서처럼 함수관계가 1차이고, 주어진 자료의 모든 점을 지나는 직선은 존재하지 않는다는 것을 알 수 있다. 이것은 자료를 얻는 과정에서 오차가 발생하였다고 생각 할 수 있다.

즉, 주어진 자료와 정확하게 일치하는 보간법에 의한 근사함수는 차수가 높아 주어진 함수에는 없었던 진동(oscillation)을 가지게 되므로 좋은 근사함수가 되지 못한다. 따라서 주어진 자료와 정확하게 일치하는 근사함수를 구하는 것 보다 주어진 자료을 가장 적합하게 표현할 수 있는 함수를 구하는 것이 더 바람직하다.

최소제곱법(least square method)은 주어진 자료에 가장 적합한 근사함수를 구하는 방법으로 오차는 주어진 자료에 근사 함수값과의 차이를 제곱하여 모두 합한 것이다.

먼저 주어진 자료에 가장 적합한 근사직선을 구하는 것을 생각한다. 즉, 주어진 자료에서 i번째 값을 y_i, 근사직선의 i번째 값을 $\alpha x_i + \beta$라 하면 근사직선을 구한다는 것은

$$E = \sum_{i=1}^{n} [y_i - (\alpha x_i + \beta)]^2 \tag{6.1}$$

을 최소로 하는 α와 β를 구하는 것이다. 즉, (6.1)을 최소로 하는 식이 자료를 가장 잘 설명하는 1차식이라 간주한다. (6.1)를 최소로 하는 α와 β는 미분하여

$$\frac{\partial}{\partial \alpha} \sum_{i=1}^{n} [y_i - (\alpha x_i + \beta)]^2 = -2 \sum_{i=1}^{n} (y_i - \alpha x_i - \beta) x_i = 0, \tag{6.2}$$

$$\frac{\partial}{\partial \beta} \sum_{i=1}^{n} [y_i - (\alpha x_i + \beta)]^2 = -2 \sum_{i=1}^{n} (y_i - \alpha x_i - \beta) = 0 \tag{6.3}$$

의 해로서 얻어진다. 위의 방정식들을 **정규방정식**(normal equation)이라 한다. 이것을 풀면

$$\alpha \sum_{i=1}^{n} x_i^2 + \beta \sum_{i=1}^{n} x_i = \sum_{i=1}^{n} x_i y_i, \quad \alpha \sum_{i=1}^{n} x_i + n\beta = \sum_{i=1}^{n} x_i \tag{6.4}$$

이다. 위의 연립방정식 (6.4)의 해는

$$\alpha = \frac{n\sum_{i=1}^{n} x_i y_i - \sum_{i=1}^{n} x_i \sum_{i=1}^{n} y_i}{n\sum_{i=1}^{n} x_i^2 - (\sum_{i=1}^{n} x_i)^2}, \quad \beta = \frac{\sum_{i=1}^{n} x_i^2 \sum_{i=1}^{n} y_i - \sum_{i=1}^{n} x_i y_i \sum_{i=1}^{n} x_i}{n\sum_{i=1}^{n} x_i^2 - (\sum_{i=1}^{n} x_i)^2}$$

이다. 또한

$$A = \begin{pmatrix} n & \sum_{i=1}^{n} x_i \\ \sum_{i=1}^{n} x_i & \sum_{i=1}^{n} x_i^2 \end{pmatrix}, \quad c = \begin{pmatrix} \alpha \\ \beta \end{pmatrix}, \quad u = \begin{pmatrix} \sum_{i=1}^{n} y_i \\ \sum_{i=1}^{n} x_i y_i \end{pmatrix}$$

라 하면 연립방정식 (6.4)는 $Ac = u$의 형태로 표시할 수 있다.

예제 1.2 다음 자료를 이용하여 최소제곱법으로 근사직선을 구하여라.

x_i	1	2	3	4	5	6	7	8	9	10
y_i	2.3	3.4	4.2	5.6	7.4	8.5	9.8	11.4	13.2	14.5

풀이 α, β를 구하기 위해 먼저

$$\sum_{i=1}^{n} x_i = 55, \ \sum_{i=1}^{n} y_i = 80.3, \ \sum_{i=1}^{n} x_i^2 = 385, \ \sum_{i=1}^{n} x_i y_i = 555.7$$

을 구한다. 따라서

$$\alpha = \frac{10 \times 555.7 - 55 \times 803}{10 \times 385 - 55^2} = 1.3824,$$

$$\beta = \frac{385 \times 80.3 - 555.7 \times 55}{10 \times 385 - 55^2} = 0.4267$$

이므로 구하고자 하는 근사직선을

$$y = 1.3824x + 0.4267$$

이다. 이 근사직선에 의한 최소제곱 오차는

$$E = \sum_{i=1}^{10} [y_i - (1.3824x + 0.4267)]^2 = 0.8755$$

이다.

예제 1.3 다음 자료를 이용하여 최소제곱 근사법으로 근사직선을 구하고, 정규방정식을 유도하고 해를 연립방정식 $Ac = u$의 형태로 표시하여라.

x_i	2.8	2.9	3	3.1	3.2	3.2	3.2	3.3	3.4
y_i	30	26	33	31	33	35	37	36	33

풀이 주어진 자료를 행렬 A로 정의한다.

```
> A:=matrix(9, 2, [2.8, 30, 2.9, 26, 3, 33, 3.1, 31, 3.2, 33, 3.2, 35, 3.2, 37, 3.3, 36, 3.4, 33]):
> f:= x - > 1:
> v:=vector(9, f):
> x:=col(A, 1);
```

$$x := [2.8, 2.9, 3, 3.1, 3.2, 3.2, 3.2, 3.3, 3.4]$$

```
> y:=col(A, 2);
```

$$y := [30, 26, 33, 31, 33, 35, 37, 36, 33]$$

```
>B:=augment(v, x):
>c:=leastsqrs(B, y);
```

$$c := [-5.011283395, 12.06767084]$$

```
>with(plots):
```

```
>p1:=plot({[2.8, 30], [2.9, 26], [3, 33], [3.1, 31], [3.2, 33], [3.2, 35], [3.2, 37], [3.3, 36], [3.4, 33]}, style=point ):
>p2:=plot(c[1]+c[2]*x, x=2.7..3.5, color=green):
>display(p1, p2);
```

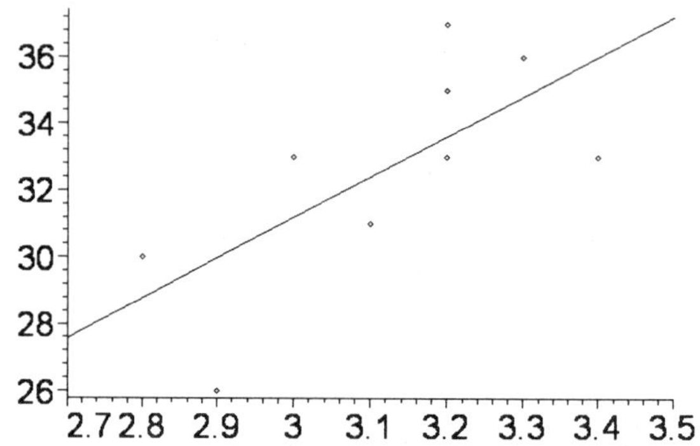

다음은 정규방정식을 유도하고 연립방정식 $Ac = u$의 형태로 해를 구한다.

```
>sumx:=Sum(x[j], j=1..9)=sum(x[j], j=1..9);
```

$$sumx := \sum_{j=1}^{9} x_j = 28.1$$

```
>sumx2:=Sum(x[j]^2, j=1..9)=sum(x[j]^2, j=1..9);
```

$$sumx2 := \sum_{j=1}^{9} x_j^2 = 88.03$$

```
>sumy:=Sum(y[j], j=1..9)=sum(y[j], j=1..9);
```

$$sumy := \sum_{j=1}^{9} y_j = 294$$

```
>sumxy:=Sum(x[j]*y[j], j=1..9)=sum(x[j]*y[j], j=1..9);
```

$$sumxy := \sum_{j=1}^{9} x_j y_j = 921.5$$

```
> A1:=matrix(2, 2, [9, 28.1, 28.1, 88.03]);
```

$$A1 := \begin{pmatrix} 9 & 28.1 \\ 28.1 & 88.03 \end{pmatrix}$$

```
>u:=vector([294, 921.5]);
```

$$u := [294, 921.5]$$

```
>c:=leastsqrs(A1, u);
```

$$c := [-5.007843612, 12.06657248]$$

앞의 결과와 일치한다는 것을 알 수 있다.

주어진 자료 $\{(x_i, y_i)\}_{k=0}^{m}$을 근사시키는 최적의 n차 다항식 $(n < m)$

$$P_n(x) = \sum_{k=0}^{n} a_k x^k = a_0 + a_1 x + a_2 x^2 + \cdots + a_n x^n$$

을 구하는 최소제곱 근사법도 생각할 수 있다. 즉,

$$E = \sum_{i=1}^{m} [y_i - P_n(x_i)]^2$$

을 최소로 하는 계수 $a_0, a_1, \cdots, a_n$을 구하는 것이다. 이 식을 전개하면

$$E = \sum_{i=1}^{m} y_i^2 - 2\sum_{k=0}^{n} a_k (\sum_{i=1}^{m} y_i x_i^k) + \sum_{j=0}^{n}\sum_{k=0}^{n} a_j a_k (\sum_{i=1}^{m} x_i^{j+k})$$

이다. E가 최소일 필요조건은 $k = 0, 1, 2, \cdots, n$에 대하여

$$\frac{\partial E}{\partial a_k} = -2\sum_{i=1}^{m} y_i x_i^k + 2(\sum_{j=0}^{n} a_j)(\sum_{i=1}^{m} x_i^{j+k}) = 0$$

이므로 $(n+1)$개의 미지수 a_k에 대한 $(n+1)$개의 정규방정식

$$(\sum_{i=1}^{m} x_i^{j+k}) = \sum_{i=1}^{m} y_i x_i^k, \quad (k = 0, 1, 2, \cdots, n)$$

를 얻는다. 이 식을 풀어서 연립방정식 $Ac = u$형태로 쓰면 다음과 같다.

$$A = \begin{pmatrix} m & \sum x_i & \cdots & \sum x_i^n \\ \sum x_i & \sum x_i^2 & \cdots & \sum x_i^{n+1} \\ & \vdots & & \\ \sum x_i^n & \sum x_i^{n+1} & \cdots & \sum x_i^{2n} \end{pmatrix}, \ c = \begin{pmatrix} a_0 \\ a_1 \\ \vdots \\ a_n \end{pmatrix}, \ u = \begin{pmatrix} \sum y_i \\ \sum x_i y_i \\ \vdots \\ \sum x_i^n y_i \end{pmatrix}$$

위의 정규방정식은 $\{x_i\}$가 서로 같지 않으면 항상 유일한 해를 갖는다.

예제 1.4 다음 자료를 이용하여 최소제곱법으로 2차 근사함수를 구하고, 정규방정식을 유도하여 해를 구하고, 주어진 자료와 근사함수를 플롯하여라.

x_i	1.4	1.8	2.3	3	4
y_i	7400	7500	7600	7500	7200

풀이 주어진 자료를 행렬 B로 정의한다.

```
>with(linalg):
>B:=matrix(5, 2, [1.4, 7400, 1.8, 7500, 2.3, 7600, 3, 7500, 4, 7200]):
>x:=col(B, 1):
>y:=col(B, 2):
```

정규방정식의 계수행렬을 결정한다.

```
>sumx:=sum(x[j], j=1..4);
```

$$sumx := 8.5$$

```
>sumx2:=sum(x[j]^2, j=1..4);
```

$$sumx2 := 19.49$$

```
>sumx3:=sum(x[j]^3, j=1..4);
```

$$sumx3 := 47.743$$

```
>sumx4:=sum(x[j]^4, j=1..4);
```

$$sumx4 := 123.3233$$

```
>sumy:=sum(y[j], j=1..4);
```

$$sumy := 30000$$

```
>sumxy:=sum(x[j]*y[j], j=1..4);
```

$$sumxy := 63840.0$$

```
>sumx2y:=sum(x[j]^2*y[j], j=1..4);
```

$$sumx2y := 146508.00$$

```
>A1:=matrix( 3, 3, [4, sumx, sumx2, sumx, sumx2, sumx3, sumx2,
sumx3, sumx4]);
```

$$A1 := \begin{pmatrix} 4 & 8.5 & 19.49 \\ 8.5 & 19.49 & 47.743 \\ 19.49 & 47.743 & 123.3233 \end{pmatrix}$$

```
>u:=vector([sumy, sumxy, sumx2y]);
```

$$u := [30000, 63840.0, 146508.00]$$

연립방정식 $Ac = u$를 푼다.

```
>c:=linsolve(A1, u);
```

$$c := [6423.682743, 981.848128, -207.308366]$$

즉, 주어진 자료에 대한 가장 적합한 근사함수는 다음과 같다.

$$6423.682743 + 981.848128x - 207.308366x^2$$

```
>with(plots):
```

>p1:=plot(c[1]+c[2]*x+c[3]*x^2, x=1..4.5, color=green):

>p2:=plot({[1.4, 7400], [1.8, 7500], [2.3, 7600], [3, 7500], [4, 7200]}, style=point):

>display(p1, p2);

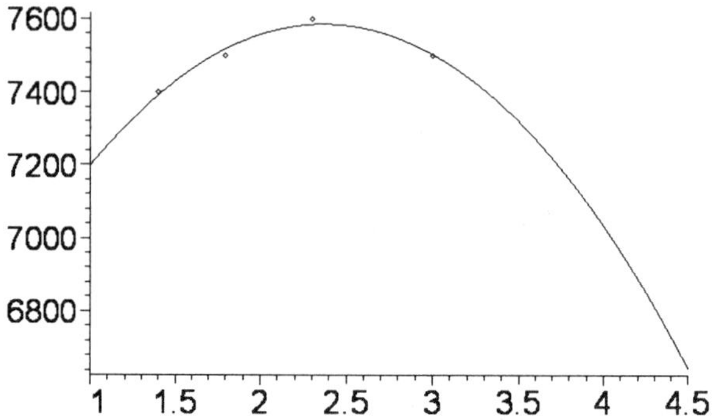

최소제곱법으로 가장 적합한 근사함수를 구하는 것과는 달리, 절대값을 이용하여 가장 적합한 선형 근사방정식을 구할 수도 있다. 즉, **절대편차**(absolutely deviation)의 최대값(max)

$$\max_{1\leq i\leq n}\{|y_i-(\alpha x_i+\beta)|\} \tag{6.5}$$

를 최소(min)로 하는 α와 β를f 구하는 것을 **최대최소**(minimax)문제라 한다.

예를 들어, 구간 $[a,b]$에서 함수 $f(x)$에 대한 Taylor 다항식은 정확성을 갖지만 함수의 근사값을 구하는 데는 효율적이지 못하다. Taylor 다항식에 대하여 근사함수를 구하기 위해 $P(x)$가 다항식일 때

$$\max_{a\leq x\leq b}|f(x)-P(x)|$$

는 구간 $[a,b]$에서 $P(x)$를 $f(x)$의 근사값으로 하였을 때, 오차의 최대값이 된다.

제 2 절 직교다항식

앞절에서는 주어진 자료를 대표하는 함수를 찾는 방법으로 최소제곱법을 다루었다. 구간 $[\alpha, \beta]$에서 연속인 함수 $f(x)$에 대하여 차수가 n이하인 다항식 $P_n(x)$로

$$\int_{\alpha}^{\beta} \{f(x) - P_n(x)\}^2 dx \tag{6.6}$$

를 최소로 하는 다항식을 구하는 문제를 생각한다. 최소제곱법을 적용하기 위해

$$P_n(x) = a_n x^n + a_{n-1} x^{n-1} + a_{n-2} x^{n-2} + \cdots + a_1 x + a_0 = \sum_{k=0}^{n} a_k x^k$$

라 하고,

$$E(a_0, a_1, \cdots, a_n) = \int_{\alpha}^{\beta} (f(x) - \sum_{k=0}^{n} a_k x^k)^2 dx$$

와 같이 정의한다. E를 $a_0, a_1, \cdots, a_n$의 다변수함수로 간주하고, $j = 0, 1, \cdots, n$일 때

$$\frac{\partial}{\partial a_j} E(a_0, a_1, \cdots, a_n) = 0$$

을 풀면 E를 최소로 하는 계수 $a_0, a_1, \cdots, a_n$를 구할 수 있다. 즉,

$$\begin{aligned} & E(a_0, a_1, \cdots, a_n) \\ &= \int_{\alpha}^{\beta} f(x)^2 dx - 2 \sum_{k=0}^{n} a_k \int_{\alpha}^{\beta} x^k f(x) dx + \int_{\alpha}^{\beta} (\sum_{k=0}^{n} a_k x^k)^2 dx \end{aligned}$$

이므로

$$\frac{\partial E}{\partial a_j} = -2 \int_{\alpha}^{\beta} x^j f(x) dx + 2 \sum_{k=0}^{n} a_k \int_{\alpha}^{\beta} x^{j+k} dx$$

이다. 따라서 $P_n(x)$를 구하기 위해서는 $j = 0, 1, \cdots, n$에 대하여 연립방정식

$$\sum_{k=0}^{n} a_k \int_{\alpha}^{\beta} x^{j+k} dx = \int_{\alpha}^{\beta} x^j f(x) dx \tag{6.7}$$

를 풀면 된다. 이 방정식들을 **정규방정식**이라 하고, $f(x)$가 연속이고 1차 도함수를 가질 때 $\alpha \neq \beta$이면 항상 유일한 해를 갖는다.

예제 2.1 최소제곱법으로 $f(x) = \sin \pi x$를 구간 $[0, 1]$에서 근사하는 최적인 2차 다항식을 구하여라.

풀이 2차 다항식 $P_2(x) = a_2x^2 + a_1x + a_0$에 대하여 정규방정식은

$$
\begin{aligned}
a_0 \int_0^1 1dx + a_1 \int_0^1 xdx + a_2 \int_0^1 x^2dx &= \int_0^1 \sin \pi x dx, \\
a_0 \int_0^1 xdx + a_1 \int_0^1 x^2dx + a_2 \int_0^1 x^3dx &= \int_0^1 x \sin \pi x dx, \\
a_0 \int_0^1 x^2dx + a_1 \int_0^1 x^3dx + a_2 \int_0^1 x^4dx &= \int_0^1 x^2 \sin \pi x dx
\end{aligned}
$$

이다. 즉,

$$
\begin{aligned}
a_0 + \frac{1}{2}a_1 + \frac{1}{3}a_2 &= \frac{2}{\pi}, \\
\frac{1}{2}a_0 + \frac{1}{3}a_1 + \frac{1}{4}a_2 &= \frac{1}{\pi}, \\
\frac{1}{3}a_0 + \frac{1}{4}a_1 + \frac{1}{5}a_2 &= \frac{\pi^2 - 4}{\pi^3}
\end{aligned}
$$

이다. 이 1차 연립방정식을 풀면

$$
\begin{aligned}
a_0 &= \frac{12\pi^2 - 120}{\pi^3} \simeq -0.5047, \\
a_1 &= \frac{720 - 60\pi^2}{\pi^3} \simeq 4.1225, \\
a_2 &= \frac{60\pi^2 - 720}{\pi^3} \simeq -4.1225
\end{aligned}
$$

를 얻는다. 따라서 $f(x) = \sin \pi x$를 구간 $[0, 1]$에서 근사하는 최소제곱 2차 다항식은

$$P_2(x) = -4.1225x^2 + 4.1225x - 0.5047$$

이다.

```
>plot({sin(Pi*x), −4.1225*x^2 + 4.1225*x −0.5047}, x=0..1.0);
```

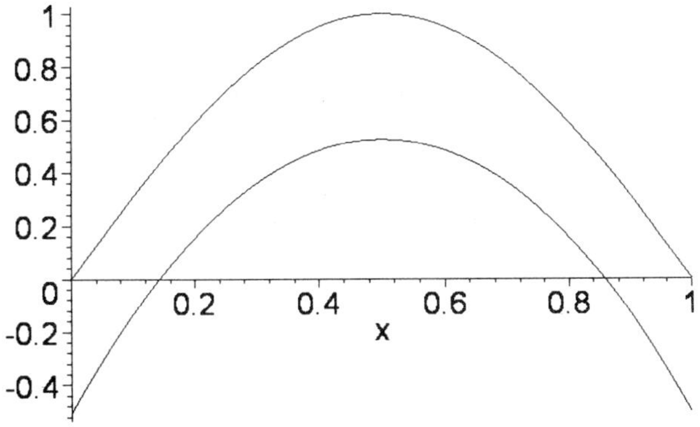

위 예제는 최소제곱법으로 근사 다항식을 구할 때 나타나는 문제점을 잘 보여 주고 있다. 즉, 다항식 $P_n(x)$를 구하기 위해 $(n+1)$개의 계수 $a_0, a_1, \cdots, a_n$을 미지수로 갖는 1차방정식 $(n+1)$개를 연립으로 풀어야 하므로 최소제곱법으로 근사 다항식을 얻을 때 문제점이 생긴다. 또한 연립방정식의 계수들은

$$\int_\alpha^\beta x^{j+k}dx = \frac{\beta^{j+k+1} - \alpha^{j+k+1}}{j+k+1}$$

이므로 반올림 오차가 커지는 연립방정식이 된다. 이 연립방정식에 관한 행렬을 **Hilbert 행렬**이라 한다. Lagrange 보간 다항식 $P_{n+1}(x)$를 구할 때, 앞 단계에서 구한 다항식 $P_n(x)$가 도움이 되지 않는 것과 같은 문제점도 있다.

최소제곱법으로 다항식 $P_n(x)$를 구하고 다음 단계의 다항식 $P_{n+1}(x)$를 쉽게 구하는 문제를 생각한다. 즉, ϕ_j를 j차 (n차 이하)다항식이라 하고, 구간 $[\alpha, \beta]$에서 연속인 다항식 $\phi_0, \phi_1, \cdots, \phi_n$의 1차 결합

$$c_0\phi_0(x) + c_1\phi_1(x) + \cdots + c_n\phi_n(x) = 0 \tag{6.8}$$

이 $c_0 = c_1 = \cdots = c_n = 0$일 때만 성립하면 $\phi_0, \phi_1, \cdots, \phi_n$은 **1차 독립**이라 한다. 1차 독립이 아니면 1차 종속이다.

정리 2.1 **다항식의 1차독립성**

$j = 0, 1, 2, \cdots, n$일 때 구간 $[\alpha, \beta]$에서 정의된 j차 다항식 $\phi_j(x)$는 1차 독립이다.

증명 실수 $c_0, c_1, \cdots, c_n$이 1차 결합 (6.8)을 만족하면 다항식

$$P_n(x) = \sum_{k=0}^{n} c_k \phi_k(x)$$

는 구간 $[\alpha, \beta]$에서 0이므로 무한 개의 근을 갖는다. $P(x)$는 n차 이하의 다항식이므로 $k = 0, 1, 2, \cdots, n$일 때 x^k의 계수는 0이 되어야 한다. 그러나 $\phi_j(x)$의 차수는 j이므로 $c_0 = c_1 = \cdots = c_n = 0$이다. 따라서 $\phi_k(x)$는 1차 독립이다.

벡터를 일반화한 함수를 생각한다. f_1과 f_2를 구간 $[a, b]$에서 정의된 함수의 **내적**(inner product)은 정적분

$$(f_1, f_2) = \int_a^b f_1(x) f_2(x) dx \tag{6.9}$$

로 표현되는 수이다. 또한 "임의의 두 벡터의 내적이 0이면 직교한다"는 것처럼 같은 방법으로 직교함수를 정의할 수 있다.

정의 2.1 **직교함수**

두 함수 f_1과 f_2가 다음 관계를 만족할 때, 구간 $[\alpha, \beta]$에서 f_1과 f_2는 **직교한다**고 한다.

$$(f_1, f_2) = \int_\alpha^\beta f_1(x) f_2(x) dx = 0.$$

벡터에 대하여 직교라는 용어가 수직(perpendicular)의 동의어인 반면에 여기서 사용하는 직교와 조건 (6.9)는 아무런 기하학적 의미도 갖지 않는다.

예제 2.2 함수 $f_1(x) = x^2$과 $f_2(x) = x^3$은 구간 $[-1, 1]$에서

$$(f_1, f_2) = \int_{-1}^{1} x^2 \cdot x^3 dx = [\frac{1}{6}x^6]_{-1}^{1} = 0$$

이므로 직교한다.

임의의 $x \in [\alpha, \beta]$에 대하여 $w(x) \geq 0$이고, $[\alpha, \beta]$의 임의의 부분구간에서 $w(x) \neq 0$을 만족하면서 적분가능인 함수 $w(x)$를 **가중함수**(weighted function)라 한다.

- 가중함수를 사용하는 목적은 근사함수를 구할 때, 구간의 임의의 부분에서 생기는 오차의 종요성에 따라 무게를 부여하기 위한 것이다.
- 함수 $\phi_0, \phi_1, \cdots, \phi_n$이 구간 $[\alpha, \beta]$에서 1차독립이고, $w(x)$를 $[\alpha, \beta]$에서 가중함수라 할 때, $[\alpha, \beta]$에서 정의된 임의의 연속인 함수 $f(x)$에 대하여 1차결합

$$P(x) = \sum_{k=0}^{n} c_k \phi_k(x)$$

중에서 오차 함수

$$E(a_0, a_1, \cdots, a_n) = \int_{\alpha}^{\beta} w(x)[f(x) - \sum_{k=0}^{n} a_k \phi_k(x)]^2 dx \qquad (6.10)$$

를 최소로 하는 문제를 생각한다. 만약 $w(x) = 1$이고 $k = 0, 1, 2, \cdots, n$에 대하여 $\phi_k(x) = x^k$이면 이 절의 처음에 다루었던 문제로 귀착된다.

- (6.10)에 관련된 정규방정식은 $j = 0, 1, 2, \cdots, n$에 대하여 조건

$$0 = \frac{\partial}{\partial a_j} E(a_0, a_1, \cdots, a_n) = 2 \int_{\alpha}^{\beta} w(x)[f(x) - \sum_{k=0}^{n} a_k \phi_k(x)] \phi_j(x) dx$$

로부터

$$\int_{\alpha}^{\beta} w(x) f(x) \phi_j(x) dx = \sum_{k=0}^{n} a_k \int_{\alpha}^{\beta} w(x) \phi_k(x) \phi_j(x) dx$$

이다.

• 함수 $\phi_0, \phi_1, \cdots, \phi_n$이 조건

$$\int_\alpha^\beta w(x)\phi_k(x)\phi_j(x)dx = \begin{cases} 0, & (j \neq k \text{ 일 때}), \\ \alpha_k, & (j = k \text{ 일 때}) \end{cases} \tag{6.11}$$

을 만족하도록 선택할 수 있다면 $j = 0, 1, 2, \cdots, n$에 대하여

$$\int_\alpha^\beta w(x)\phi_k(x)\phi_j(x)dx = a_j \int_\alpha^\beta w(x)\phi_j(x)^2 dx = a_j \alpha_j$$

와

$$a_j = \frac{1}{\alpha_j}\int_\alpha^\beta w(x)f(x)\phi_j(x)dx$$

를 얻는다. 따라서 함수 $\phi_0, \phi_1, \cdots, \phi_n$을 택할 때, 조건 (6.11)을 만족하도록 택할 수 있다면 최소제곱 근사법 문제는 극히 단순하게 된다는 것을 알 수 있다.

정의 2.2 **정규직교**

함수의 집합 $\{\phi_0, \phi_1, \cdots, \phi_n\}$이 조건 (6.11)을 만족할 때, 구간 $[\alpha, \beta]$에서 가중함수 $w(x)$에 관하여 **직교집합**(orthogonal set)이라 한다. 특히 조건 (6.11)에 더하여 $k = 0, 1, 2, \cdots, n$에 대하여 $\alpha_k = 1$일 때 직교집합을 **정규직교**(ortho-normal)라 한다.

이 정의와 위에서 설명한 사실로부터 다음 정리를 얻는다.

정리 2.2 **직교함수를 이용한 근사함수의 계산**

함수의 집합 $\{\phi_0, \phi_1, \cdots, \phi_n\}$이 구간 $[\alpha, \beta]$에서 가중함수 $w(x)$에 관하여 직교집합이면 $[\alpha, \beta]$에서 정의된 함수 $f(x)$에 대한 최소제곱 근사함수는

$$P(x) = \sum_{k=0}^{n} a_k \phi_k(x)$$

이다. 여기서

$$a_k = \frac{\displaystyle\int_\alpha^\beta w(x)f(x)\phi_k(x)dx}{\displaystyle\int_\alpha^\beta w(x)\phi_k(x)^2 dx} = \frac{1}{\alpha_k}\int_\alpha^\beta w(x)f(x)\phi_k(x)dx$$

이다.

양의 정수 n에 대하여 함수의 집합 $\mathcal{F}_n = \{\phi_0, \phi_1, \cdots, \phi_n\}$이

$$\phi_0(x) = \frac{1}{\sqrt{2\pi}},$$
$$\phi_k(x) = \frac{1}{\sqrt{\pi}}\cos(kx), \ (k = 0, 1, 2, \cdots, n)$$
$$\phi_{n+k}(x) = \frac{1}{\sqrt{\pi}}\sin(kx), \ (k = 0, 1, 2, \cdots, n-1)$$

와 같이 주어졌을 때, 이 집합은 구간 $[-\pi, \pi]$에서 $w(x) = 1$에 관해 직교집합이다.

$\mathcal{F}_n$을 함수 $\phi_0, \phi_1, \cdots, \phi_n$의 임의의 1차결합으로 구성된 집합이라 하면, 이 때 n과 같거나 작은 차수의 **삼각 다항식 집합**(set of trigonometric polynomial) 이라 한다.

$[-\pi, \pi]$에서 연속인 함수 $f(x)$에 대하여 $\mathcal{F}_n$안의 함수들의 결합으로 구성된 최소제곱 근사해를

$$S_n(x) = \sum_{k=0}^{2n-1} a_k \phi_k(x)$$

와 같이 정의한다. 여기서 $k = 0, 1, 2, \cdots, 2n-1$일 때

$$a_k = \int_{-\pi}^{\pi} f(x)\phi_k(x)dx$$

이다. 위의 정의에 대하여

$$\lim_{n\to\infty} S_n(x) = \sum_{k=0}^{\infty} a_k \phi_k(x)$$

를 $f(x)$의 **Fourier(푸리에) 급수**라 한다. 진동이나 회로망 등과 같이 주기적인 현상을 가장 단순한 주기함수인 sinx, cosx 등의 삼각함수로 표현할 때 사용된다. 특히 Fourier 급수는 물리적인 현상에 대한 여러 가지 미분방정식의 해를 구하는데에도 많이 사용된다. 예를 들어, 주기가 2π인 함수 $f(x)$에 대하여 **Fourier 계수**를

$$a_n = \frac{1}{\pi}\int_{-\pi}^{\pi} f(x)\cos nx dx,$$

$$b_n = \frac{1}{\pi}\int_{-\pi}^{\pi} f(x)\sin nx dx,$$

라 정의하면 $f(x)$의 Fourier 급수는

$$\frac{a_0}{2} + \sum_{n=1}^{\infty}(a_n \cos nx + b_n \sin nx)$$

이고, 이 급수가 평균수렴(uniform convergence)하면

$$f(x) = \frac{a_0}{2} + \sum_{n=1}^{\infty}(a_n \cos nx + b_n \sin nx)$$

가 성립한다.

예제 2.3 함수 $f(x)$가 구간 $[-\pi, \pi]$에서

$$f(x) = |x|$$

와 같이 주어졌을 때, $f(x)$를 근사하는 삼각 다항식을 $\mathcal{F}_n$으로부터 구한다. 먼저 계수 a_i를 구하면 $k = 0$일 때

$$a_0 = \int_{-\pi}^{\pi} |x|\frac{1}{\sqrt{2\pi}}dx = -\frac{1}{\sqrt{2\pi}}\int_{-\pi}^{0} xdx + \frac{1}{\sqrt{2\pi}}\int_{0}^{\pi} xdx = \frac{\sqrt{2}\pi^2}{2\sqrt{\pi}}$$

이고, $k = 1, 2, \cdots, n$에 대하여

$$a_k = \frac{1}{\sqrt{\pi}}\int_{-\pi}^{\pi} |x|\cos kx dx = \frac{2}{\sqrt{\pi}}\int_{0}^{\pi} x\cos kx dx = \frac{2}{\sqrt{\pi}k^2}[(-1)^k - 1]$$

이다. 또한 $k = 0, 1, 2, \cdots, n-1$에 대하여

$$a_{n+k}\frac{1}{\sqrt{\pi}}\int_{-\pi}^{\pi} |x|\sin kx dx = 0$$

임을 알 수 있다. 따라서 $\mathcal{F}_n$으로부터 $f(x)$를 근사하는 다항식 S_n은

$$S_n(x) = \frac{\pi}{2} + \frac{2}{\pi}\sum_{k=1}^{n}\frac{(-1)^k - 1}{k^2}\cos kx$$

이다. 함수 $f(x)$에 대한 Fourier 급수는

$$S(x) = \lim_{n\to\infty} S_n(x) = \frac{\pi}{2} + \frac{2}{\pi}\sum_{k=1}^{\infty}\frac{(-1)^k - 1}{k^2}\cos kx$$

이다.

```
>plot( { Pi/2, abs(x), Pi/2−4/Pi∗cos(x)− 4/(9∗Pi)∗cos(3∗x), Pi/2−4/Pi ∗cos(x)}, x=−5..5, y=0..4);
```

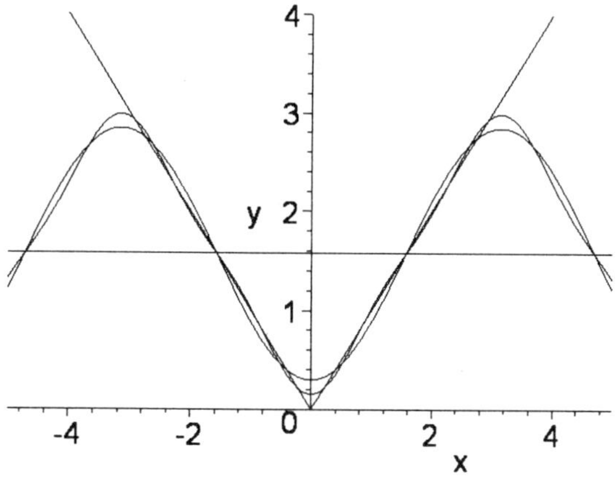

다음은 구간 $[\alpha,\beta]$에서 가중함수 $w(x)$에 대하여 직교함수를 구하는 **Gram-Schmit 과정**에 대하여 언급한다(증명은 선형대수학 관련 교재를 참조).

정리 2.3 **Gram-Schmit 과정**

$k=0,1$일 때 $x\in[\alpha,\beta]$에 대하여

$$\phi_0=1,\ \phi_1(x)=x-c_1$$

이고, $k\geq 2$이면

$$\phi_k=(x-c_k)\phi_{k-1}(x)-d_k\phi_{k-2}(x)$$

와 같이 정의된 다항식 ϕ_0, ϕ_1, $\cdots$, ϕ_n은 구간 $[\alpha,\beta]$에서 1차 독립이고, 가중 함수 $w(x)$에 관하여 직교다항식이다. 여기서 $c_1, c_k, d_k (k\geq 2)$는 각각

$$c_1=\frac{\displaystyle\int_\alpha^\beta xw(x)\phi_0(x)^2dx}{\displaystyle\int_\alpha^\beta w(x)\phi_0(x)dx},\ c_k=\frac{\displaystyle\int_\alpha^\beta xw(x)\phi_{k-1}(x)^2dx}{\displaystyle\int_\alpha^\beta w(x)\phi_{k-1}(x)dx},$$

$$d_k = \frac{\displaystyle\int_\alpha^\beta x^{k-1} w(x)\phi_{k-1}(x)dx}{\displaystyle\int_\alpha^\beta w(x)\phi_{k-2}(x)^2 dx}$$

이다.

예제 2.4 구간 $[-1,1]$에서 가중함수 $w(x)=1$에 관하여 직교다항식을 구하여라.

풀이 Gram-Schmit 과정을 적용하면

$$c_1 = \frac{\int_{-1}^1 x dx}{\int_{-1}^1 1 dx} = 0, \quad c_2 = \frac{\int_{-1}^1 x^3 dx}{\int_{-1}^1 x^2 dx} = 0, \quad d_2 = \frac{\int_{-1}^1 x^2 dx}{\int_{-1}^1 1 dx} = \frac{1}{3}$$

이므로

$$\phi_0(x) = 1,\ \phi_1(x) = x - c_1 = x,\ \phi_2(x) = (x - c_2)\phi_1(x) - d_2\phi_0(x) = x^2 - \frac{1}{3}$$

이다. 또한

$$c_3 = \frac{\int_{-1}^1 x(x^2 - \frac{1}{3})^2 dx}{\int_{-1}^1 (x^2 - \frac{1}{3})dx} = 0,\ d_3 = \frac{\int_{-1}^1 x^2(x^2 - \frac{1}{3}dx}{\int_{-1}^1 x^2 dx} = \frac{4}{15}$$

이므로

$$\phi_3(x) = (x - c_3)\phi_2(x) - d_3\phi_1(x) = x^3 - \frac{3}{5}$$

이다. 즉, 이 다항식들은 구간 $[-1,1]$에서 가중함수 $w(x)=1$에 관하여 직교한다.

위의 직교다항식을 **Legendre 다항식**이라 한다. 직교다항식 중에서 가장 일반적인 것이 Legendre 다항식이다.

예제 2.5 구간 $[-1,1]$에서 함수 $f(x) = \cos \pi x$에 대하여 Legendre 다항식을 이용하여 최소제곱 근사법으로 2차, 4차 근사 다항식을 구하여라.

풀이 먼저 2차 근사 다항식을 구하기 위해 앞 예제의 Legendre 다항식

$$\phi_0(x) = 1,\ \phi_1(x) = x,\ \phi_2(x) = x^2 - \frac{1}{3}$$

과 6장 정리 2.2의

$$a_k = \frac{\displaystyle\int_\alpha^\beta w(x)f(x)\phi_k(x)dx}{\displaystyle\int_\alpha^\beta w(x)\phi_k(x)^2 dx} = \frac{\displaystyle\int_{-1}^1 \phi_k(x)\cos\pi x dx}{\displaystyle\int_{-1}^1 \phi_k(x)^2 dx}$$

로부터

$$a_0 = a_1 = 0,\ a_2 = -\frac{45}{2\pi^2}$$

이다. 따라서 최소제곱 2차 근사 다항식은

$$P_2(x) = \sum_{k=0}^{2} a_k\phi_k(x) = -\frac{45}{2\pi^2}\phi_2(x) = -\frac{45}{2\pi^2}(x^2 - \frac{1}{3})$$

이다. 주어진 함수가 구간 $[-1, 1]$에서 우함수이고, 3차 Legendre 다항식은 기함수이므로 a_3의 정의에 의해 $a_3 = 0$이다. 따라서 2차 근사 다항식과 3차 근사 다항식은 같다. 4차 근사 다항식을 구하기 위해 4차 Legendre 다항식

$$\phi_4(x) = x^4 - \frac{6}{7}x^2 + \frac{3}{35}$$

를 사용하여 계수 a_4를 구하면

$$a_4 = \frac{\int_{-1}^1 \phi_4(x)\cos\pi x dx}{\int_{-1}^1 \phi_k(x)^2 dx} = \frac{1575(21 - 2\pi^2)}{8\pi^4} \simeq 2.548204309$$

이다. 결국 최적인 근사 다항식은

$$P_4(x) = P_2(x) + 2.5482 \times \phi_4(x)$$

이고, 오차는

$$\int_{-1}^1 [\cos\pi x - P_4(x)]^2 dx = 0.0006740164502$$

이다.

>plot({ cos(Pi*x), P2, P4}, x=-1.5..1.5);

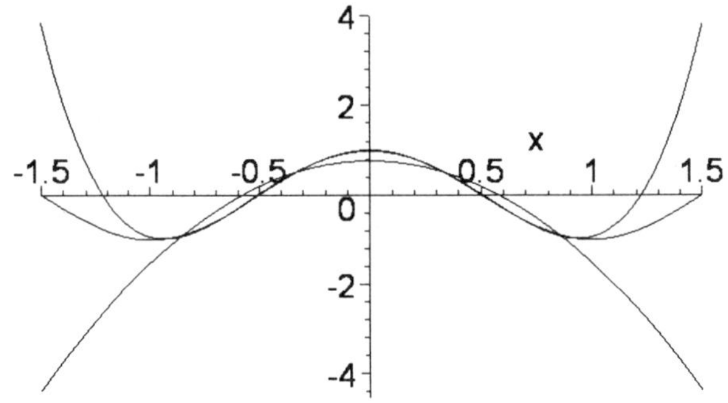

예제 2.6 Maple에서의 Legendre 다항식은 직교다항식 패키지 orthopoly에 정의되어 있다.

>with(orthopoly):

예를 들어, 0차에서 4차까지의 Legendre 다항식은 다음과 같다.

>LegendrePoly:=seq(P(n,x), n=0..4);

$$LegendrePoly := 1,\ x,\ \frac{3}{2}x^2 - \frac{1}{2},\ \frac{5}{2}x^3 - \frac{3}{2}x,\ \frac{35}{8}x^4 - \frac{15}{4}x^2 + \frac{3}{8}$$

6차 Legendre 다항식은 다음과 같다.

>P(6, x);

$$\frac{231}{16}x^6 - \frac{315}{16}x^4 + \frac{105}{16}x^2 - \frac{5}{16}$$

직접 Legendre 다항식을 프로그램할 수도 있다.

```
>Legendre:=proc(n)
      if n=0 then 1
      else
         simplify(1/(2^n*n!)*diff( (x^2 - 1)^n, x$n) );
```

```
    fi;
  end:
```

이 프로시저로부터 5차 Legendre 다항식을 구한다.

```
>Legendre(5);
```

$$\frac{63}{8}x^5 - \frac{35}{4}x^3 + \frac{15}{8}x$$

0차에서 5차까지의 Legendre 다항식을 동시에 플롯한다.

```
>S:=seq( Legendre(n), n=0..5):
> plot({S}, x=-1.5..1.5, y=-1.5..1.5);
```

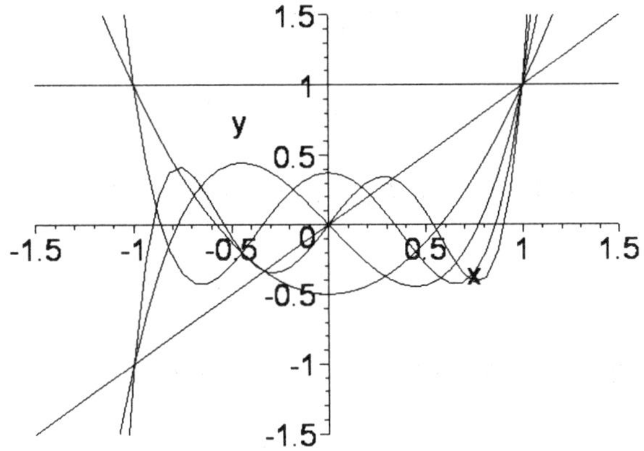

제 3 절 Chebyshev 다항식

구간 $[-1, 1]$에서 가중함수

$$w(x) = \frac{1}{\sqrt{1 - x^2}}$$

을 사용하여 구한 차수가 n인 다항식

$$T_n(x) = \cos(n \cos^{-1} x) \tag{6.12}$$

를 **Chebyshev 다항식**이라 한다. Chebyshev 다항식은 직교다항식 중 응용 분야에서 가장 많이 사용되는 다항식이다.

(6.12)에 $\theta = \cos^{-1} x$를 대입하면

$$T_n(\theta) = \cos n\theta, \quad (0 \le \theta \le \pi)$$

가 된다. 삼각 함수의 성질에 의해

$$T_{n+1}(\theta) = \cos(n+1)\theta = \cos n\theta \cos\theta - \sin n\theta \sin\theta,$$

$$T_{n-1}(\theta) = \cos(n-1)\theta = \cos n\theta \cos\theta + \sin n\theta \sin\theta$$

이므로 Chebyshev 다항식의 점화관계

$$T_{n+1}(\theta) = 2\cos n\theta \cos\theta - T_{n-1}(\theta)$$

를 알 수 있다. 이 식을 x의 함수로 다시 바꾸어 쓰면 $n \ge 1$에 대하여

$$T_{n+1}(x) = 2xT_n(x) - T_{n-1}(x) \tag{6.13}$$

가 된다. 예를 들어, (6.12)에서 $n = 0, 1$일 때 각각

$$T_0(x) = \cos(0 \cdot \cos^{-1} x) = 1, \quad T_1(x) = \cos(1 \cdot \cos^{-1} x) = x$$

이다. 다음은 (6.13)을 사용하면 $n \ge 2$일 때

$$T_2(x) = 2xT_1(x) - T_0(x) = 2x^2 - 1, \quad T_3(x) = 2xT_2(x) - T_1(x) = 4x^3 - 3x$$

등과 같이 구할 수 있다.

Maple에서 0차부터 n차까지의 Chebyshev 다항식을 계산하기 위한 프로시져는 다음과 같다.

```
>Chebyshev:= proc(n)
    local p, k;
    p[0]:=1;
```

```
    p[1]:=x;
    if n<=1 then
        RETURN(eval(p))
    fi;
    for k from 2 to n do
      p[k]:=expand(2*x*p[k-1]-p[k-2])
    od;
    RETURN(eval(p))
end:
```

0차부터 5차까지의 Chebyshev 다항식은 다음과 같다.

\> Chebyshev(5);

table([

0=1

1=x

2=$2x^2 - 1$

3=$4x^3 - 3x$

4=$8x^4 - 8x^2 + 1$

5=$16x^5 - 20x^3 + 5x$

])

Maple의 직교다항식 패키지 **orthopoly**에 n차 Chebyshev 다항식은 $T(n, x)$; 와 같이 정의되어 있다. 예를 들어, 7차 Chebyshev 다항식은 다음과 같다.

\>with(orthopoly):

\>T(7,x);

$$64x^7 - 112x^5 + 56x^3 - 7x$$

0차부터 4차까지의 Chebyshev 다항식을 동시에 플롯한다.

>plot ({ T(0, x), T(1, x), T(2, x), T(3, x), T(4, x)}, x=−1.5..1.5, y=−1.5..1.5);

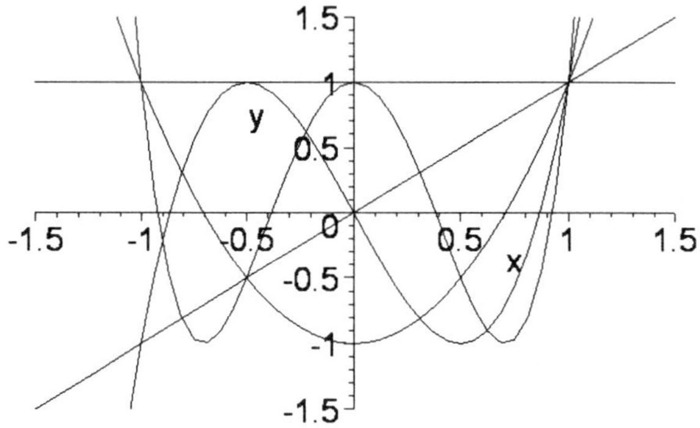

다음은 Chebyshev 다항식의 직교성을 설명하는 정리이다.

정리 3.1 **Chebyshev 다항식의 직교성**

Chebyshev 다항식은 가중함수 $w(x) = \frac{1}{\sqrt{1-x^2}}$에 대하여 구간 $[-1, 1]$에서 직교한다.

증명 Chebyshev 다항식의 직교성을 증명하기 위해

$$\int_{-1}^{1} \frac{T_n(x)T_m(x)}{\sqrt{1-x^2}}dx = \int_{-1}^{1} \frac{\cos(n\cos^{-1}x)\cos(m\cos^{-1}x)}{\sqrt{1-x^2}}dx$$

의 x 대신에 $\theta = \cos^{-1}x$, $d\theta = -\frac{1}{\sqrt{1-x^2}}dx$를 대입하면 우변은

$$\int_{\pi}^{0} \frac{\cos n\theta \cos m\theta}{\sin\theta}(-\sin\theta d\theta) = \int_{0}^{\pi} \cos n\theta \cos m\theta d\theta$$

이다. 삼각함수의 가법정리에 의해 $m = n(\geq 1)$이면

$$\int_{0}^{\pi} \cos n\theta \cos m\theta d\theta = \frac{1}{2}\int_{0}^{\pi} [\cos(2n\theta) + 1]d\theta = \frac{\pi}{2}$$

이다. 또한 $m \neq n$이면

$$
\begin{aligned}
&\int_0^\pi \cos n\theta \cos m\theta d\theta \\
=&\frac{1}{2}\int_0^\pi \cos(n+m)\theta d\theta + \frac{1}{2}\int_0^\pi \cos(n-m)\theta d\theta \\
=&[\frac{1}{2(n+m)}\sin(n+m)\theta + \frac{1}{2(n-m)}\sin(n-m)\theta]_0^\pi \\
=&0
\end{aligned}
$$

이다. 따라서 Chebyshev 다항식은 구간 $[-1,1]$에서 가중함수 $w(x) = \frac{1}{\sqrt{1-x^2}}$에 대하여 직교함수임을 알 수 있다.

가중함수를 사용하여 최소제곱법을 다루는 주된 목적은 가중함수가 다루어지는 구간에서 부분별로 강조점을 주자는 것이다. 즉, 가중함수 $w(x) = \frac{1}{\sqrt{1-x^2}}$는 구간 $[-1,1]$의 중앙 부근에는 무게를 덜 주고, $|x|$가 거의 1일 때 더 많은 무게를 준다. 그러나 가중된 최소제곱법에서 계산해야 할 적분이 문제가 될 수 있다. 따라서 수치적으로 적분을 계산해야 할 경우가 생기기도 한다.

앞 절에서 다룬 Gram-Schmidt 과정은 임의 구간 $[\alpha,\beta]$와 가중함수 $w(x)$에 대해서도 $k \geq 2$일 때

$$\phi_k(x) = (x - c_k)\phi_{k-1}(x) - d_k\phi_{k-2}(x)$$

와 같은 점화공식을 제공한다. 만약 계수

$$a_k = \frac{\int_\alpha^\beta w(x)f(x)\phi_k(x)dx}{\int_\alpha^\beta w(x)\phi_k(x)^2 dx}$$

가 구하여지면 함수 $f(x)$에 대한 최소제곱 근사 다항식

$$P_n(x) = \sum_{k=0}^{n} a_k\phi_k(x)$$

는 쉽게 구할 수 있다.

다음은 보간 다항식의 오차를 최소로 하는 보간점과 관계가 있는 Chebyshev 다항식의 근에 대하여 알아본다.

정리 3.2 **Chebyshev 다항식의 근**

n차 Chebyshev 다항식 $T_n(x)$는 구간 $[-1,1]$에서 n개의 단일 근

$$x_k = \cos(\frac{2k-1}{2n})\pi, \quad (k=1,2,\cdots,n)$$

를 갖고, $k=0,1,\cdots,n$에 대하여 $\hat{x}_k = \cos(\frac{k\pi}{n})$에서 최대값 또는 최소값

$$T_n(\hat{x}_k) = (-1)^k$$

을 갖는다. 즉, k가 짝수이면 최대값 1, 홀수이면 최소값 -1을 갖는다.

증명 Chebyshev 다항식의 근을 구하기 위해 삼각방정식

$$T_n(x) = \cos n\theta = 0$$

의 근을 구하면 된다. $k=1,2,\cdots,n$에 대하여

$$\cos(k-\frac{1}{2})\pi = 0$$

이므로

$$\theta = \frac{2k-1}{2n}\pi$$

이고, $\theta = \cos^{-1} x$이므로 근은

$$x_k = \cos(\frac{2k-1}{2n})\pi$$

이다. $T_n(x)$는 n차 다항식이므로 많아야 n개의 근을 가지므로, $k=1,2,\cdots,n$일 때 x_k가 $T_n(x)$의 모든 근이다. 또한 $T_n(x) = \cos n\theta$이므로 극값은 ±1이다. 따라서 $k=0,1,\cdots,n$에 대하여 극값

$$T_n(\frac{k\pi}{n}) = (-1)^k$$

을 갖는다.

최고차 계수가 1인 Chebyshev 다항식 $\hat{T}_n$은

$$\hat{T}_0(x) = 1, \quad \hat{T}_n(x) = \frac{1}{2^{n-1}} T_n(x), \ (n \geq 1)$$

와 같이 Chebyshev 다항식 T_n에 대하여 선행 계수 2^{n-1}로 나눔으로써 쉽게 유도된다.

이러한 다항식은 $n \geq 2$일 때 점화 관계

$$\begin{aligned} \hat{T}_2(x) &= x\hat{T}_1(x) - \frac{1}{2}\hat{T}_0(x), \\ \hat{T}_{n+1}(x) &= x\hat{T}_n(x) - \frac{1}{4}\hat{T}_{n-1}(x) \end{aligned}$$

를 만족한다.

근사 다항식으로 Taylor 다항식을 사용하면 전개하는 점 근방에서는 매우 정확하지만 멀어질수록 정확도는 급격히 떨어진다. 따라서 허용오차의 범위를 넘지 않게 하기 위해서는 Taylor 다항식의 차수를 높여야 한다. Chebyshev 다항식은 최소인 절대값이 구간 안에 균등하게 분포되어 있으므로 허용오차의 범위를 넘지 않고 Taylor 다항식의 오차를 줄이는 데 사용할 수 있다.

예제 3.1 $f(x) = \sin x$를 0 근방에서 전개한 Taylor 다항식은

$$P_{2n-1}(x) = x - \frac{x^3}{3!} + \frac{x^5}{5!} - \frac{x^7}{7!} + \cdots + (-1)^{n-1}\frac{x^{2n-1}}{(2n-1)!} + R_{2n-1}(x)$$

이고 오차(나머지 항)는

$$R_{2n-1}(x) = (-1)^n \frac{x^{2n+1}}{(2n+1)!} \cos\xi$$

이다. 예를 들어, 구간 $[-1, 1]$에서

$$|R_3(x)| \leq \frac{1}{5!} = 8.33 \times 10^{-3}, \ |R_5(x)| \leq \frac{1}{7!} = 1.98 \times 10^{-4}$$

이므로 함수 $f(x) = \sin x$에 대한 오차가 5×10^{-3} 보다 작은 Taylor 다항식은

$$P_5(x) = x - \frac{x^3}{3!} + \frac{x^5}{5!}$$

이다.

다음은 Chebyshev 다항식을 사용하여 허용오차가 5×10^{-3}보다 작은 근사 다항식을 구하여 보자. Chebyshev 다항식 $T_k(x)$와 x^k의 관계는 표 6.1과 같다.

k	T_k	x^k
0	1	T_0
1	x	T_1
2	$2x^2-1$	$(T_0+T_1)/2$
3	$4x^3-3x$	$(3T_1+T_3)/4$
4	$8x^4-8x^2+1$	$(3T_0+4T_2+T_4)/8$
5	$16x^5-20x^3+5x$	$(10T_1+5T_3+T_5)/16$
6	$32x^6-48x^4+18x^2-1$	$(10T_0+15T_2+6T_4+T_6)/32$
7	$64x^7-112x^5+56x^3-7x$	$(35T_1+21T_3+7T_5+T_7)/64$

표 6.1 Chebyshev 다항식 $T_k(x)$와 x^k의 관계

따라서

$$\begin{aligned} P_3(x) =& x-\frac{x^3}{3!}+\frac{1}{5!}\frac{1}{16}(10T_1+5T_3+T_5) \\ =& \frac{383}{384}x-\frac{5}{32}x^3+\frac{1}{1920}T_5 \end{aligned}$$

이지만

$$\max_{-1\le x\le 1}|T_5(x)|=1,\quad \frac{1}{1920}|T_5|\le 5.21\times10^{-4}$$

이다. 또한

$$|R_5(x)|+\frac{1}{1920}|T_5(x)|\le 1.928\times10^{-4}+5.21\times10^{-4}=7.19\times10^{-4}$$

이므로 근사 다항식으로

$$P_3(x)=\frac{383}{384}x-\frac{5}{32}x^3$$

을 사용하여도 허용오차 5×10^{-4}을 넘지 않는다.

이번에는 위 다항식에서 3차항을 제거하기 위해 x^3 대신에 $\dfrac{3T_1+T_3}{4}$을 대입하면

$$P_3(x) = \frac{383}{384}x - \frac{5}{32}\frac{1}{4}(3T_1+T_3) = \frac{169}{192}x - \frac{1}{128}T_3(x)$$

이다. 근사 다항식으로

$$P_1(x) = \frac{169}{192}x$$

를 사용하면

$$\max_{-1\le x\le 1} \frac{1}{128}|T_3(x)| \le 7.81\times 10^{-3}$$

이므로, 앞에서 구한 한계 오차 7.19×10^{-4}을 더하면 8.53×10^{-3}이 되어 허용오차 5×10^{-4}을 초과한다. 따라서 $P_3(x)$가 구하고자 하는 근사식에 가장 적합한 최저차 다항식이다.

제 4 절 유리함수 근사법

근사함수로 대수 다항식을 사용하는 데는 몇 가지 장점이 있다. 주어진 함수가 폐구간에서 연속이면 임의의 오차의 한계까지 근사할 수 있는 다항식들을 구할 수 있고, 임의의 점에서의 함수값, 미분과 적분 등을 쉽게 구할 수 있다는 것이다. 그러나 다항식을 근사함수로 사용할 때 단점은 실용적이지 못하다는 것이다. 예를 들어, $f(x)=\cos^{-1}x$를 구간 $[-1,1]$에서 허용오차가 10^{-6}인 근사 다항식을 구하기 위해서는 차수가 10^3인 다항식이 필요하다. 근사 다항식의 또 다른 단점은 진동하는 경향이 있다는 것이다. 이러한 진동은 오차의 한계가 최대 근사오차로 결정되므로 평균 근사오차를 넘는 오차 한계의 원인이 되기도 한다. 이 근사오차의 한계를 줄이기 위해 구간 전체를 균일하게 근사오차를 분산시키는 방법에 대하여 다룬다.

N차 유리함수 $r(x)$를 두 개의 다항식의 비로써

$$r(x) = \frac{p(x)}{q(x)} = \frac{p_0+p_1x+p_2x^2+\cdots+p_nx^n}{q_0+q_1x+q_2x^2+\cdots+q_mx^m} \tag{6.14}$$

와 같이 정의한다. 여기서 차수 N은 $p(x)$와 $q(x)$의 차수의 합, 즉 $N = n + m$이다. (6.14)에서 $q(x) = 1$이면 지금까지 다루었던 다항식이 되고, 유리함수로 근사할 때 오차 한계는 다항식으로 근사할 때의 오차 한계보다 크지 않는다는 것을 알 수 있다.

유리함수 근사법으로 가장 일반적으로 사용되는 것이 **Pade 근사법**이다. Pade 근사법은 유리함수 $r(x)$와 주어진 함수 $f(x)$의 $c = 0$에서의 Taylor 급수 혹은 Maclaurin 급수의 항이 가능한 한 많이 같게 되도록 $r(x)$를 택하는 방법이다. 따라서 $f(x)$의 Maclaurin 급수를

$$f(x) = \sum_{i=0}^{\infty} a_i x^i$$

라 하면 Pade 근사법은 가능한 한 큰 s에 대하여

$$f(x) - \frac{p(x)}{q(x)} = \sum_{j=s}^{\infty} c_j x^j$$

를 만족하는 $p(x)$와 $q(x)$를 구하면 된다. 유리함수 $r(x)$가 Maclaurin 급수로 전개할 수 있으려면 $r(x)$는 $x = 0$에서 정의되어야 하므로 $q_0 \neq 0$이어야 한다. $p(x)$와 $q(x)$를 q_0으로 나눔으로써

$$q(x) = 1 + q_1 x + q_2 x^2 + \cdots + q_m x^m \tag{6.15}$$

이라 가정하여도 된다. 따라서 (6.14)의 $r(x)$는 $(n+1+m)$개의 매개변수를 가지므로 최소한 $(n+1+m)$항까지 $r(x)$와 $f(x)$의 전개식이 같도록 한다. 즉, $s = m+n+1$이다. $s \geq m+n+1$도 가능하다. $m = 0$과 $p(x)$를 $f(x)$의 $(n+1)$항까지의 Maclaurin 급수를 택하면 $s \geq n+1$이다.

유리함수 $r(x)$의 계수 $p_0, p_1, \cdots, p_n, q_0, q_1, \cdots, q_m$을 구하기 위해 (6.15)를

$$f(x)q(x) - p(x) = q(x) \sum_{j=s}^{\infty} c_j x^j \tag{6.16}$$

로 바꾸어 쓰면

$$q(x) \sum_{j=s}^{\infty} c_j x^j = \sum_{j=s}^{\infty} d_j x^j$$

이므로 가능한 한 큰 s에 대하여

$$f(x)q(x) - p(x) = \sum_{j=s}^{\infty} d_j x^j$$

를 만족하는 $p(x)$와 $q(x)$를 구하면 된다. 즉,

$$\begin{aligned} f(x)q(x) - p(x) =&(\sum_{j=0}^{\infty} a_j x^j)(\sum_{j=0}^{m} q_j x^j) + \sum_{j=0}^{n} p_j x^j \\ =&(a_0q_0 - p_0) + (a_0q_1 + a_1q_0 - p_1)x \\ &+ (a_0q_2 + a_1q_1 + a_2q_0 - p_2)x^2 + \cdots \end{aligned}$$

이므로, Pade 근사법을 구하기 위한 유리함수 $r(x)$의 계수는 연립방정식

$$\sum_{j=0}^{k} a_j q_{k-j} = p_k, \ (k = 0, 1, 2 \cdots, n)$$

$$\sum_{j=0}^{k} a_j q_{k-j} = 0, \ (k = n+1, n+2, \cdots, s-1)$$

을 풀면 구할 수 있다.

예제 4.1 함수 $f(x) = \cos x$에 대하여 $m = 2, \ n = 4$인 6차 Pade 근사함수를 구하여라.

풀이 $\cos x$의 Maclaurin 급수는

$$\cos x = 1 - \frac{x^2}{2!} + \frac{x^4}{4!} - \frac{x^6}{6!} + \frac{x^8}{8!} - \cdots$$

이고, $\cos x$는 우함수(홀수 차수의 항을 갖지 않는다)이므로

$$r(x) = \frac{p_0 + p_2x^2 + p_4x^4}{1 + q_2x^2}$$

의 형태이다. 따라서

$$(1 + q_2x^2)(1 - \frac{x^2}{2!} + \frac{x^4}{4!} - \frac{x^6}{6!} + \cdots) - (p_0 + p_2x^2 + p_4x^4)$$

에서 $k=0,2,4,6$일 때 x^k의 계수가 0이 되도록 p_0, p_2, p_4, q_2를 구하면 된다. 위의 식을 전개하여 같은 차수의 항들을 모아서 정리하면 각각 x^0의 계수는 $p_0=1, x^2$의 계수는 $p_2=q_2-\frac{1}{2!}$, x^4의 계수는 $p_4=-\frac{q_2}{2!}-\frac{1}{4!}$, x^6의 계수는 $0=\frac{q_2}{4!}-\frac{1}{6!}$과 같다. 즉,

$$p_0=1,\ p_2=-\frac{7}{15},\ p_4=\frac{1}{40},\ q_2=\frac{1}{30}$$

을 얻는다. 따라서 Pade 근사함수 $r(x)$는

$$r(x)=\frac{1-\frac{7}{15}x^2+\frac{1}{40}x^4}{1+\frac{1}{30}x}$$

과 같다. 같은 매개변수 4개를 갖는 다항식(6차까지의 Taylor 다항식)

$$p_6(x)=1-\frac{x^2}{2!}+\frac{x^4}{4!}-\frac{x^6}{6!}$$

와 Pade 근사식의 값을 비교하면, Pade 근사식이 Taylor 다항식보다 더 좋은 근사값을 갖는다는 것을 알 수 있다.

Maple에서 Pade 근사함수는 **numapprox** 패키지에

```
>pade(f(x), x, [n,m]);
```

과 같이 정의되어 있다. 즉, 변수 x의 함수 $f(x)$를 분자의 차수가 n이고, 분모의 차수가 m인 Pade 근사함수를 구하는 명령어이다.

예제 4.2 (1) $f(x)=e^{-x}$에 대하여 $n=3,\ m=2$인 Pade 근사함수를 구하여라.

(2) $f(x)=\frac{1}{x\sin x}$에 대하여 $n=4,\ m=6$인 Pade 근사함수를 구하여라.

풀이 먼저 numapprox 패키지를 불러 놓는다.

```
>with(numapprox):
>pade( exp(-x), x, [3,2]);
```

$$\frac{1 - \frac{3}{5}x + \frac{3}{20}x^2 - \frac{1}{60}x^3}{1 + \frac{2}{5}x + \frac{1}{20}x^2}$$

e^{-x}의 Maclaurin 급수는

$$\sum_{k=0}^{\infty} \frac{(-1)^k}{k!}x^k = 1 - x + \frac{1}{2}x^2 - \frac{1}{6}x^3 + \cdots$$

이다.

>pade(1/x*sin (x)), x=0, [4,6]);

$$= \frac{166320 + 5460x^2 + 75x^4}{551x^6 - 22260x^4 + 166320x^2}$$

제 5 절 삼각 다항식 근사법

6.2절에서 다루었듯이 집합 $\mathcal{F}_n$은 구간 $[-\pi, \pi]$ 에서 가중함수 $w(x) = 1$에 관하여 직교한다. 또한 $[-\pi, \pi]$에서 연속인 함수 $f(x)$에 대하여 $\mathcal{F}_n$의 함수로 최소제곱 근사함수는

$$S_n(x) = \sum_{k=0}^{2n-1} a_k \phi_k(x)$$

라는 것도 보였다.

$f(x)$가 $[-\pi, \pi]$에서 연속이 아니고, 등간격으로 주어진 어떤 자료의 집합일 때 사용할 수 있는 이산형 표현이 있다. 이것은 특히 많은 양의 자료에 대한 최소제곱 근사법과 보간법에 효과적이다.

$2m$개의 점들의 집합 $\{(x_j, y_j)\}_{j=0}^{2m-1}$에 대하여 x_j는 구간에서 등간격이라 한다. 편의상 구간은 $[-\pi, \pi]$로 가정하고, 점 x_j는 $j = 0, 1, \cdots, 2m-1$에 대하여

$$x_j = -\pi + (\frac{j}{m})\pi$$

와 같이 분포되었다고 가정한다. 만약 이와 같은 형태가 아닌 경우는 간단한 변수변환으로 고칠 수 있다.

$n(<m)$을 고정시키고 함수의 집합 $\hat{\mathcal{F}}_n = \{\phi_0, \phi_1, \cdots, \phi_n\}$이

$$\begin{aligned}\hat{\phi}_0(x) &= \frac{1}{\sqrt{2m}},\\ \hat{\phi}_k(x) &= \frac{1}{\sqrt{m}}\cos(kx),\ \ (k = 0, 1, 2, \cdots, n)\\ \hat{\phi}_{n+k}(x) &= \frac{1}{\sqrt{m}}\sin(kx),\ \ (k = 0, 1, 2, \cdots, n-1)\end{aligned}$$

와 같이 주어져 있다고 하면, $\hat{\mathcal{F}}_n$의 함수들로 구성된 삼각 다항식으로

$$\begin{aligned}E(S_n) &= \sum_{j=0}^{2m-1}\{y_j - S_n(x_j)\}^2\\ &= \sum_{j=0}^{2m-1}\{y_j - [\frac{\alpha_0}{\sqrt{2m}} + \frac{\alpha_n}{\sqrt{m}} + \frac{1}{\sqrt{m}}\sum_{j=0}^{n-1}(\alpha_k \cos kx_j + \alpha_{n+k}\sin kx_j)]\}^2\end{aligned}$$

을 만족하는 함수를 구하는 것이다. 즉, $E(S_n)$이 최소가 되도록 하는 S_n을 구하는 것이다. 최소제곱법에서와 같이 상수 $\alpha_0, \alpha_1, \cdots, \alpha_{2n-1}$을 결정하는 것은 최소값을 갖기 위한 필요조건 즉,

$$\frac{\partial}{\partial \alpha_k}E(S_n) = 0,\ \ (k = 0, 1, 2, \cdots, 2n-1)$$

에 의해 결정된다. 구간 $[-\pi, \pi]$에서 집합 $\hat{\mathcal{F}}_n$이 합에 관해 정규직교이므로 상수를 쉽게 결정할 수 있다. 합에 관하여 정규직교라는 것은 $k \neq l$일 때는 항상

$$\sum_{j=0}^{2m-1}\hat{\phi}_k(x_j)\hat{\phi}_l(x_j) = 0$$

이 성립하고 각 k에 대하여

$$\sum_{j=0}^{2m-1}[\hat{\phi}_k(x_j)]^2 = 1$$

이 성립한다는 것을 의미한다.

예제 5.1 자료가 $\{(x_j, y_j)\}_{j=0}^{11}$, $x_j = \frac{j}{6}$, $y_j = e^{-x_j}$와 같이 주어져 있을 때, 구간을 $[0, 2]$에서 $[-\pi, \pi]$로 바꾼 다음에 $\hat{\mathcal{F}}_3$으로부터 최소제곱 근사해를 구하여라.

풀이 변환식

$$z_j = \pi(x_j - 1)$$

에 의해 변환된 자료는

$$\{z_j, e^{-1-x_j/\pi})\}_{j=0}^{11}$$

과 같은 형태이다. 따라서 최소제곱 삼각 다항식은

$$S_3(z) = [\frac{a_0}{2} + a_3 \cos 3z + \sum_{k=1}^{2}(a_k \cos kz + a_{3+k} \sin xz)]$$

이다. 여기서 $k = 0, 1, 2, 3$일 때는

$$a_k = \frac{1}{6}\sum_{j=0}^{11} e^{-1-x_j/\pi} \cos kz_j$$

이고 $k = 1, 2$에 대하여

$$a_{3+k} = \frac{1}{6}\sum_{j=0}^{11} e^{-1-x_j/\pi} \sin kz_j$$

이다. 결국 풀어서 정리하면

$$\begin{aligned} S_3(z) =& (0.939 - 0.307 \cos z + 0.191 \cos 2z - 0.168 \cos 3z - 0.487 \sin z \\ & + 0.243 \sin 2z)2.0 \end{aligned}$$

이 된다.

$2m$개의 자료 $\{(x_j, y_j)\}_{j=0}^{2m-1}$을 $\hat{\mathcal{F}}_m$의 함수로 최소제곱 근사해를 구하는 것은 주어진 자료에 대한 삼각 다항식을 구하는 것에 지나지 않는다. 앞 절

에서 다루었던 형태가 삼각 다항식으로 가장 유용하게 응용되는데, 단 약간 수정을 한

$$S_m(x) = \frac{a_0 + a_m \cos mx}{2} + \sum_{j=1}^{m-1} [a_j \cos jx + a_{m+j} \sin jx]$$

와 같은 형태이다. 여기서 $j = 0, 1, 2, \cdots, m$일 때

$$a_j = \frac{1}{m} \sum_{k=0}^{2m-1} y_k \cos jx_k$$

이고, $j = 1, 2, \cdots, m-1$일 때

$$b_j = \frac{1}{m} \sum_{k=0}^{2m-1} y_k \sin jx_k$$

이다.

등간격으로 주어진 많은 양의 자료를 삼각 다항식으로 보간하면 아주 정확한 결과를 얻을 수 있다. 이 기법은 양자역학, 광학(optics), 시뮬레이션 등 각양 각색의 문제에 적합한 근사법이다. 그러나 최근까지도 계수를 결정하는데 필요한 계산의 양 때문에 그다지 응용되지 않았었다. $2m$개의 자료를 보간하는 다항식을 직접 계산 하는데 $(2m)^2$번의 곱셈과 $(2m)^2$번의 덧셈이 필요하다. 삼각 다항식으로 수천개의 자료를 근사하는 문제는 아주 흔한 일이다. 따라서 직접 계산을 하게 되면 곱셈, 덧셈을 수백만번 해야 한다는 결론이 나온다. 이와 같이 많은 계산을 수행할 때, 반올림 오차가 근사치보다 우세하게 되고 의미없는 결과만을 얻게 된다.

상수계산법[1]은 m을 적당히 택하면 $2m$개의 자료를 보간하는 삼각 다항식을 보간하는데 있어서 상수를 계산하는데 필요한 곱셈을 $2m\ln(2m)$, 덧셈을 $2m\ln(2m)$으로 줄일 수 있다는 것이다. 1,000개의 자료에 대하여 이 방법을 적용시키면 총계산 횟수가 7,000보다 작다. 같은 문제를 직접 계산법으로 계산하면 100만번 이상 해야 한다.

[1]1965년 Cooley와 Tukey가 발표

이와 같은 계산법을 **Fast Fourier Transform(FFT) 알고리즘** 이라 한다. 이 알고리즘은 보간 삼각 다항식을 과학의 여러 분야에 혁신적으로 사용하게 된 계기가 되었다. 이 방법은 문제를 잘 구성하여 사용될 자료의 수가 쉽게 인수분해되도록 한다. 특히 2의 멱(power)이 되도록 한다. 예를 들어, 풀어야 할 문제가 정돈되어 등간격으로 놓인 자료의 수가 128, 256, 512, 1024 등과 같이 되도록 한 뒤에 이에 적합한 보간 삼각 다항식을 구한다. 이때 하나의 상수를 구하기 위해 필요했던 계산 중의 일부가 다른 상수들을 계산하는데 더 효과적으로 쓰이도록 조정할 수 있게 되어 전체적으로 계산 횟수를 크게 줄이게 된다.

FFT 알고리즘은 계수 c_k를 공식

$$F(x) = \sum_{k=0}^{N-1} c_k e^{jkx}$$

로 계산한다. 여기서 $k = 0, 1, 2, \cdots, N-1$에 대하여

$$c_k = \sum_{k=0}^{N-1} y_j \exp(\frac{2\pi ijk}{N}), \text{ (단, } i = \sqrt{-1})$$

이다. 차수가 $m(= \frac{N}{2})$ 인 이산 최소제곱 근사해는

$$S_m(x) = \frac{a_0 + a_m \cos mx}{2} + \sum_{k=1}^{m-1} [a_k \cos kx + b_k \sin kx]$$

이다. 여기서

$$a_k = \frac{2}{N} \sum_{j=0}^{N-1} y_j \cos k(-\pi + \frac{2j\pi}{N}), \ (k = 0, 1, 2, \cdots, m),$$

$$b_k = \frac{2}{N} \sum_{j=0}^{N-1} y_j \sin k(-\pi + \frac{2j\pi}{N}), \ (k = 1, 2, \cdots, m-1)$$

이고, Euler 공식 $e^{ikx} = \cos kx + i \sin kx$에 의해

$$\begin{aligned} a_k + ib_k =& \frac{2}{N} \sum_{j=0}^{N-1} y_j [\cos k(-\pi + \frac{2j\pi}{N}) + i \sin k(-\pi + \frac{2j\pi}{N})] \\ =& \frac{2}{N} \sum_{j=0}^{N-1} y_j \exp(-\pi + \frac{2j\pi}{N}) = \frac{2e^{ik\pi}}{N} \sum_{j=0}^{N-1} y_j e^{2\pi ijk/N} \end{aligned}$$

이다. 따라서 복소수 $c_0, c_1, \cdots, c_{N-1}$이 계산된다면

$$a_k = \mathrm{Re}(c_k e^{-k\pi i}), \ (k = 0, 1, 2, \cdots, m)$$

$$b_k = \mathrm{Im}(c_k e^{-k\pi i}), \ (k = 1, 2, \cdots, m-1)$$

를 얻는다. 여기서

$$c_k = \mathrm{Re}(c_k) + i\mathrm{Im}(c_k)$$

이다. 더욱 상세한 내용은 R. L. Burden and J. D. Faries(1993) 등을 참조한다.

제 6 절 연습문제

1. 다음 자료에 대하여

x_i	1	2	3	4	5	6	7	8	9	10
y_i	2.3	3.4	4.2	5.6	7.4	8.5	9.8	11.4	13.2	14.5

(1.1) 최적의 근사직선을 구하여라.

(답 : $y = 1.3824x + 0.4267, \ \sum_{i=1}^{10}[y_i - (1.3824x + 0.4267)]^2 = 0.8755.$)

(1.2) 최적의 2차, 3차 근사함수를 구하여라.

(답 : $P_2(x) = 0.0326x^2 + 1.024x + 0.033, \ \sum_{i=1}^{10}[y_i - P_2(x_i)]^2 = 0.3152,$)

(답 : $P_3(x) = -0.0039x^3 + 0.0097x^2 + 0.726x + 1.48, \ \sum_{i=1}^{10}[y_i - P_3(x_i)]^2 = 0.2697.$)

2. 구간 $[0, 2]$에서 정의된 함수 $f(x) = x^3 - 2x + x$에 대하여 최소제곱법으로 1차 근사 다항식을 구하여라.

(답 : $P_1(x) = 1.6x + 1.4.$)

3. 구간 $[0,1]$에서 정의된 함수 $f(x) = xe^x$에 대하여 최소제곱법으로 1차 근사 다항식을 구하여라.

$$(\text{답} : P_1(x) = 2.6194x - 0.3097.)$$

4. 구간 $[-1,1]$에서 정의된 함수 $f(x) = \cos \pi x$에 대하여 최소제곱법으로 2차 근사 다항식을 구하여라.

$$(\text{답} : P_2(x) = -2.2797x^2 + 0.7599.)$$

5. 다항식 $\hat{T}_3$의 근을 사용하여 구간 $[-1,1]$에서 정의된 함수 $f(x) = e^x$에 대하여 2차 보간 다항식을 구하여라.

6. 함수 $f(x) = xe^x$에 대한 6차 Taylor 다항식을 구하고, Chebyshev 다항식을 사용하여 차수가 더 낮은 근사 다항식을 구하여라. 이 때 근사오차는 구간 $[-1,1]$에서 0.01보다 작도록 한다.

7. $f(x) = \sin x$에 대하여 $n = 3,\ m = 3$인 Pade 근사함수를 구하여라.

8. $f(x) = e^x$에 대하여 $n = 4,\ m = 6$인 Pade 근사함수를 구하여라.

제 7 장

고유값 문제

많은 물리적 현상이나 위사결정 등 응용문제를 다룰 때 선형 연립방정식에 대한 행렬의 고유값(eigenvalues)과 대응하는 고유벡터(eigenvector)를 사용하여 문제를 해결할 필요가 있다. 또한 고유값과 고유벡터는 많은 응용 문제들을 다룰 때 자주 발생한다.

제 1 절　기본 원리

이론적으로 행렬 A의 고유값은 다음에서 정의되는 특성 다항식 에서 n개의 근을 구하여 선형 연립방정식 $Ax = B$에 그 값을 대입하여 대응하는 고유벡터를 구하는 것이다. $Ax = \lambda x$,즉,

$$(A - \lambda I)x = 0$$

에서 $x = 0$는 자명한 해이다. 자명한 해가 아닌 즉, $x \neq 0$을 갖는 λ로 정의된다. 따라서 **특성 다항식**(characteristic polynomial)

$$f(\lambda) = \det(A - \lambda I) = 0 \tag{7.1}$$

이어야 하고, $f(\lambda)=0$의 해가 행렬 A의 고유값이다. A의 모든 고유값의 집합을 **Spectral**(스펙트럼) 이라 한다. (3장 참조). 특성 다항식의 계수를 비교하여 보면 행렬 A의 대각 원소의 합은 고유값의 합과 같다.

n차 방정식 $f(\lambda)=0$을 풀어 고유값 $\lambda_1, \lambda_2, \cdots, \lambda_n$을 구하고

$$(A-\lambda_i I)x = 0$$

으로부터 Gauss 소거법 등을 사용하여 고유값에 대응하는 고유벡터 $x_1, x_2, \cdots, x_n$ 을 구한다. 예를 들어, 2차 행렬 A의 고유값 λ_1, λ_2에 대응하는 고유벡터가

$$x_1 = \begin{pmatrix} x_{11} \\ x_{21} \end{pmatrix}, \; x_2 = \begin{pmatrix} x_{12} \\ x_{22} \end{pmatrix}$$

라 하면 x_1과 x_2를 나열한 행렬

$$P = \begin{pmatrix} x_{11} & x_{12} \\ x_{21} & x_{22} \end{pmatrix}$$

는 행렬식이 0이 아니며 역행렬을 갖고,

$$P^{-1}AP = \begin{pmatrix} \lambda_1 & 0 \\ 0 & \lambda_2 \end{pmatrix}$$

가 된다. 우변은 대각선에 A의 고유값이 나열되고, 나머지 성분은 0인 대각행렬이다.

n차 정사각 행렬의 특성 다항식은

$$f(\lambda) = (-1)^n(\lambda-\lambda_1)(\lambda-\lambda_2)\cdots(\lambda-\lambda_n)$$

과 같이 쓸 수 있다. n개의 고유값의 합은 A의 **trace** 라 하는 주대각선의 합과 같다. 즉,

$$\text{trace}A = \sum_{j=1}^{n} a_{jj} = \sum_{k=1}^{n} \lambda_k$$

이고, 또한

$$\det A = \lambda_1\lambda_2\cdots\lambda_n$$

이 성립한다.

일반적으로 행렬 P에 대하여

$$P^{-1}AP = B,\ A = P^{-1}BP \tag{7.2}$$

가 성립하면 n차 행렬 B와 A는 **유사**(similar) 행렬이라 한다. 행렬의 유사성은 다음 정리와 같은 이유로 중요하다.

정리 1.1 **행렬의 유사성(similar matrix)**

유사 행렬은 동일한 고유값을 갖는다. x가 A의 고유벡터라 하면 $y = P^{-1}x$는 (7.2)에 있어서 동일한 고유값에 대응하는 B의 고유벡터이다.

다음은 고유값에 대한 수치적 작업에 있어서 다양한 응용성을 갖는 정리이다.

정리 1.2 **스펙트럼 이동(Spectral shift)**

A가 고유값 $\lambda_1, \lambda_2, \cdots, \lambda_n$을 갖는다면 $A - kI$는 고유값 $\lambda_1 - k, \lambda_2 - k, \cdots, \lambda_n - k$를 갖는다.

이 정리는 다음 스펙트럼(고유값들의 집합) 사상 정리의 특별한 경우이다.

정리 1.3 **스펙트럼 사상 정리(Spectral mapping theorem)**

λ가 정사각 행렬 A의 고유값이라면

$$q(\lambda) = \alpha_s\lambda^s + \alpha_{s-1}\lambda^{s-1} + \cdots + \alpha_1\lambda + \alpha_0$$

은 다항식 행렬 (Polynomial matrix)

$$q(A) = \alpha_sA^s + \alpha_{s-1}A^{s-1} + \cdots + \alpha_1A + \alpha_0I$$

의 고유값이다.

증명 $Ax = \lambda x$이면 $A^2x = A\lambda x = \lambda Ax$, $A^3x = \lambda^3 x$등이 성립하므로

$$\begin{aligned} q(A)x =&(\alpha_s A^s + \alpha_{s-1}A^{s-1} + \cdots + \alpha_1 A + \alpha_0)x \\ =&\alpha_s\lambda^s x + \alpha_{s-1}\lambda^{s-1}x + \cdots + \alpha_1\lambda x + \alpha_0 x \\ =&q(\lambda)x \end{aligned}$$

이다.

정사각 행렬 $A = (a_{jk})$에서 각 원소에 공액복소수를 대치하여 얻어진 새로운 행렬을

$$\bar{A} = (\bar{a}_{jk})$$

와 같이 정의한다. 또한 공액복소수 전치행렬은

$${}^t\bar{A} = (\bar{a}_{kj})$$

로 정의한다. 예를 들어,

$$A = \begin{pmatrix} 3+4i & -5i \\ -7 & 6-2i \end{pmatrix}$$

이면

$${}^t\bar{A} = \begin{pmatrix} 3-4i & -7 \\ -5i & 6+2i \end{pmatrix}$$

이다. 만약 ${}^tA = -A$이면 A는 교대(skew-symmetric)행렬이다.

정의 1.1 **Hermite, 교대 Hermite, Unitary 행렬의 정의**

(1) ${}^t\bar{A} = A$, 즉, $\bar{a}_{kj} = a_{jk}$이면 **Hermite** 행렬이다.

(2) ${}^t\bar{A} = -A$, 즉, $\bar{a}_{kj} = -a_{kj}$이면 **교대 Hermite** 행렬이다.

(3) ${}^t\bar{A} = A^{-1}$이면 **Unitary**행렬이다.

이 정의로부터 만약 A가 Hermite 행렬이면, 주대각선 상의 원소는 $\bar{a}_{jj} = a_{jj}$이므로 실수이다. 마찬가지로 A가 교대 Hermite 행렬이면, $\bar{a}_{jj} = -a_{jj}$이

고 $a_{jj} = \alpha + i\beta$ 로 두면 $\alpha - i\beta = -(\alpha + i\beta)$이므로 $\alpha = 0$이고, 따라서 a_{jj}는 순허수이거나 0이 된다.

예제 1.1 2차 정사각 행렬

$$A = \begin{pmatrix} 4 & 1-3i \\ 1+3i & 7 \end{pmatrix},\ B = \begin{pmatrix} 3i & 2+i \\ -2+i & -i \end{pmatrix},\ C = \begin{pmatrix} (1/2)i & (1/2)\sqrt{3} \\ (1/2)\sqrt{3} & (1/2)i \end{pmatrix}$$

는 각각 Hermite, 교대 Hermite, Unitary 행렬이다.

만약 Hermite 행렬의 원소가 실수이면

$$^t\bar{A} = {}^tA = A$$

이므로 Hermite 행렬은 대칭행렬이고, 교대 Hermite 행렬의 원소가 실수이면

$$^t\bar{A} = {}^tA = -A$$

이므로 실수 교대행렬은 교대행렬이다. 또한 Unitary 행렬의 원소가 실수이면

$$^t\bar{A} = {}^tA = A^{-1}$$

이므로 실수 Unitary 행렬은 직교행렬이다. 즉, Hermite, 교대 Hermite, Unitary 행렬은 대칭, 교대 직교행렬을 일반화한 것임을 의미한다.

다음 정리에 의해 중요하게 쓰이는 특수 행렬들의 특성을 밝힐 수 있다.

정리 1.4 **특수 행렬의 고유값**

(1) 실대칭행렬 ($^tA = A$)인 **Hermite**행렬의 고유값은 실수이다.

(2) 교대행렬인 **교대 Hermite**행렬($^tA = -A$)의 고유값은 순허수 혹은 0이다.

(3) 직교행렬인 **Unitary** 행렬($^tA = A^{-1}$)의 고유값은 절대값은 1이다.

행렬의 고유값 문제에 대한 수치해법의 선택은 기본적으로 행렬의 종류와 주어진 정보의 종류에 의존한다. 즉, 모든 고유값을 구한다거나, 최대 고

유값과 같은 특별한 고유값을 구한다는 정보에 의존한다. 일반적으로 4차 이상의 행렬의 고유값을 구한다는 것은 쉽지 않고, 수치적으로 해결하는 것 이외에는 거의 방법이 없다. 또한 그러한 방법들을 체계적으로 모두 다룰 수 없으므로 기본적으로 자주 이용되는 몇 가지 방법만을 간단히 소개한다.

제 2 절 행렬의 고유값 계산

다음의 Gerschgorin 정리는 복소평면에서 폐원판(closed circular disk)을 구성하고 주어진 행렬의 모든 고유값을 포함하고 있는 영역을 나타낸다. 즉, 각 $j = 1, 2, \cdots, n$에 대하여 정리의 부등식 (7.3)은 복소 λ- 평면에서 중심이 a_{ij}이고 반경이 (7.3)의 우변에 의해 주어지는 폐원판을 결정한다. 또한 다음 정리는 A의 각 고유값이 이러한 n개의 원판의 하나에 들어 있다는 것을 설명한다.

정리 2.1 **Gerschgorin 정리**

n차 정사각 행렬 $A = (a_{jk})$의 고유값을 λ라 하면 임의의 정수 $j = 1, 2, \cdots, n$에 대하여

$$|a_{jj} - \lambda| \le |a_{j1}| + |a_{j2}| + \cdots + |a_{j,j-1}| + |a_{j,j+1}| + \cdots + |a_{jn}| \qquad (7.3)$$

이 성립한다.

증명 행렬 A의 고유값 λ에 대응하는 고유벡터를 x라 하면 $Ax = \lambda x$, 즉,

$$(A - \lambda I)x = 0$$

이다. 또한 벡터 x의 절대값 중에 최대인 것을 x_j라 하면, $m = 1, 2, \cdots, n$에 대하여

$$|\frac{x_m}{x_j}| \le 1$$

이다. 그런데 방정식 $Ax = \lambda x$ 는 양변에 있는 벡터의 n개의 성분을 고려하여 얻어진 연립방정식과 같고, 그 n개의 방정식 중에서 j번째는

$$a_{j1}x_1 + \cdots + a_{j,j-1}x_{j-1} + (a_{jj} - \lambda)x_j + a_{j,j+1}x_{j+1} + \cdots + a_{jn}x_n = 0$$

이다. 따라서

$$a_{jj} - \lambda = -a_{j1}\frac{x_1}{x_j} - \cdots - a_{j,j-1}\frac{x_{j-1}}{x_j} - \cdots - a_{jn}\frac{x_n}{x_j}$$

을 얻는다. 이 방정식의 양변에 절대값을 취하고, 삼각 부등식

$$|a+b| \le |a| + |b|, \quad (a,\ b : \text{임의의 복소수})$$

를 적용하면

$$|\frac{x_1}{x_j}| \le 1, \cdots, |\frac{x_n}{x_j}| \le 1$$

이므로 (7.3)이 성립한다.

예제 2.1 Gerschgorin 정리에 의해 행렬

$$A = \begin{pmatrix} 0 & 1/2 & 1/2 \\ 1/2 & 5 & 1 \\ 1/2 & 1 & 1 \end{pmatrix}$$

의 고유값은 세 개의 Gerschgorin 원판

$$\text{원판}D_1 : \text{중심은 } 0,\ \text{반경은 } 1,$$

$$\text{원판}D_2 : \text{중심은 } 5,\ \text{반경은 } 1.5,$$

$$\text{원판}D_3 : \text{중심은 } 1,\ \text{반경은 } 1.5$$

안에 있다.

A가 대칭행렬이므로 이 사실과 정리 7.5에 의해 A의 스펙트럼은 실수축 구간 $[-1, 2.5]$와 $[3.5, 6.5]$에 들어가야 한다. 이것은 고유값이 $\lambda_1 = -0.209$, $\lambda_2 = 5.305$, $\lambda_3 = 0.904$임을 보이면 된다.

여기서 Gerschgorin 원판은 두 고유값을 포함하는 $D_1 \cup D_2$와 하나의 고유값을 포함하는 D_2라는 두 개의 서로 소인 집합을 구성한다.

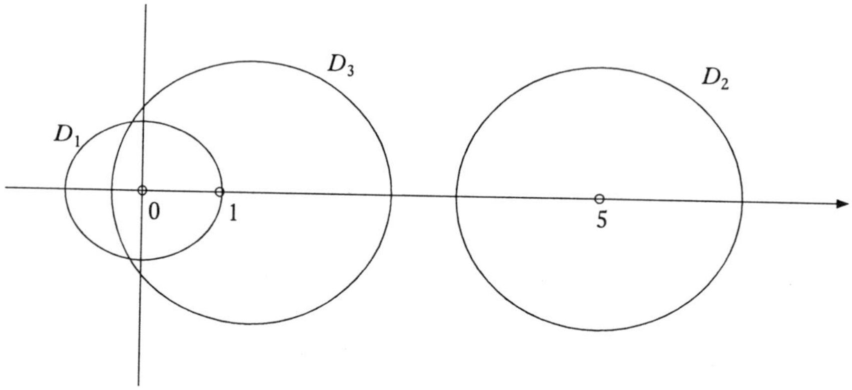

A의 고유값은 30, 25, 20이다.

고유값의 절대값의 상계는 다음의 Schur 정리로부터 구할 수 있다.

정리 2.2 **Schur 정리**

n차 정사각 행렬 $A = (a_{jk})$의 고유값을 $\lambda_1, \lambda_2, \cdots, \lambda_n$이라 하면 **Schur 부등식**

$$\sum_{i=1}^{n} |\lambda_i|^2 \leq \sum_{j=1}^{n} \sum_{k=1}^{n} |a_{jk}|^2 \tag{7.4}$$

이 성립한다. (7.4)에서 등호가 성립하기 위한 필요충분조건은 A가

$${}^t\bar{A}A = A^t\bar{A} \tag{7.5}$$

를 만족하는 경우이다.

(7.5)를 만족하는 행렬을 정규행렬(normal matrix)이라 한다. Hermite 행렬, skew-Hermite 행렬, Unitary 행렬 등이 정규행렬임을 알 수 있다.

λ_m을 7장 정리 2.2의 행렬 A의 임의의 고유값이라면 $|\lambda_m|^2$은 (7.4)의 좌

변의 합과 같거나 작다. 제곱근을 취하면

$$|\lambda_m| \le \sqrt{\sum_{j=1}^{n}\sum_{k=1}^{n}|a_{jk}|^2} \tag{7.6}$$

을 얻는다. (7.6)의 우변이 A의 Frobenius 정규이다.

예제 2.2 행렬

$$A = \begin{pmatrix} 26 & -2 & 2 \\ 2 & 21 & 4 \\ 4 & 2 & 28 \end{pmatrix}$$

에 대하여 Schur 부등식에 의해

$$|\lambda| \le \sqrt{1949} < 44.2$$

를 얻는다. A의 고유값은 30, 25, 20이므로 $30^2 + 25^2 + 20^2 = 1925 < 1949$이다. 사실 A는 정규행렬이 아니다.

위의 Schur 정리는 실수 또는 복소수 행렬에 대하여 성립한다. 그러나 다음의 Perron-Frobenius 정리는 특수한 행렬에 대해서만 성립한다.

정리 2.3 **Perron-Frobenius 정리**

성분이 양의 실수인 n차 정사각 행렬 $A = (a_{jk})$는 적어도 하나의 양인 실수 고유값을 가지며 대응하는 고유벡터는 모든 성분이 양인 실수 벡터이다.

이 정리로부터 다음과 같이 유용한 Collatz의 결과를 얻는다.

정리 2.4 **Collatz 정리**

$A = (a_{jk})$를 성분이 모두 양인 실수인 n차 행렬이라 하고, x를 성분 $x_1, x_2, \cdots, x_n$이 모두 양의 실수인 임의의 벡터이고 $y_1, y_2, \cdots, y_n$은 $y =$

Ax의 성분이라 하면 n개의 몫 $q_j = \dfrac{y_j}{x_j}$중에 최소값과 최대값으로 정의되는 실축상의 폐구간은 적어도 하나의 A의 고유값을 포함한다.

증명 가정으로부터 $Ax = y$ 혹은 $y - Ax = 0$이라 하자. 전치행렬 ${}^tA$는 Perron-Frobenius 정리의 조건을 만족하므로 양의 고유값 λ를 가지며, 대응하는 고유벡터 u는 성분이 모두 양이다. 따라서 ${}^tAu = \lambda u$이고, 전치행렬은 ${}^tuA = \lambda{}^tu$이다. 이 식과 $y - Ax = 0$에 의해

$${}^tu(y - Ax) = {}^tuy = {}^tu(y - \lambda x) = 0$$

을 얻으며 이것을 풀어 쓰면

$$\sum_{j=1}^{n} u_j(y_j - \lambda x_j) = 0$$

이 된다. 모든 성분이 양이므로 적어도 하나의 j에 대하여

$$y_j - \lambda x_j \geq 0 \quad 즉,\ q_j \geq \lambda$$

$$y_j - \lambda x_j \leq 0 \quad 즉,\ q_j \leq \lambda$$

이고 A와 그 전치행렬 ${}^tA$의 고유값은 같으므로 λ는 A의 고유값이고 정리는 증명되었다.

예제 2.3 3차 행렬 $A = \begin{pmatrix} 8 & 1 & 1 \\ 1 & 5 & 2 \\ 1 & 2 & 5 \end{pmatrix}$, $x = \begin{pmatrix} 1 \\ 1 \\ 1 \end{pmatrix}$이라 하면 $y = \begin{pmatrix} 10 \\ 8 \\ 8 \end{pmatrix}$이 된다. 따라서 $q_1 = 10, q_2 = 8, q_3 = 8$이고, Collatz 정리는 A의 고유값 중에 하나가 구간 $8 \leq \lambda \leq 10$안에 있어야 한다. 물론 이러한 구간의 길이는 x의 선택에 의존한다. 예를 들어, $\lambda = 9$가 A의 고유값이다.

```
>with (linalg):
```

```
>A:=matrix(3, 3, [8,1,1, 1,5,2, 1,2,5]):
>x:=vector([1,1,1]):
>n=3:
>for m from 1 to 3 do
     y:=multiply(A, x);
for j from 1 to n do
     q[j]:=evalf(y[j]/x[j]);
     od;
     q:=sort(convert(q, list));
     print([q[1], q[n]]);
     x:=copy(y):
od;
```

$$y := [10, 8, 8]$$

$$q := [8.0, 8.0, 10.0]$$

$$[8.0, 10.0]$$

$$x := [10, 8, 8]$$

$$y := [96, 66, 66]$$

$$q := [8.250000000, 8.250000000, 9.600000000]$$

$$[8.250000000, 9.600000000]$$

$$x := [96, 66, 66]$$

제 3 절 반복법에 의한 고유값 계산: 멱방법

차수가 큰 행렬의 특성 다항식의 근을 구하기가 매우 어렵다. 이런 경우 수치적 방법을 이용한다. **멱방법**(power method)은 주어진 행렬의 고유값과 대응하는 고유벡터의 근사값을 반복법으로 구하는 방법이다. 이 방법은 일반적인 방법이 아니지만 프로그래밍이 쉽고 많은 행렬의 고유값을 구하는데 적당하다.

n차 정사각 행렬 $A = (a_{jk})$의 고유값을 계산하기 위해 n개의 성분을 갖는 임의의 벡터 $x_0(\neq 0)$으로부터 시작하여 순차적으로

$$x_1 = Ax_0,\ x_2 = Ax_1,\ \cdots,\ x_s = Ax_{s-1}$$

을 계산한다. 기호를 간단히 하기 위해 x_{s-1}을 x_s로 표시하면

$$y = Ax$$

를 얻는다. 만약 A가 실대칭행렬이면 다음 정리로부터 근사치와 그 오차의 한계를 얻는다.

정리 3.1 **Rayleigh 몫(quotient)**

A를 n차 실대칭행렬이라 한다. x를 0이 아닌 n개의 성분을 갖는 실벡터라 하고,

$$y = Ax,\ m_0 = {}^t xx,\ m_1 = {}^t xy,\ m_2 = {}^t yy$$

라 하면, Rayleigh 몫

$$q = \frac{m_1}{m_0}$$

은 A의 고유값의 근사치이며, 만약 $q = \lambda + \epsilon$이라 할 때, ϵ이 q의 오차라 하면

$$|\epsilon| \leq \sqrt{\frac{m_2}{m_0} - q^2} \qquad (7.7)$$

이 성립한다.

증명 부등식 (7.7)이 제곱근 안의 식을 δ^2으로 두면 $m_1 = qm_0$이므로

$$^t(y-qx)(y-qx) = m_2 - 2qm_1 + q^2 m_0 = m_2 - q^2 m_0 = \delta^2 m_0 \tag{7.8}$$

을 얻는다. 그런데 A가 실대칭행렬이므로 그 고유값 $\lambda_1, \lambda_2, \cdots, \lambda_n$에 대응하는 n개의 직교단위 고유벡터 $z_1, z_2, \cdots, z_n$이 존재한다(증명 생략). 따라서 x는 1차결합

$$x = c_1 z_1 + c_2 z_2 + \cdots + c_n z_n$$

과 같이 표시할 수 있다. 여기서 $Az_1 = \lambda_1 z_1, \cdots, Az_n = \lambda_n z_n$과 같이 두면

$$y = Ax = c_1\lambda_1 z_1 + c_2\lambda_2 z_2 + \cdots + c_n\lambda_n z_n$$

을 얻고, z_j가 직교단위 벡터이므로

$$m_0 = {}^t xx = c_1^2 + c_2^2 + \cdots + c_n^2 \tag{7.9}$$

이다. (7.8)에 의해

$$y - qx = c_1(\lambda_1 - q)z_1 + c_2(\lambda_2 - q)z_2 + \cdots + c_n(\lambda_n - q)z_n$$

이 성립한다. 따라서

$$\delta^2 m_0 = c_1^2(\lambda_1 - q)^2 + c_2^2(\lambda_2 - q)^2 + \cdots + c_n^2(\lambda_n - q)^2$$

을 얻는다. 여기서 각 $(\lambda_j - q)^2$에 대하여 최소인 항을 바꾸고 (7.9)를 사용하면

$$\delta^2 m_0 \geq (\lambda_c - q)^2(c_1^2 + c_2^2 + \cdots + c_n^2) = (\lambda_c - q)^2 m_0$$

을 얻는다. 여기서 λ_c는 q에 가장 가까운 고유값이다. 따라서 부등식 (7.7)이 성립한다.

예제 3.1 실대칭행렬

$$A = \begin{pmatrix} 8 & 1 & 1 \\ 1 & 5 & 2 \\ 1 & 2 & 5 \end{pmatrix}, \quad x_0 = \begin{pmatrix} 1 \\ 1 \\ 1 \end{pmatrix}$$

에 대하여

$$x_1 = \begin{pmatrix} 10 \\ 8 \\ 8 \end{pmatrix}, \ x_2 = \begin{pmatrix} 96 \\ 66 \\ 66 \end{pmatrix}, \ x_3 = \begin{pmatrix} 900 \\ 558 \\ 558 \end{pmatrix}, \ x_4 = \begin{pmatrix} 8316 \\ 4806 \\ 4806 \end{pmatrix}$$

을 얻는다. 여기서 $x = x_3, y = x_4$라 하면

$$m_0 = {}^t xx = 1,432,728, \ m_1 = {}^t xy = 12,847,896, \ m_2 = {}^t yy = 115,351,128$$

이다. 따라서

$$q = \frac{m_1}{m_0} = 8.967, \ |\epsilon| \le \sqrt{\frac{m_2}{m_0} - q^2} = 0.311$$

이다. 즉, $q = 8.967$은 8.656과 9.278 사이에 있는 고유값의 근사값이다.

예제 3.2 실대칭행렬

$$A = \begin{pmatrix} 3 & 2 & 0 & 1 \\ 2 & 0 & 5 & -1 \\ 0 & 5 & 2 & 1 \\ 1 & -1 & 1 & 4 \end{pmatrix}, \ x_0 = \begin{pmatrix} 1 \\ 1 \\ 1 \\ 1 \end{pmatrix}$$

에 대하여 멱방법으로 고유값의 근사값을 계산하여라(3단계).

```
> with (linalg):
> A:=matrix(4,4, [3,2,0,1, 2,0,5,-1, 0,5,2,1, 1,-1,1,4]);
> x:=vector([1,1,1,1]):
> for j from 1 to 3 do
    y:=multiply(A, x);
    m0:=innerprod(x,x);
    q:=evalf(innerprod(x,y)/m0);
    eps:=evalf( sqrt( innerprod(y,y)/m0-q^2));
    x:=copy(y);
```

od;

$$y := [6, 6, 8, 5]$$

$$m0 := 4$$

$$q := 6.250000000$$

$$eps := 1.089724736$$

$$x := [6, 6, 8, 5]$$

$$y := [35, 47, 51, 28]$$

$$m0 := 161$$

$$q := 6.459627329$$

$$eps := 0.7919924495$$

$$x := [35, 47, 51, 28]$$

$$y := [227, 297, 365, 151]$$

$$m0 := 6819$$

$$q := 6.562105881$$

$$eps := 0.5588216084$$

$$x := [227, 297, 365, 151]$$

즉, 몫은 $q = 6.25, 6.46, 6.56$이고, 오차한계는 $|\epsilon| \leq 1.0897, 0.7919, 0.5588$이다. 명령문 x:=copy(y); 은 벡터 y를 다음 단계에서 벡터 x로 사용하기 위한 것이다.

제 4 절 Householder의 삼중대각화와 QR 인수분해

이 절에서는 실대칭행렬 $A=(a_{ij})$의 모든 고유값을 계산하는 문제로서 실제로 널리 사용되는 **Householder 방법**과 **QR 인수분해**를 간단하게 설명한다.

주어진 행렬을 주대각선의 성분이 모두 0이 아닌 삼중대각행렬(tridiagonal matrix)로 축소시켜 다음 단계로 삼중대각행렬이 QR 형태에서 인수분해되면 근사적으로 고유값들이 결정되는 방법인 Householder 방법은 주어진 n차 실대칭행렬 $A=(a_{ij})$를 $(n-2)$번 유사(similar)변화하여 삼중대각행렬로 축소시킨다.

행렬 $P_1, P_2, \cdots, P_{n-2}$를 직교이고 대칭이라 하면 $P_r^{-1}={}^tP_r=P_r(r=1,2,\cdots,n-2)$이다. 주어진 $A_0=A=(a_{ij})$로부터 얻어진 $(n-2)$번 유사변환에서 $A_1=(a_{ij}^{(1)})$, $A_2=(a_{ij}^{(2)})$등은

$$A_1=P_1A_0P_1,\ A_2=P_2A_1P_2,\cdots,B=A_{n-2}=P_{n-2}A_{n-3}P_{n-2} \tag{7.10}$$

과 같다. 여기서 B는 삼중대각행렬이다. 즉, 첫 번째 단계에서 제 1행과 제 1열에서, 두 번째 단계에서는 제 2행과 제 2열에서, $\cdots$와 같이 변환하여 필요한 0을 만든다.

모든 P_r은 $r=1,2,\cdots,n-2$에 대하여

$$P_r=E-2v_r{}^tv_r \tag{7.11}$$

과 같은 형태이다. 여기서 $v_r=(v_{jr})$은

$$v_1=\begin{pmatrix}0\\ \star\\ \star\\ \vdots\\ \star\end{pmatrix},\ v_2=\begin{pmatrix}0\\ 0\\ \star\\ \vdots\\ \star\end{pmatrix},\ v_{n-2}=\begin{pmatrix}0\\ 0\\ \vdots\\ \star\\ \star\end{pmatrix}$$

와 같이 제 r행의 성분이 0인 단위벡터이다. $\star$는 임의의 다른 성분이다. 따라서 v_r이 결정되면 $P_1, P_2, \cdots$를 결정할 수 있다.

단계 1: v_1은 다음과 같은 성분을 갖는다.

$$\begin{aligned} v_{11} &= 0, \\ v_{21} &= \sqrt{\frac{1}{2}(1+\frac{|a_{21}|}{S_1})}, \\ v_{j1} &= \frac{a_{j1}\text{sgn}(a_{21})}{2v_{21}S_1}, \ (j=3,4,\cdots,n). \end{aligned}$$

여기서 $S_1 = \sqrt{a_{21}^2 + a_{31}^2 + \cdots + a_{n1}^2} > 1$이고, $a_{21} \geq 0$이면 $\text{sgn}(a_{21}) = \pm 1$이고, $a_{21} < 0$이면 $\text{sgn}(a_{21}) = -1$이다. 이것으로 (7.11)에 의해 P_1을 계산하고, (7.10)에 의해 A_1을 계산한다.

단계 2: 단계 1의 아래 첨자를 1씩 증가시키면서 v_2를 계산하고 a_{jk}를 $a_{jk}^{(1)}$로 바꾸면 A_1을 계산할 수 있다. 즉,

$$\begin{aligned} v_{12} &= v_{22} = 0, \\ v_{32} &= \sqrt{\frac{1}{2}(1+\frac{|a_{32}^{(1)}|}{S_2})}, \\ v_{j2} &= \frac{a_{j2}^{(1)}\text{sgn}(a_{32}^{(1)})}{2v_{32}S_2}, \ (j=4,5,\cdots,n). \end{aligned}$$

여기서 $S_2 = \sqrt{{a_{32}^{(1)}}^2 + {a_{42}^{(1)}}^2 + \cdots + {a_{n2}^{(1)}}^2}$이다. 이것으로 (7.11)에 의해 P_2을 계산하고, (7.10)에 의해 A_2을 계산한다.

단계 3: 단계 2의 아래 첨자를 1씩 증가시키면서 v_3을 계산할 수 있고 a_{jk}를 $a_{jk}^{(2)}$로 바꾸면 A_2을 계산할 수 있다.

예제 4.1 4차 실대칭행렬

$$A = A_0 = \begin{pmatrix} 6 & 4 & 1 & 1 \\ 4 & 6 & 1 & 1 \\ 1 & 1 & 5 & 2 \\ 1 & 1 & 2 & 5 \end{pmatrix}$$

를 삼중대각행렬로 만들어라.

풀이 단계 1로부터 $S_1^2 = 4^2 + 1^2 + 1^2 = 18$을 계산한다. $a_{21} = 4 > 0$ 이므로 $\mathrm{sgn}(a_{21}) = +1$이고

$$v_1 = \begin{pmatrix} 0 \\ v_{21} \\ v_{31} \\ v_{41} \end{pmatrix} = \begin{pmatrix} 0 \\ 0.97 \\ 0.120 \\ 0.120 \end{pmatrix}$$

이다. 따라서

$$P_1 = \begin{pmatrix} 1 & 0 & 0 & 0 \\ 0 & -0.943 & -0.236 & -0.236 \\ 0 & -0.236 & -0.971 & -0.029 \\ 0 & -0.236 & -0.029 & 0.971 \end{pmatrix}$$

과

$$A_1 = P_1 A_0 P_1 = \begin{pmatrix} 6 & -\sqrt{18} & 0 & 0 \\ -\sqrt{18} & 7 & -1 & -1 \\ 0 & -1 & 9/2 & 3/2 \\ 0 & -1 & 3/2 & 9/2 \end{pmatrix}$$

를 얻는다. 다음 단계로 $S_2^2 = 2$와

$$v_2 = \begin{pmatrix} 0 \\ 0 \\ v_{32} \\ v_{42} \end{pmatrix} = \begin{pmatrix} 0 \\ 0 \\ 0.924 \\ 0.383 \end{pmatrix}$$

을 계산한다. 따라서 P_2과 $B = A_2 = P_2 A_1 P_2$를

$$P_2 = \begin{pmatrix} 1 & 0 & 0 & 0 \\ 0 & 1 & 0 & 0 \\ 0 & 0 & -1/\sqrt{2} & -1/\sqrt{2} \\ 0 & 0 & -1/\sqrt{2} & 1/\sqrt{2} \end{pmatrix}, \quad B = \begin{pmatrix} 6 & -\sqrt{18} & 0 & 0 \\ -\sqrt{18} & 7 & \sqrt{2} & 0 \\ 0 & \sqrt{2} & 6 & 0 \\ 0 & 0 & 0 & 3 \end{pmatrix}$$

를 얻는다. 이 행렬 B는 삼중대각행렬이다. 주어진 행렬이 4차이므로 $n-2=2$단계가 필요하다. 일반적으로 7장 정리 1.1에 의해 B와 A는 유사행렬이다.

고유값 문제를 풀 때 LU 인수분해를 이용하는 QR 법, 즉 R은 상삼각행렬, Q는 직교행렬(하삼각행렬을 대신한)을 사용하는 것을 생각한다. 실대칭행렬 A로부터 얻은 실대칭 삼중대각행렬 $B=B_0$에서 출발하여 다음과 같이 점차적으로 $B_1, B_2, \cdots$을 계산한다.

단계 1: 인수

$$B_0 = Q_0 R_0$$

을 계산한다. 여기서 Q_0은 직교행렬이고, R_0은 상삼각행렬이다.

$$B_1 = R_1 Q_1$$

을 계산한다.

단계 2: 인수 $B_1 = Q_1 R_1$, $B_2 = R_1 Q_1$을 계산한다.

일반적인 단계: 인수

$$B_s = Q_s R_s \tag{7.12}$$

를 계산한다. 여기서 Q_s는 직교행렬이고, R_s는 상삼각행렬이다. 다음은

$$B_{s+1} = R_s Q_s \tag{7.13}$$

를 계산한다.

(7.12)로부터 $R_s = Q_s^{-1} B_s$이고, (7.13)에 대입하면

$$B_{s+1} = R_s Q_s = Q_s^{-1} B_s Q_s \tag{7.14}$$

가 된다. 즉, B_{s+1}과 B_s는 유사이다. 따라서 임의의 s에 대하여 B_{s+1}과 B_0는 유사행렬이고, 7장 정리 1.1에 의해 B_{s+1}은 B와 같은 고유값을 갖는다.

또한 B_{s+1}은 대칭행렬이다. 귀납법으로 증명할 수 있다. 이를 위해 $B_0 = B$가 대칭행렬이어야 한다. 만약 B_s가 대칭행렬이고 $Q_s^{-1} = {}^tQ_s$ (Q_s는 직교행렬)이면 (7.14)로부터

$${}^tB_{s+1} = {}^t({}^tQ_s B_s Q_s) = {}^tQ_s {}^tB_s Q_s = {}^tQ_s B_s Q_s = B_{s+1}$$

이므로 B_{s+1}은 대칭임을 알 수 있다.

주대각선 원소가 $\lambda_1, \lambda_2, \cdots, \lambda_n$인 대각행렬 D에 대하여 만약 B의 고유값의 절대값이 다르다고 하자, $|\lambda_1| > |\lambda_2| > \cdots > |\lambda_n|$이면

$$\lim_{s \to \infty} B_s = D$$

이다. 다음은 QR 인수분해, 즉 $B = B_0 = (b_{jk}) = Q_0 R_0$을 구한다. 삼중대각행렬 B는 일반적으로 주대각선 아래에 $(n-1)$개의 0이 아닌 성분 b_{21}, b_{32}, $b_{n,n-1}$을 갖는다. 행렬 C_2를 B의 왼쪽에 곱하면 $C_2 B = (b_{jk}^{(2)})$는 $b_{jk}^{(2)} = 0$을 갖는다. 여기에 행렬 C_3을 곱하면 $C_3 C_2 B = (b_{jk}^{(3)})$은 $b_{jk}^{(3)} = 0$을 갖는다. 이와 같이 계속하여 $(n-1)$까지 곱한 뒤에 좌변을 상삼각행렬 R_0이라 놓는다. 즉,

$$C_n C_{n-1} \cdots C_3 C_2 B_0 = R_0. \tag{7.15}$$

여기서 C_j는 적당한 θ_j에 대하여 직교행렬인 2차 부분행렬

$$\begin{pmatrix} \cos\theta_j & \sin\theta_j \\ -\sin\theta_j & \cos\theta_j \end{pmatrix}$$

이다. 예를 들어, 4차 행렬에 대하여 $c_j = \cos\theta_j$, $s_j = \sin\theta_j$라 하면

$$C_2 = \begin{pmatrix} c_2 & s_2 & 0 & 0 \\ -s_2 & c_2 & 0 & 0 \\ 0 & 0 & 1 & 0 \\ 0 & 0 & 0 & 1 \end{pmatrix}, \quad C_3 = \begin{pmatrix} 1 & 0 & 0 & 0 \\ 0 & c_3 & s_3 & 0 \\ 0 & -s_3 & c_3 & 0 \\ 0 & 0 & 0 & 1 \end{pmatrix},$$

$$C_4 = \begin{pmatrix} 1 & 0 & 0 & 0 \\ 0 & 1 & 0 & 0 \\ 0 & 0 & c_4 & s_4 \\ 0 & 0 & -s_4 & c_4 \end{pmatrix}$$

이다. C_j는 직교행렬임을 알 수 있다. 결과적으로 (7.15)도 직교행렬이고, 그 역행렬도 직교이다. 이 행렬을 Q_0이라 하면 (7.15)에 의해

$$B_0 = Q_0 R_0$$

이고, $C_j^{-1} = {}^tC_j$이면

$$Q_0 = (C_n C_{n-1} \cdots C_3 C_2)^{-1} = {}^tC_2 {}^tC_3 \cdots {}^tC_{n-1} {}^tC_n$$

이 된다. 이것이 B의 QR 인수분해이다. $s = 0$ 일 때 (7.13)에 의해

$$B_1 = R_0 Q_0 = R_0 {}^tC_2 {}^tC_3 \cdots {}^tC_{n-1} {}^tC_n$$

을 얻는다. 여기서 명백히 Q_0이 필요한 것은 아니지만 B_1을 얻기 위해 먼저 $R_0 {}^tC_2$를 계산하고 $(R_0 {}^tC_2) {}^tC_3 \cdots$을 계산한다. 비슷한 방법으로 $B_2, B_3, \cdots$을 얻을 수 있다.

다음은 $b_{21}^{(2)}$과 같은 C_2에서의 $\cos\theta_2$, $\sin\theta_2$를 결정하는 방법을 다룬다.

$$C_2 B = \begin{pmatrix} c_2 & s_2 & 0 & \cdots \\ -s_2 & c_2 & 0 & \cdots \\ \cdot & \cdot & \cdot & \cdots \\ \cdot & \cdot & \cdot & \cdots \end{pmatrix} \begin{pmatrix} b_{11} & b_{12} & 0 & \cdots \\ b_{21} & b_{22} & 0 & \cdots \\ \cdot & \cdot & \cdot & \cdots \\ \cdot & \cdot & \cdot & \cdots \end{pmatrix}$$

$b_{21}^{(2)}$는 C_2의 제 2행과 B의 제 1열을 곱하여 구한다. 즉,

$$b_{21}^{(2)} = -s_2 b_{11} + c_2 b_{21} = 0$$

이므로 $\tan\theta_2 = \dfrac{s_2}{c_2} = \dfrac{b_{21}}{b_{11}}$이고,

$$\cos\theta_2 = \frac{1}{\sqrt{1 + (b_{21}/b_{11})^2}}, \ \sin\theta_2 = \frac{b_{21}/b_{11}}{\sqrt{1 + (b_{21}/b_{11})^2}}$$

이다. θ_3, $\theta_4, \cdots$에 대해서도 같은 방법으로 구한다.

예제 4.2 4차 행렬

$$A = \begin{pmatrix} 6 & 4 & 1 & 1 \\ 4 & 6 & 1 & 1 \\ 1 & 1 & 5 & 2 \\ 1 & 1 & 2 & 5 \end{pmatrix}$$

의 고유값을 계산하여라.

[풀이] 앞의 예제 4.1에서 A를 삼중대각행렬로 축소하면

$$A_2 = B = \begin{pmatrix} 6 & -\sqrt{18} & 0 & 0 \\ -\sqrt{18} & 7 & \sqrt{2} & 0 \\ 0 & \sqrt{2} & 6 & 0 \\ 0 & 0 & 0 & 3 \end{pmatrix}$$

이었다. 따라서 실대칭행렬

$$B_0 = B = \begin{pmatrix} 6 & -\sqrt{18} & 0 \\ -\sqrt{18} & 7 & \sqrt{2} \\ 0 & \sqrt{2} & 6 \end{pmatrix}$$

으로부터 점차적으로 $B_1, B_2, \cdots$를 계산하여 간다.

```
>with (linalg):
>A:=matrix(4, 4, [6,4,1,1, 4,6,1,1, 1,1,5,2, 1,1,2,5]):
>B:=matrix(3, 3, [6, -evalf(sqrt(18)), 0, -evalf(sqrt(18)),7, evalf(sqrt(2)),
0,evalf(sqrt(2)), 6]);
```

$$B := \begin{pmatrix} 6 & -4.242640686 & 0 \\ -4.242640686 & 7 & 1.414213562 \\ 0 & 1.414213562 & 6 \end{pmatrix}$$

```
>QR:=proc(B, N)
local t, t2, t3, j, k, m, C2, C3, R, V2, V3;
for m from 1 to N do
    C2:=matrix(3,3,[cos(t), sin(t), 0, -sin(t), cos(t), 0, 0, 0, 1]);
    C3:=matrix(3,3,[1, 0, 0, 0, cos(t), sin(t), 0, -sin(t), cos(t)]);
    V2:=evalm(C2&*B);
```

```
t2:=solve(V2[2,1]=0, t);
for j from 1 to 3 do
    for k from 1 to 3 do
        C2[j,k]:=evalf(subs(t=t2, C2[j,k]));
    od;
od;
evalm(C2);
V2:=evalm(C2&*B);
R:=evalm(C3&*V2);
t3:=solve(R[3,2]=0, t);
for j from 1 to 3 do
    for k from 1 to 3 do
        C3[j,k]:=evalf(subs(t=t3, C3[j,k]));
    od;
od;
evalm(C3);
printlevel:=5:
R:=evalm(C3&*V2);
B:=evalm(R&*transpose(C2)&*transpose(C3));
printlevel:=0:
RETURN(evalm(B))
od:
```

end:

위의 프로시져로부터 반복횟수 $N = 10$일 때 A의 고유값을 구한다.

> QR(B, 10);

$$\begin{pmatrix} 11.00000002 & 0.0000000002198849925 & 0.0000000008195803942 \\ -8.300048612 \times 10^{-15} & 5.999999997 & -0.000000002616663493 \\ 2.870208176 \times 10^{-11} & 1.945232469 \times 10^{-25} & 2.000000004 \end{pmatrix}$$

즉, 주어진 행렬 A는 스펙트럼 11, 2, 3, 6를 갖는다. **eigenvals**명령어를 사용하여 확인할 수 있다.

>eigenvals(A);

$$11, 2, 3, 6$$

제 5 절 연습문제

1. 7장 정리 2.1을 사용하여 다음 행렬의 고유값을 포함하는 폐원판을 구하고, 그림을 그려라.

(1.1) $\begin{pmatrix} 1 & 2 & 3 \\ 2 & 4 & 6 \\ 3 & 6 & 1 \end{pmatrix}$ (1.2) $\begin{pmatrix} 4 & 1 & 1 \\ 2 & 4 & 1 \\ 0 & 1 & 4 \end{pmatrix}$

2. 앞 문제 (1.1)과 (1.2)의 행렬의 고유값이 각각 10, 0, −4와 6, 3, 3임을 보여라.

3. 행렬 $A = \begin{pmatrix} -2 & 2 & 3 \\ 2 & 1 & 6 \\ 3 & 6 & -2 \end{pmatrix}$에 대하여 $x_0 = \begin{pmatrix} 1 \\ 1 \\ 1 \end{pmatrix}$일 때 멱방법을 적용시키고(3단계), 각 단계에서 Rayleigh 몫과 오차한계를 계산하여라.

(답: q=6.333, 6.872, 6.976; $|\epsilon| \leq 2.5, 1.2, 0.49$.)

4. 행렬 $A = \begin{pmatrix} 5 & 1 & 1 \\ 1 & 6 & 0 \\ 1 & 0 & 8 \end{pmatrix}$에 대하여 $x_0 = \begin{pmatrix} 1 \\ 1 \\ 1 \end{pmatrix}$일 때 멱방법을 적용시키고(4단계), 각 단계에서 Rayleigh 몫과 오차한계를 계산하여라.

(답:q=23/3, 7.88, 8.04, 8.15; $|\epsilon| \leq 0.95, 0.82, 0.69, 0.57$.)

5. 프로시져 QR을 사용하여 다음 행렬들의 모든 고유값을 구하여라.

$$(5.1) \begin{pmatrix} 4 & 2 & 0 & 0 & 0 \\ 2 & 4 & 2 & 0 & 0 \\ 0 & 2 & 4 & 2 & 0 \\ 0 & 0 & 2 & 4 & 2 \\ 0 & 0 & 0 & 2 & 4 \end{pmatrix} \qquad (5.2) \begin{pmatrix} 5 & -1 & 0 & 0 & 0 \\ -1 & 4.5 & 0.2 & 0 & 0 \\ 0 & 0.2 & 1 & -0.4 & 0 \\ 0 & 0 & -0.4 & 3 & 1 \\ 0 & 0 & 0 & 1 & 3 \end{pmatrix}$$

찾아보기

Maple 찾아보기

권영철 동아대학교 자연과학대학 수학과 교수
강만기 동의대학교 자연과학대학 데이타정보학과 교수
박종서 진주교육대학교 수학교육과 교수
박진한 부경대학교 수리과학부 응용수학과 교수

Maple을 이용한 수치해석

2007년 9월 1일 1판 1쇄 발행
2010년 1월 15일 1판 2쇄 발행

저 자 / 권영철 · 강만기 · 박종서 · 박진한
발행자 / 오판근
발행처 / 교우사

주 소 / 서울 동대문구 제기2동 148-19
전 화 / 925-2861(代), 편집부 / 925-2825
팩 스 / 925-2860
E-mail / kyowoo@kyowoo.co.kr
http://www.kyowoo.co.kr

등록 / 1994. 3. 24 제6-0256호

ISBN 978-89-8172-701-7 (93410)

값 20,000 원